U0231901

有机化学中的光谱方法

（第6版）

〔英〕　达德利·H. 威廉斯（Dudley H. Williams）　　著
伊恩·弗莱明（Ian Fleming）

张艳　邱頔　施卫峰　王剑波　等译

北京大学出版社
PEKING UNIVERSITY PRESS

本书封面贴有 McGraw-Hill Education 公司防伪标签，无标签者不得销售。

著作权合同登记号：图字 01-2014-8019

图书在版编目 (CIP) 数据

有机化学中的光谱方法：第 6 版 /（英）威廉斯（Williams, D. H.），（英）弗莱明（Fleming, I.）著；张艳等译 . — 北京：北京大学出版社，2015. 10

ISBN 978-7-301-26391-4

Ⅰ.①有… Ⅱ.①威… ②弗… ③张… Ⅲ.①有机化合物 - 光谱分析 - 高等学校 - 教材 Ⅳ.① O621. 15

中国版本图书馆 CIP 数据核字 (2015) 第 238366 号

Dudley H. Williams，Ian Fleming
Spectroscopic Methods in Organic Chemistry，6th ed
ISBN-13 978-0-07-711812-9   ISBN-10 0-07-711812-X
Copyright © 2008 by McGraw-Hill Education.

All Rights reserved. No part of this publication may be reproduced or transmitted in any form or by any means, electronic or mechanical, including without limitation photocopying, recording, taping, or any database, information or retrieval system, without the prior written permission of the publisher.

This authorized Chinese translation edition is jointly published by McGraw-Hill Education and Peking University Press. This edition is authorized for sale in the People's Republic of China only, excluding Hong Kong, Macao SAR and Taiwan.

Copyright © 2015 by McGraw-Hill Education and Peking University Press.

书　　　名	有机化学中的光谱方法（第 6 版）	
	（YOUJI HUAXUE ZHONG DE GUANGPU FANGFA）	
著作责任者	〔英〕达德利·H. 威廉斯　伊恩·弗莱明　著	
	张艳　邱頔　施卫峰　王剑波　等译	
责 任 编 辑	郑月娥	
标 准 书 号	ISBN 978-7-301-26391-4	
出 版 发 行	北京大学出版社	
地　　　址	北京市海淀区成府路 205 号　100871	
网　　　址	http://www.pup.cn　新浪微博：@ 北京大学出版社	
电 子 信 箱	zye@pup.pku.edu.cn	
电　　　话	邮购部 62752015　发行部 62750672　编辑部 62767347	
印 刷 者	北京大学印刷厂	
经 销 者	新华书店	
	787 毫米 × 1092 毫米　16 开本　17.5 印张　450 千字	
	2015 年 10 月第 1 版　2019 年 8 月第 2 次印刷	
定　　　价	58.00 元	

未经许可，不得以任何方式复制或抄袭本书之部分或全部内容。
版权所有，侵权必究
举报电话：010-62752024　电子信箱：fd@pup.pku.edu.cn
图书如有印装质量问题，请与出版部联系，电话：010-62756370。

内 容 简 介

　　作为有机光谱鉴定的教材，本书全面深入地介绍了紫外光谱、红外光谱、核磁共振和质谱的基本原理、最新进展以及应用。本书第1版自1966年面世以来，先后连续修订，目前已出至第6版，可见其生命力的旺盛及受读者欢迎的程度。

　　本书的最大特点是注重应用光谱方法解决结构问题的实用性。作者仅以深入浅出的理论说明了这几种谱学的工作原理，而将重点放在讨论它们在有机化合物的鉴定以及构型、构象确定的实际应用上。书中配备了大量的图表和数据，这样不仅便于说明问题，也为读者查找使用数据提供了方便。特别是在第5章中，作者给出了相当数量的实例，旨在帮助读者提高用谱学方法解决实际问题的能力，其中还涉及最新发展的各种谱学方法。

　　新版更加突出光谱学新技术，特别是核磁共振技术在有机化合物结构鉴定中的应用，并在数据表格的排版方面等进行了调整，使本书更加方便读者使用。

　　本书对于学习应用光谱学课程的高年级本科生和研究生来说是一本极佳的参考书，也是从事有机化合物结构鉴定、谱学研究的教师和科研工作者案头必备的工具书。

前　言

作为一本广为大家接受的阐述有机化合物紫外、红外、核磁共振与质谱的指南，这已经是本书第 6 版。本书可以作为教材，适用于初次学习使用这些技术进行结构鉴定的相关课程，也可以作为化学工作者案头常备的工具书。

近几十年来，这四种光谱技术已经成为确定有机化合物结构的常规方法，这些化合物可能是合成得到的，也可以是天然来源的。每一个有机化学家都要具备熟练应用这些方法的能力，并清楚针对不同问题应采用哪种相对应的方法。简单地说，紫外光谱鉴定共轭系统，红外光谱辨别官能团，核磁共振谱确认原子如何连接，质谱给出分子量。现在，一种或者几种方法往往足以鉴定一种未知化合物或者验证已知化合物的化学结构。如果这些方法还不够用，有机化学家还可以借助 X 射线衍射、微波吸收、拉曼光谱、电子自旋谱、圆二色谱等。后几种方法尽管强大，但都更具特殊性，大多数有机化学家平常较少使用。

即使不理解这些方法背后的原理，也可以应用它们。因此，我们将尽可能少地讨论相关的理论背景，而着重描述这些方法如何工作，以及如何解读这四种光谱，包括每一种重要的二维核磁技术。我们在第 2~4 章末尾总结了许多数据表，这些数据对于日常的解谱是很有必要的。在第 5 章末，我们列举了 11 个实例，展示如何将这四种光谱方法结合起来解决一些简单的结构问题。另外，我们还准备了 33 个习题供读者进行实战练习。

在准备第 6 版时，我们结合教授本课程的经验，并反映第 5 版出版以来在侧重点和实例等方面的变化，几乎重写了这本书。关于紫外和红外的章节更加精炼，核磁部分被扩充，有关质谱的章节则更多地介绍日常使用的技术而非一些特殊的方法。红外吸收光谱，旧版是收集在章节的末尾，而现在则分列在正文中相应的位置。与之相反，红外数据的表格放在这一章最后，这样更便于参考，而且与我们对核磁与质谱的编排相对应。最显著的变化是，所有过去用于解释核磁基础知识的 60 MHz 核磁谱图，在这一版中我们用新的 400 MHz 或更高场的核磁谱图进行了替换，且样品经过了精心挑选。我们还选了几个新的化合物以便更好地说明二维核磁技术，增加了几个基本核磁信息的数据表——除了 ^{1}H, ^{13}C 以外最常见的核如 ^{11}B、^{13}N、^{19}F、^{28}Si 与 ^{31}P 的化学位移和耦合常数。最后，我们重画了第 5 章所有的实例与习题的谱图，尽管谱图变小但没有细节丢失。这样编排后，每个习题的所有谱图可以方便地纵向排列，大多数情况下放在同一页中。

本书撰写过程中得到了一些同事的帮助，在此特别感谢：Richard Horan 博士提供了第 3 章前几页中的样品；Chris Jones 制备了第 3 章中的酯 **1**，这是专门设计的新化合物，用来展示化学位移不受氢氢耦合干扰同时又有四种不同取代的碳；Duncan Howe 完成了绝大多数的一维核磁谱；Nick Bampos 训练 IF（译者注：即 Ian Fleming）使用 XWINNMR；Ed Anderson 博士完成了绝大多数的二维核磁谱；Ed Houghton 与 Elaine Stephens 就目前使用的质谱给出了意见；布鲁克（Bruker Spectrospin）仪器公司的 Derek Pert 提供了第 5 章的核磁谱。Ian Fleming 还要感谢 Winplot, Photoshop 与 ChemDraw 等（软件）在制作与编辑本版所有图像中的支持。

Ian Fleming

Dudley H. Williams

于剑桥

译　序

光谱学方法是当今有机化学研究中必不可少的日常工具。紫外、红外、核磁共振以及质谱是大学化学专业，特别是有机化学专业学生必修的四大谱。

光谱学在过去的若干年中又有了许多新的发展。特别是核磁共振技术的发展日新月异，在有机化学以及生命科学、材料科学等领域发挥越来越重要的作用。Dudley H. Williams 和 Ian Fleming 的经典之作 *Spectroscopic Methods in Organic Chemistry* 在这样的背景下又一次修订，出版了第 6 版。在新版中，作者结合相关课程的授课经验以及光谱技术的最新发展，对全书进行了大幅度的修改。作者在新版中更加突出光谱学新技术，特别是核磁共振技术在有机化合物结构鉴定中的应用，并且在数据表格的排版等方面进行了较大幅度的修改和更新，使得本书更加方便读者使用。

新版的翻译出版得到了北京大学出版社责任编辑郑月娥老师的大力协助，在此深表谢意。参加新版的翻译以及校对工作的还有北京大学化学与分子工程学院的学生，他们是：王康、徐帅、张志坤、张行、刘振兴、吴国骄、叶飞、夏莹、胡芳东、周奇、王波、吴超强、王帅、易恒、傅天任、谭灏诚、邓亦范、孟赫、王程鹏、周钰静、冯晟、葛睿、刘臻。他们在学习工作之余的辛勤劳动是本译著得以顺利完成的重要基础。

本书翻译中的不当之处，敬请读者批评指正。

译　者

2015 年 9 月于北京大学

目　　录

第1章 紫外和可见光谱

1.1 引 言

有机化合物的紫外(UV)和可见光谱是与电子在低能级基态轨道和高能级轨道的电子能级之间跃迁相联系的。这种跃迁通常发生于占满电子的轨道向空轨道跃迁，形成单线态激发态(图1.1)。因此，吸收光谱的波长就是相关轨道间能级差 E 的度量。

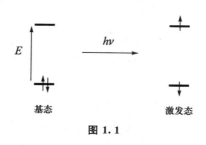

图 1.1

能量与波长的关系如下：

$$E(\text{kJ mol}^{-1}) = 1.19 \times 10^5 / \lambda(\text{nm}) \tag{1.1}$$

因此，波长 297 nm 相当于能量 400 kJ($\approx$ 96 kcal)。这个能量足以引发许多有意思的反应。因此，在没有必要时，有机化合物不应当长时间暴露在紫外光下。

1.2 发 色 团

发色团(生色团)这个术语用来描述一个含有引起相关吸收的电子体系。当 σ 键的电子被激发时，能产生最短吸收波长，也就是最大能级差的发色团，吸收在 120～200 nm（1 nm $= 10^{-7}$ cm $= 10\text{Å} = 10^{-9}$ m）范围内，与图1.2中跃迁 **x** 相对应。孤立的双键例如乙烯，能产生强烈的最大为 162 nm 的强吸收，与图1.2中跃迁 **y** 相对应。由于空气充满了 σ 和 π 键，因此能强烈吸收低于 200 nm 的紫外线，这个范围称为真空紫外，因为必须排除仪器中的空气才能测量。这些短波的吸收测量困难，而且对结构确认几乎没有用处。

然而在 200 nm 以上，π 共轭体系电子的激发，给出较为容易测量并包含较多信息的光谱。当两个双键共轭时，最高占有轨道 ψ_2(HOMO)的能级上升到能量相对应的孤立双键的 π 轨道，而最低未占有轨道 ψ_3^*(LUMO)的能级下降到对应的 π^* 轨道，ψ_2 到 ψ_3^* 的跃迁伴随着甚至更小的 z 值，如图1.2所示。这个跃迁在丁二烯的波谱中就表现为一个强的、很容易发现并检测的最大吸收位于 217 nm 的吸收峰。对于将不同类型的发色团共轭在一起的体系，比如对 α,β-不饱和酮，同样的原理也是适用的。例如，甲基乙烯基酮在 225 nm 处具有最大吸收，而无论羰基还是孤立的双键在 200 nm 以上均无强的吸收峰。由于最长的波长吸收往往是由 HOMO 到 LUMO 的电子激发所引起的，因此它能测量那些重要轨道之间的能级差别。

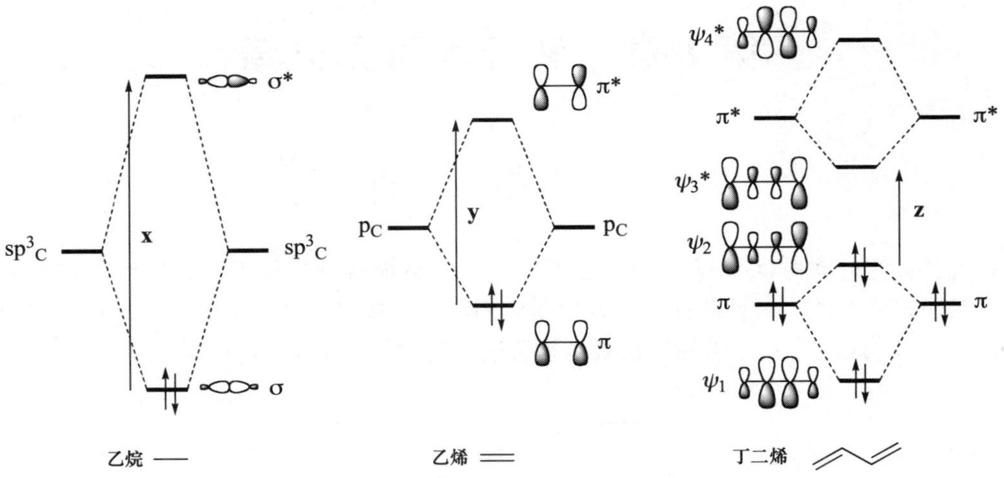

$$\sigma^*$$
$$\psi_4^*$$
$$\pi^*$$
$$\pi^*$$
$$\pi^*$$
$$sp^3C$$
$$\mathbf{x}$$
$$sp^3C$$
$$p_C$$
$$\mathbf{y}$$
$$p_C$$
$$\psi_3^*$$
$$\pi^*$$
$$\pi^*$$
$$\mathbf{z}$$
$$\psi_2$$
$$\pi$$
$$\pi$$
$$\sigma$$
$$\pi$$
$$\psi_1$$

乙烷 ——　　　　　乙烯 ＝＝　　　　　丁二烯

图 1.2

当另一个 π 键被引入共轭体系，也就是说发色团是一个更长的共轭体系，这时 HOMO 和 LUMO 能级的分离进一步减小，吸收出现在波长更长的区域，例如己三烯的吸收在 267 nm。每额外引入一个共轭的双键，都会减少能级差，从而使最大吸收峰从紫外往可见光方向移动。一个长的共轭多烯，比如番茄红素，有 11 个共轭双键，因此它最长波长的最大吸收峰出现在 504 nm（摩尔吸光系数 $\varepsilon = 158\ 000$），且有一个拖尾直至可见光区域（吸收光范围从蓝至橙）。番茄红素是番茄呈红色的原因。这里要陈述的最重要的规律是：**一般来说，共轭体系愈长，最大吸收峰的波长也愈长**。

1.3　吸　收　定　律

有关吸收强度可以归纳出两个经验定律：① 朗伯（Lambert）定律：指出入射光被吸收的比例与光源的强度无关；② 比尔（Beer）定律：则指出吸收与产生吸收的分子数目成正比。根据这两个定律，有关变量可以由下式表达：

$$\lg(I_0/I) = \varepsilon l c \tag{1.2}$$

其中 I_0 和 I 分别是入射光和透射光的强度；l 是产生吸收溶液的长度（单位 cm）；c 是溶液的浓度（单位 mol L^{-1}）；$\lg(I_0/I)$ 称为吸光度或者光密度；ε 是摩尔吸光系数（单位是 1000 $cm^2\ mol^{-1}$），但是为了方便起见，通常单位不表达出来。

1.4　光谱的测量

紫外或者可见光谱通常在稀释的溶液中测量。精确地称取一定量的化合物（当相对分子质量[①]在 100～400 之间时，通常取 1 mg 左右），将其溶解在选定的溶剂中（见下文），比如制备 100 mL 的溶液。一部分溶液转移到一个前后内径 1 cm 的石英样品池，这个样品池可

[①]　相对分子质量以下简称分子量。

以使得光束穿过 1 cm 厚度的溶液[即式(1.2)中的 l]。准备另一个装有纯溶剂的样品池，两个样品池分别放在光谱仪的适当位置，使两束相同的紫外或者可见光通过，一束通过样品，而另一束则通过纯的溶剂。然后在仪器的整个波长范围内比较透过光的强度。绝大部分仪器自动地在以 $\lg(I_0/I)$ 为纵坐标和 λ 为横坐标的图上记录光谱，如图 1.3 中苯乙烯(分子量 104)的光谱，0.535 mg /100 mL 的苯乙烯的己烷溶液，吸收长度为 1 cm。为了发表或比较结果，吸光度通过式(1.2)进行变换为 ε 对 λ 或者 $\lg \varepsilon$ 对 λ，λ 的单位几乎都是 nm。如果是以 ε 对频率作图，跃迁的强度最好是用吸收峰的面积来测量，而不是用吸收峰最大值的强度 $\varepsilon_{\max}$。但是为了方便以及避免处理相互重叠的峰时的困难，测量吸收峰最大值 $\varepsilon_{\max}$ 仍是日常的方法。所以光谱用 $\lambda_{\max}$ 来表示，即最大吸收峰的波长。从图 1.3 可以直接读出 250 nm 处为 $\lambda_{\max}$，$\lg(I_0/I)$ 为 0.756，从而计算得到 $\varepsilon_{\max}$ 为 14 700。

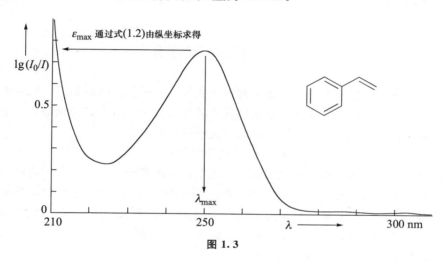

图 1.3

1.5 振动精细结构

因为电子激发伴随着振动和转动量子数的改变，因此本应当是一条吸收线的谱就变成了一个较宽的吸收峰，包含振动和转动的精细结构。由于溶质和溶剂分子间的相互作用，这些吸收通常变得模糊不清，这样就观察到一条平滑的曲线(如图 1.3)。在气相或者在非极性溶剂中，对于某些峰(比如苯在 260 nm 的吸收带)，其振动的精细结构有时是可以观察到的。

1.6 溶剂的选择

最为常用的溶剂是 95% 的乙醇(商业的绝对乙醇会有残余的苯，它吸收紫外光)。该溶剂便宜且是优良溶剂，一直到 210 nm 都没有吸收。如果需要精细结构，则可以用环己烷或者其他的烃类溶剂，这些溶剂极性小，与吸光分子之间的相互作用较弱。表 1.1 给出了一些常用的溶剂以及它们用于 1 cm 样品池时的最小吸收波长。

有关溶剂极性对于最大吸收位置的影响将在 1.8 节讨论。

表 1.1 紫外光谱的一些常用溶剂

溶剂	1 cm 样品池的 最小吸收波长/nm	溶剂	1 cm 样品池的 最小吸收波长/nm
乙腈	190	乙醇	204
水	191	乙醚	215
环己烷	195	二氯甲烷	220
正己烷	201	氯仿	237
甲醇	203	四氯化碳	257

1.7 选律和强度

对有机化合物进行照射不一定总能引起电子从填充轨道往空轨道跃迁，因为有一些对称性的规则会决定哪些跃迁是允许的。吸收的强度因此可成为"容许度"的函数，或者成为电子跃迁和靶向捕获光子能力的函数。用下式表示这些变量的关系：

$$\varepsilon = 0.87\times10^{20}P \cdot a \tag{1.3}$$

其中 P 称为跃迁概率（其值在 0～1 之间）；a 是发色团的靶向面积，用 Å^2 表示。对于面积在 10 Å^2 数量级的一般发色团，单位概率的跃迁具有的 ε 值为 10^5，更长的发色基团其 ε 超过这个值。事实上，两个共轭双键型的发色团通过完全允许的跃迁得到的吸收，其 ε 值大约为 10 000，而那些跃迁禁阻（通常跃迁概率也低）的 ε 值则低于 1000。重要的一点是，**通常某一共轭体系愈长，吸收就愈强**。

有许多因素影响跃迁概率，但最重要的，是那些关于哪些跃迁是允许的而哪些则是禁阻的规律。这些规律是有关基态和激发态轨道的对称性和多重性的函数。在这方面研究得十分透彻的理论描述可参见参考文献中 Jaffe 和 Orchin，以及 Murrell 的专著。但是简单地了解判断哪些是可允许的跃迁，哪些是禁阻的，就足以使用紫外光谱来判断有机物结构和跟踪反应动力学过程。因此，在线性共轭体系中，电子从 HOMO 跃迁到 LUMO 是一类很重要且允许的电子激发过程，能导致强吸收。相反，两种重要的 n→π* 带的禁阻跃迁，一个是酮在 300 nm 附近的跃迁，其 ε 值的数量级是 10～100；另一个是苯在 260 nm 的吸收峰，以及更为复杂体系中的苯环结构，其 ε 值将比 100 高一些。在类似的"禁阻"跃迁过程中，ε_{max} 通常都小于 1000。但是由于那些使得吸收禁阻的对称性可以被分子振动或不对称取代破坏，这些吸收也可以被观察到。这两种类型在有关酮和芳香体系的章节中会进一步讨论。

1.8 溶剂效应

π→π*：弗兰克-康登（Frank-Condon）原理指出，在电子跃迁过程中原子保持不动。然而电子，包括溶剂分子的电子，可能会重组。大多数跃迁会产生一个比基态极性更大的激发态。因此有机物与溶剂分子的偶极-偶极相互作用，较之基态的能量，会更大程度上降低激发态能量。进而，在乙醇溶剂中，往往能观察到比己烷溶剂中波长更长的吸收峰。换句话来讲，溶剂从正己烷变为乙醇时有 10～20 nm 左右的波长红移。

$n \rightarrow \pi^*$：酮的氧原子孤对电子的跃迁较弱，$n \rightarrow \pi^*$ 跃迁显示出相反的溶剂效应。这时溶剂效应是由于激发态比基态时溶剂分子与羰基形成了较小程度的氢键。例如在正己烷溶液中，丙酮的最大吸收是在 278 nm（$\varepsilon = 15$），而在水溶液中相应的吸收是在 264.5 nm。这个方向上的移动称为蓝移。

1.9 寻找发色团

并没有简单的法则和一套程序可以用来确认一个发色团，因为有太多的因素可以影响波谱，并且我们能找到的结构的范围太大。要采取的第一步是根据以下几点来研究一个特定的光谱。

光谱在可见光区域出现的复杂性和程度。如果光谱有许多振动强带出现在可见光区，说明存在一个长的共轭或者多环的芳香发色团。一个化合物如果在大约 300 nm 以下给出一个吸收带（或者只有几个吸收带），大概是只含有两个或者三个共轭单元。

吸收带的强度，特别是主要的最大吸收和最长波长的最大吸收。这些数据可以提供很多信息，像二烯和 α, β-不饱和酮类这样的简单共轭发色团的 ε 在 10 000～20 000 之间。更长的简单共轭体系的主要最大吸收（通常也是最长波长的最大吸收）有相应更大的 ε 值。另一方面，在 270～350 nm 之间的强度很低的吸收带具有的 ε 值在 10～100，它通常是由于酮的 $n \rightarrow \pi^*$ 跃迁导致的。在这些极端之间，如果有 ε 在 1000～10 000 之间的吸收带，则总是表明存在一个芳香体系。许多没有取代的芳香体系出现这个数量级强度的吸收。这种吸收是由于低的跃迁概率引起的，而跃迁概率低是由于基态和激发态的对称性致使跃迁禁阻。当芳香环被能够扩展发色团的基团取代后，对称性即被破坏，就会出现 ε 大于 10 000 的强吸收，但 ε 值在 10 000 以下的吸收峰常常仍然存在。

确保样品纯度可信。弱峰很可能是杂质产生的强吸收峰。因此在确定一个较小 ε 值的吸收之前，要确保样品纯度。

作了上述观测以后，我们就可以寻找一个模型体系，它含有的发色团具有与我们正在研究的光谱相类似的吸收谱。在已知谱极少的情况下，这可能是比较困难的。但由于现在已有许多已知谱图，并且由于取代基引起的变化也已研究透彻，因此这项工作变得比较简单。有机化学家所需要的第一个工具是有关简单发色团的知识，以及结构变化引起吸收改变的模式。剩下的任务就是查阅文献，由于索引和汇编的存在查阅也变得很方便。主要的数据库是"有机电子光谱数据"[Organic Electronic Spectral Data, Wiley, New York，卷 1～31（1960～1996）]。这套最有价值的数据集是通过对从 1945 年到 1989 年主要期刊的完全检索得到的。化合物根据分子式进行索引，吸收最大值 $\lambda_{\max}$ 和 $\lg \varepsilon$ 均被列出，并附有参考文献。

本书所叙述的其他和更有效的物理手段也有助于寻找发色团。紫外光谱主要用来确定官能团的共轭可能程度，通常是最后使用的物理手段。其他一些方法，例如应用芳香化合物的红外谱，或者核磁氢谱中芳香 C—H 的吸收，可以使所需寻找的结构范围大为缩小。同样，α, β-不饱和酮也可以由红外谱上的 C=O 伸缩振动进行推断，也可以从 ^{13}C NMR 中低场碳位移来推断，并进一步由相应的紫外光谱证实。在早期天然产物结构鉴定中，紫外光谱可能非常重要。相比由两个已知物通过化学反应得到的产物，从天然源分离的化合物没有可以帮助结构鉴定的历史信息，而用紫外光谱对天然产物可能的发色团进行正面确认，可以帮助确定这类天然产物从属的类别。

1.10　一些定义和概念

下面是常用的术语和物理量符号：

红移或者向红效应（red shift or bathochromic effect）：最大吸收向较长波长方向移动，它可能是由于介质的变化或者是由于存在助色团。

助色团（auxochrome）：导致红移的在发色团上的取代基。例如，烯胺氮上的孤对电子的共轭作用使得孤立双键的最大吸收由 190 nm 移向大约 230 nm。这时氮取代基就是助色团。这样，助色团使一个发色团扩展成为一个新的发色团。

蓝移或者向紫效应（blue shift or hypsochromic effect）：向较短波长的移动。这可能是由于介质的变化，也有可能是由于失去了共轭。例如，苯胺氮上的孤对电子与苯环 π 键体系的共轭由于质子化而消失。苯胺在 230 nm 产生吸收（$\varepsilon = 8600$），但是在酸中主要峰几乎与苯一样发生在 203 nm（$\varepsilon = 7500$），由于质子化发生了蓝移。

减色效应（hypochromic effect）：导致吸收强度减少的效应。

增色效应（hyperchromic effect）：导致吸收强度增加的效应。

λ_{max}：最大吸收的波长。

ε：摩尔吸光系数，由式(1.2)定义。

$E_{1cm}^{1\%}$：表示 1% 的物质溶液在一个径长 1 cm 样品池中的吸收 $\lg(I_0/I)$。它在化合物的分子量未知或者在研究混合物时用来代替 ε。因此，式(1.2)不能用来定义吸收的强度。

等色点（isosbestic point）：一个化合物在一些不同的 pH 条件下测得的所有紫外光谱线共同相交的一点。该点吸收强度不随 pH 变化而变化。

1.11　共　轭　双　烯

丁二烯的能级已在图 1.2 中阐明。跃迁 **z** 在 217 nm 产生强吸收（$\varepsilon = 21\,000$）。烷基取代扩展发色团，在这种意义上说明烷基的 σ 键电子与 π 键体系的相互作用（即超共轭）。烷基取代产生的微小红移，如同一个孤立的双键变为共轭双键或烯胺时出现的红移（虽然这时的移动较大）。

烷基取代效应，至少对于双烯是基本可以加和的。有一些规则可以用来预测开链双烯和六元环烯的吸收位置。开链双烯通常以 s-*trans*（s-反式）的优势构象存在，而同环二烯必定以 s-*cis*（s-顺式）构象存在。这些构象以结构部分 **1**（非同环二烯）和 **2**（同环二烯）表示。虽然原因尚未完全弄清，形如二烯 **2** 的 s-*cis* 构象比形如二烯 **1** 的 s-*trans* 构象产生更长波长的吸收。并且由于发色团末端之间的较短距离，s-*cis* 二烯（$\varepsilon \approx 10\,000$）比 s-*trans* 二烯（$\varepsilon \approx 20\,000$）产生强度较低的最大吸收。

1941 年，Woodward 首次提出用来预测开链和六元环双烯的吸收规则，这是展示用物理的方法能够确定分子结构方面所取得的一个突破。此后由于在二烯和三烯方面大量的经验，Fieser 和 Scott 又对这些规则进行了修正，修正后的规则列在表 1.2 中。

表 1.2　双烯和三烯的吸收规则

母体 s-*trans* 双烯(如 **1**)的值	214 nm
母体 s-*cis* 双烯(如 **2**)的值	253 nm
增加值	
（a）每一个烷基取代或者环基	5 nm
（b）任何双键的环外性质	5 nm
（c）延伸一个双键	30 nm
（d）助色团	
——OAcyl	0 nm
——OAlkyl	6 nm
——SAlkyl	30 nm
——Cl，——Br	5 nm
——NAlkyl$_2$	60 nm
λ_{calc}	总计

经许可复制于：A. I. Scott, *Interpretation of the Ultraviolet Spectra of Natural Products*, Pergamon Press, Oxford, 1964.

　　例如，二烯 **1** 经以下的加和计算在 234 nm 有最大吸收：

母体值	214 nm
三个环取代基(标记为 *a*)3×5=	15 nm
一个环外双键(Δ^4 键对于环 B 是外环)	5 nm
总计	234 nm

具有该结构部分的胆固醇典型吸收测量值是 235 nm（$\varepsilon = 19\ 000$）。

　　通过类似的计算，预测二烯 **2** 在 273 nm 有一最大吸收，类似的胆固醇实际上最大吸收在 275 nm。虽然常用的溶剂是乙醇，但是改变溶剂影响很小。

　　当一些特殊的因素起作用时，这个规则有大量的例外。发色团的扭曲可能导致红移或者蓝移，取决于扭曲的性质。

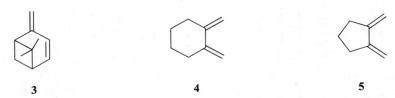

因此，具有张力的分子马鞭草烯 **3** 在 245.5 nm 有最大吸收，而计算值给出 229 nm。二烯 **4** 预测在 273 nm 有最大吸收，但是发色团的扭曲，大概是由于偏离平面引起共轭消失，导致最大吸收降至 220 nm，同时强度（ε 5500）也相应地减小。而对于二烯 **5**，这时二烯很可能共平面，产生的最大吸收在 248 nm（ε 15 800），但是与预测值仍不相符。在简单的同环二烯体系中改变环的大小也会导致与预测值 263 nm 的偏离：环戊二烯，238.5 nm（ε 3400）；环庚二烯，248 nm（ε 7500）；而环己二烯则接近 256 nm（ε 8000）。因此重要的一点是，我们在选择一个模型与未知化合物比较时，必须十分小心。对分子的可能形状以及任何异常的张力，必须留有余地。有关立体位阻对共平面的影响将在 1.24 节中给出。

1.12   多   烯

随着共轭体系中双键数目的增加，最大吸收波长向可见光区域延伸，会出现一些附属的吸收带，并且强度增加。表 1.3 给出了一些简单共轭多烯最长波长的最大吸收峰，这些数值表明了这样的倾向。

表 1.3   一些简单多烯的最长波长

n	trans-Me(CH=CH)$_n$Me		trans-Ph(CH=CH)$_n$Ph	
	λ_{max} / nm	ε	λ_{max} / nm	ε
3	274.5	30 000	358	75 000
4	310	76 500	384	86 000
5	342	122 000	403	94 000
6	380	146 500	420	113 000
7	401	—	435	135 000
8	411	—	—	—

10　　　　图 1.4 显示一些简单多烯的波谱的形状，生动地展示了 1.2 节和 1.7 节所讲的两个主要内容。此外，在每个谱图中，较短的波长吸收峰在可见光区。它们是除 HOMO-LUMO 跃迁外其他跃迁的结果，导致最长波长吸收。更长的共轭体系有更多的跃迁可能，并且峰值的模式是多烯相关的特征，这些吸收可以作为指纹图谱。但是当用紫外光谱确定结构时，我们更多关注最长波长的最大吸收，它提示了共轭体系的长度。

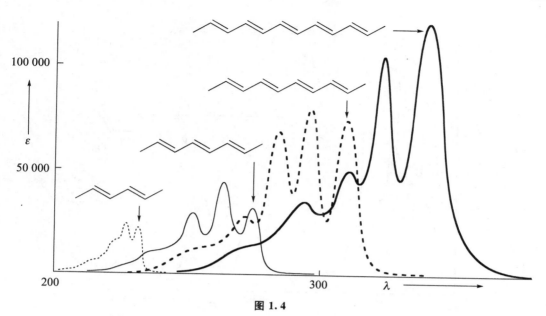

图 1.4

（重绘自：P. Nayler and M. C. Whiting，*J. Chem. Soc.*，1955，3042.）

人们试图从经验和理论上将主要和最长波长的最大吸收与链的长度定量地相关联。理论处理中的一些是基于经典的"盒子中的电子"波动方程式。在这种模型中，盒子的壁通常被认为是发色团每个末端的一个平均键长。共轭多烯长度增加时 λ_{max} 会增加，然而这种关联不是理想的定量关系，例如：简单的理论也许表明，随着链的增长，长链的 λ_{max} 将相应地增加，而实际上有一个收敛趋同，这可以从表 1.4 中看出。更为复杂的处理允许键长在单双键之间变化，这在 Murrel 的书中有论述。花青染料（菁）类似物 **6** 提供了一个有趣的简化模型，在该分子中电子共振导致多烯链上均一的键长和键级。基于"盒中的电子"模型所得的计算值与实际观察值十分接近，$\lambda_{max} =$ 309 nm（$n=1$）、409 nm（$n=2$）和 511 nm（$n=3$）。

$$Me_2N\overset{\cdots}{N}\!\!\!-\!\!\!\overbrace{}^{n}\!\!\!-\!\!\!\overset{+}{N}Me_2 \longleftrightarrow Me_2\overset{+}{N}\!\!\!-\!\!\!\overbrace{}^{n}\!\!\!NMe_2$$

6

在一个长链多烯中，由于形成共平面的位阻原因，某一个或多个双键的构型从反式（*trans*）变为顺式（*cis*）时会降低波长和最大吸收的强度。

1.13　聚烯炔和聚炔

许多天然聚烯炔和聚炔的紫外光谱是已知的，并且在结构鉴定方面非常有用，说明一类天然产物家族是如何被检测并确定的。在紫外光谱中，当有两个以上的叁键共轭时，光谱显示具有特征性的低强度"禁阻"吸收（$\varepsilon \approx 100 \sim 200$），通常以 2300 cm^{-1} 为间隔（注意频率单位，频率直接与能量成比例而波长则不是），以及高强度吸收带（$\varepsilon \approx 10^5$），以 2600 cm^{-1} 为间隔。这些光谱具有特征性的长而尖的形状，对于从植物粗提取物中筛选炔烃化合物是十分有用的。表 1.4 列举了这些基团的主要最大吸收，其趋势与表 1.3 中多烯的趋势类似。

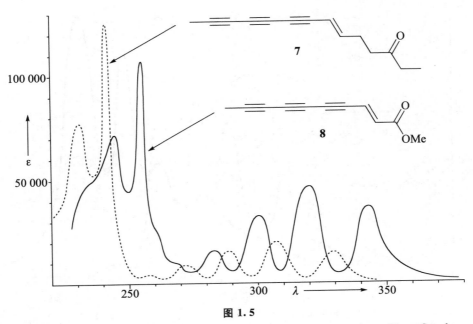

图 1.5

（经许可复制于：J. S. Sörensen，T. Bruun，D. Holme，N. A. Sörensen，*Acta. Chem. Scand.*，
1954，**8**，28；F. Bohlmann，H. -J. Mannhardt，H. G. Viehe，*Chem. Ber.*，1955，**88**，361.）

　　作为结构鉴定的一个代表性应用，图 1.5 显示化合物去氢母菊甲酯 **8** 的紫外光谱。在这个化合物中，较长的波长强度明显强于那些简单的聚炔，但它们像指纹图谱，是烯-三炔共轭发色团的特征。天然产物 **7** 的结构就是由它的紫外光谱进行指认的，它的紫外光谱有类似的方式，但每个波峰往短波方向有移动。因此，紫外光谱显示它的结构中有烯-三炔片段并且没有额外与酯羰基共轭的基团。当这个特别的化合物 **7** 被合成之后，其结构被证明与天然产物是相同的。这个例子说明了有机化学家如何处理紫外光谱的比较：**7** 中的大多数发色团在 **8** 中存在，因此后者显示与前者相似的特征吸收，当然由于相对较短程度的共轭导致了一些蓝移。

表 1.4　共轭聚炔 $\text{Me}(\text{C}\!\equiv\!\text{C})_n\text{Me}$ 的主要最大吸收

n	$\lambda_{max}/$ nm	ε	$\lambda_{max}/$ nm	ε
2	—	—	250	160
3	207	135 000	306	120
4	234	281 000	354	105
5	260.5	352 000	394	120
6	284	445 000	—	—

表 1.5 α,β-不饱和酮、醛在乙醇中的吸收规则

ε 值通常大于 10 000，并且随共轭体系长度的增加而增加。

母体 α,β-不饱和六元环或者非环酮		215 nm
母体 α,β-不饱和五元环酮		202 nm
母体 α,β-不饱和醛		207 nm
增加值		
（a）共轭体系延伸一个双键		30 nm
（b）每一个烷基或者环残基	α	10 nm
	β	12 nm
	γ 或者更高	18 nm
（c）孤对电子助色团　（i）—OH	α	35 nm
	β	30 nm
	γ	50 nm
（ii）—OAc	α, β, γ	6 nm
（iii）—OMe	α	35 nm
	β	30 nm
	γ	17 nm
	δ	31 nm
（iv）—SAlk	β	85 nm
（v）—Cl	α	15 nm
	β	12 nm
（vi）—Br	α	25 nm
	β	30 nm
（vii）—NR₂	β	95 nm
（d）任何环外双键的性质		5 nm
（e）高双烯单元		39 nm
$\lambda_{calc(EtOH)}$		总计

经许可复制于：A. I. Scott, *Interpretation of the Ultraviolet Spectra of Natural Products*, Pergamon Press, Oxford, 1964.

1.14　酮和醛；π→π* 跃迁

和二烯一样，Woodward 提出了一组规则用于预测 α,β-不饱和酮和醛在乙醇中的吸收。此后这组规则经过 Fieser 和 Scott 修正，见表 1.5。对于在其他溶剂中的 λ_{calc}，溶剂校正（见表 1.6）必须从上面的数值中扣除。因为溶剂改变了激发态极性，对光谱影响较大。

13

表 1.6　　α, β-不饱和酮的溶剂校正

溶剂	校正值/ nm	溶剂	校正值/ nm
水	−8	二氧六环	+5
乙醇	0	乙醚	+7
甲醇	0	正己烷	+11
氯仿	+1	环己烷	+11

经许可复制于：A. I. Scott，*Interpretation of the Ultraviolet Spectra of Natural Products*，Pergamon Press，Oxford，1964.

例如，异亚丙基丙酮（Me_2C＝$CHCOMe$）可以计算得到 λ_{max} 在 $215＋(2×12)＝239$ （nm），实际观测到的是 237 nm（$\varepsilon＝12\,600$）。一个更为复杂的例子是化合物 **9** 的三烯酮发色团，按下面的计算应在 349 nm 有最大吸收。

9

母体值	215 nm
β-烷基取代基（标为 *a*）	12 nm
ω-烷基取代基（标为 *b*）	18 nm
2×延伸共轭	60 nm
同环二烯组分	39 nm
环外双键（α, β-双键对于 A 环是环外的）	5 nm
总计	349 nm

实际观测到的 λ_{max} 是 230 nm（ε 18 000）、278 nm（ε 3720）和 348 nm（ε 11 000）。和简单多烯的情况一样，这个样品中存在的长发色团产生几个峰，其最长波长与预测的情况吻合得很好。

一个重要的普遍原则可以通过对交叉共轭三烯酮 **10** 的计算来说明。在这种情况下，主要的发色团是线性二烯酮部分，因为 Δ^5-双键不是处于最长的共轭体系。按上述方法计算的结果是 324 nm，实测值是 256 nm 和 327 nm，前者可能是由于 Δ^5-7-酮体系（$\lambda_{calc}＝244$ nm）得来，但是在一个复杂体系中，在很大程度上是不能确认的。

10

11

结构上的一些特殊改变，比如在 1.11 节所提到的双烯的情况，也会导致偏离上述规则。环戊酮中五元环的影响仍可以用这些规则，但是如果羰基是在五元环中而双键在环外，则要取一个大约 215 nm 的母体值。另一个特殊的情况，马鞭草烯酮（verbenone，**11**）经计算预测最大吸收会在 239 nm，但实际上是在 253 nm，因为张力增加了 14 nm，这接近于相应的双烯 **3** 的增加值。

1.15　酮和醛；n→π* 跃迁

饱和酮和醛在 275～295 nm 处显示一个弱的对称禁止吸收（ε ≈ 20），这是由于氧原子的一对孤对电子（n＝p_O）被激发到羰基 π* 反键轨道，如图 1.6（左）所示。

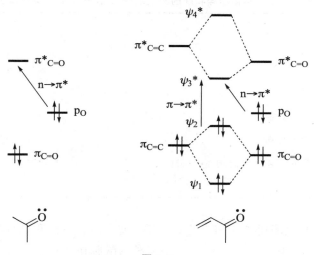

图 1.6

醛和更多取代的酮在这个区域的较长波一端吸收。位于 α-碳上的负电性取代基将会升高（当处于类似环己酮 2-位直立取代）或者降低（当处于平伏键）波长。当羰基与一个负电性元素 X 直接相连时，正如酯、酸或者酰胺那样，由于带孤对电子的取代基是 π-给电子给体，π* 轨道能量稍微升高，而孤对电子由于与 C—X 键共轭，X 是 σ 吸电子基，孤对电子的 n(p_O)能级受 σ-吸电子影响而降低。结果是这些化合物的 n→π* 跃迁向相对而言难以接近的 200～215 nm 区域移动。因此，在 275～295 nm 区域存在弱的吸收带，可以说明含有一个酮或醛羰基（硝基显示类似的吸收，当然必须没有杂质）。相反，如果羰基与一个正电性的取代基相连，如在酰基硅中，硅是 σ-给电子而 π-吸电子的，那么 π* 轨道能量降低，而 n 轨道能量上升，n→π* 跃迁向长波方向移动，饱和酰基硅接近 370 nm，芳基或 α,β-不饱和酰基硅接近 420 nm。这些化合物分别是黄色和绿色的，因为这些吸收会拖尾进入可见光区。

α,β-不饱和酮在 300～350 nm 区域显示一个略强的 n→π* 吸收（ε ≈ 100），因为 ψ_3^* 轨道由于共轭作用比简单羰基的 π* 轨道能量低，但孤对电子 n 能级基本不变，如图 1.6 右图所示。从烷基化的程度难以预测这些峰的精确位置，但是它是 γ-取代基构象的一个常规的函数，即直立取代基由于与 π 体系交叠而延长了共轭体系，从而使吸收向长波方向移动。n **15**

→π* 吸收带的位置和强度也受到跨环相互作用(见 1.23 节)以及溶剂(见 1.8 节)的影响。

α-二酮处于二酮形态时的 n→π* 吸收产生两个带,一个在通常的 290 nm 附近($\varepsilon \approx 30$) 而另一个($\varepsilon \approx 10 \sim 30$)则延伸到可见光区域 340~440 nm,而且这些化合物中有一些会有黄 颜色。(也可以参考 1.21 节中的醌类,醌类是 α-二酮或者插烯类的 α-二酮。)

1.16   α,β-不饱和酸、酯、腈和酰胺

α,β-不饱和酸和酯与酮有相似的吸收规律,但波长略短。其烷基取代的规律由 Nielsen 总结,列于表 1.7 中。分子从酸变成酯所导致的吸收峰变化一般不超过 2 nm。

表 1.7   α,β-不饱和酸和酯的吸收规则(ε 值一般在 10 000 以上)

β-单取代	208 nm
α,β-或者 β,β-二取代	217 nm
α,β,β-三取代	225 nm
增加值	
(a)延长共轭的一个双键	30 nm
(b)任何环外双键的性质	5 nm
(c)当双键是处于五元环或者七元环的桥环	5 nm
λ_{calc}	总计

16　　　α,β-不饱和腈的吸收峰通常比相应的酸略低一些。α,β-不饱和酰胺具有比相应酸低的吸 收峰,通常接近 200 nm($\varepsilon \approx 8000$)。α,β-不饱和内酰胺在 240~250 nm 有一额外的吸收带 ($\varepsilon \approx 1000$)。

1.17   苯   环

苯环在正己烷溶液中在 184(ε 60 000)、203.5(ε 7400)和 254(ε 204)nm 处有吸收, 它在图 1.7 中用虚线表示。后者的吸收峰有时称为 B 带,它显示振动的精细结构。虽然是 一个"禁阻"带,但它的出现是由于分子振动而失去对称性。的确,0→0 跃迁(电子基态的 基态振动能级到电子激发态的基态振动能级)并未观察到。

例如当芳香环被烷基取代以后,或者在像吡啶那样的氮杂类似物中,它们的对称性降 低,这时可以观察到 0→0 跃迁。不过,光谱只有很小的变化,在图 1.7 中显示的精细结构 是简单芳香分子的特征。

17　　　当苯环上有孤对电子或者 π 键取代基,换句话说是助色团,发色团被延伸了。然而,这 种取代基效应的定量预测却不能像双烯或者不饱和酮那样简单。1.18 节给出了苯环上带有 取代基的化合物的一些趋势。

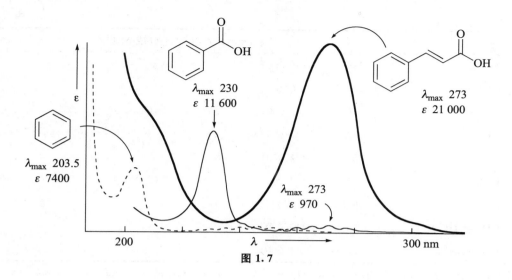

图 1.7

1.18　取代苯环

表 1.8 给出了一系列单取代苯的光谱最大吸收的波长，它显示吸收峰的波长和强度如何随着发色团延伸的增加而增大。

表 1.8　取代苯环 Ph—R 的最大吸收

R	$\lambda_{max}/nm(\varepsilon)$，溶剂 H_2O 或 MeOH			
—H	203.5	(7400)	254	(204)
—NH_3^+	203	(7500)	254	(160)
—Me	206.5	(7000)	261	(225)
—I	207	(7000)	257	(700)
—Cl	209.5	(7400)	263.5	(190)
—Br	210	(7900)	261	(192)
—OH	210.5	(6200)	270	(1450)
—OMe	217	(6400)	269	(1480)
—SO_2NH_2	217.5	(9700)	264.5	(740)
—CN	224	(13 000)	271	(1000)
—CO_2^-	224	(8700)	268	(560)
—CO_2H	230	(11 600)	273	(970)
—NH_2	230	(8600)	280	(1430)
—O^-	235	(9400)	287	(2600)

续表

R		$\lambda_{max}/nm(\varepsilon)$，溶剂 H_2O 或 $MeOH$				
—NHAc	238	(10 500)				
—COMe	245.5	(9800)				
—CH＝CH₂	248	(14 000)	282	(750)	291	(500)
—CHO	249.5	(11 400)				
—Ph	251.5	(18 300)				
—OPh	255	(11 000)	272	(2000)	278	(1800)
—NO₂	268.5	(7800)				
—CH＝CHCO₂H	273	(21 000)				
—CH＝CHPh	295.5	(29 000)				

多数值经允许复制于：H. H. Jaffe and M. Orchin, *Theory and Applications of Ultraviolet Spectroscopy*，Wiley, New York，1962.

　　随着更多的共轭基团增加到苯环上，最初在 203.5 nm 的吸收（有时称为 K 带）有效地"移向"更长波长，并且比最初位于 254 nm 的 B 带移动得更"快"，并最后超过它。这在图 1.7 上记录的另两个谱图上可以看到：苯甲酸（实线）显示 K 带在 230 nm，同时 B 带在 273 nm 仍可以清楚地看到，但是在具有较长发色团的肉桂酸（粗实线）中 K 带移到 273 nm 而 B 带则完全被淹没。在后者的情况下，还可以看到原来在 184 nm 的更强的吸收也发生移动，但仍未达到可以接近的区域。这是由于所谓的末端吸收所造成的，即吸收峰的长波一侧的最大吸收低于仪器的测量范围。

　　对于双取代的苯，有两种情况是重要的。当电子效应为互补的基团，例如氨基和硝基，当它们如化合物 **12** 处于对位时，与这两个基团分别单独取代的情况相比，主吸收带会出现显著的红移。这是由于发色团通过苯环从电子给体延伸到电子受体（**12**，如箭头所示）。另一方面，当两基团互为邻位或间位时，或者是对位分布的基团不互补，如 *p*-二硝基苯 **13**，这时观察到的光谱通常接近分离的、不相互作用的发色团。表 1.9 中的例子说明了这些原则。可以相互比较表 1.9 中的数值，也可以与表 1.8 中分别单取代的情况比较。

12
λ_{max} 375 nm (ε 16 000)

13
λ_{max} 260 nm (ε 13 000)

　　特别需要指出的是，与有相互作用的对位双取代化合物相比，那些有非互补的取代基，或者是邻位或间位取代的化合物实际上在较长的波长有一吸收带（虽然弱得多）。这个事实与简单的共振结构并不相符，并且与邻位与间位双取代的例子也不具有相似性。这是另一个例子，分子轨道理论将会给出更好的描述（因其过于复杂，恕不在此处介绍，有兴趣的读者可参见 Murrel 著述中的专门论述）。

表 1.9 双取代苯环 R^1—C_6H_4—R^2 的最大吸收

R^1	R^2		\multicolumn{6}{c}{λ_{max} (EtOH) / nm (ε)}
—OH	—OH	o	214	(6000)	278	(2630)		
—OMe	—CHO	o	253	(11 000)	319	(4000)		
—NH$_2$	—NO$_2$	o	229	(16 000)	275	(5000)	405	(6000)
—OH	—OH	m	277	(2200)				
—OMe	—CHO	m	252	(8300)	314	(2800)		
—NH$_2$	—NO$_2$	m	235	(16 000)	373	(1500)		
—Ph	—Ph	m	251	(44 000)				
—OH	—OH	p	225	(5100)	293	(2700)		
—OMe	—CHO	p	277	(14 800)				
—NH$_2$	—NO$_2$	p	229	(5000)	375	(16 000)		
—Ph	—Ph	p	280	(25 000)				

当双取代苯环中给电子取代基与吸电子的羰基互补时，可以作一些定量的估计。这适合形如 RC_6H_4COX 的化合物，其中 X 为烷基、H、OH 或者烷氧基，它是关于可接近区域的最强吸收带；这通常也是在高度共轭对位双取代体系中唯一可以测量的吸收带。计算时以母体值为基础，每一取代基有相应增加值。多取代苯环的处理需要小心，特别是当由于取代基立体位阻的原因从而妨碍羰基与苯环共平面时。表 1.10 给出了这种计算的规则。当共平面不存在空间障碍时，计算与实测值的误差通常在 5 nm 之内。

表 1.10 取代苯衍生物 RC_6H_4COX 的主吸收带规则

母体发色团					
X					λ_{max} (EtOH) / nm
烷基或者环基					246
H					250
OH 或烷氧基					230

\multicolumn{3}{c}{每一个取代基 R 的增加值/nm}	\multicolumn{3}{c}{每一个取代基 R 的增加值/nm}
R	o,m 或 p	增加值	R	o,m 或 p	增加值
烷基或环基	o,m	3	Br	o,m	2
	p	10		p	15
OH，OMe，Oalkyl	o,m	7	NH$_2$	o,m	13
	p	25		p	58
O$^-$	o	11	NHAc	o,m	20
	m	20		p	45
	p	78	NHMe	p	73
Cl	o,m	0	NMe$_2$	o,m	20
	p	10		p	85

经许可复制于：A. I. Scott, *Interpretation of the Ultraviolet Spectra of Natural Products*, Pergamon Press, Oxford, 1964.

以 6-甲氧基四氢萘酮 **14** 为例：

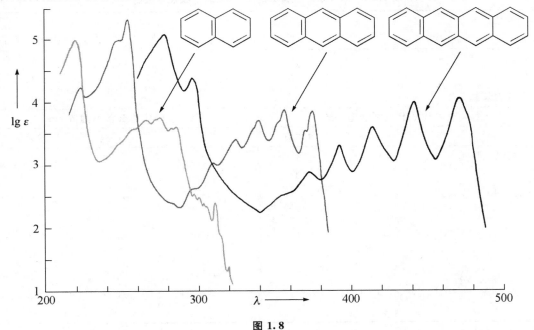

14

母体值	246 nm
邻位烷基	3 nm
对位 MeO	25 nm
λ_{max}	274 nm

其最大吸收实际出现在 276 nm（ε 16 500）。

其他的吸电子基团，比如氰基和硝基，显示类似的趋势，但是其取代基效应有所不同并且文献报道较少。

1.19   稠环芳香碳氢化合物

稠环芳香碳氢化合物的范围太大，本书无法详细考虑，因为有太多能级可以发生电子跃迁，它们的波谱通常很复杂，因此它们可以起到指纹图谱的作用。当它们只有相对非极性的基团，如烷基和乙酰氧基，光谱形状和吸收峰的位置都与未取代的母体碳氢化合物相似。天然产物降解后常会有稠环核，它们可以用这种方式来鉴别，比如鉴定是菲还是芘。图 1.8 中

图 1.8

（经许可复制于：R. A. Friedel and M. Orchin, *Ultraviolet Spectra of Aromatic Compounds*, Wiley, New York, 1951.）

给出了典型的化合物，比如萘、蒽和并四苯的光谱，注意纵坐标用了对数，以便包含强度的范围。

1.20 杂环芳香化合物

大体上看，杂环芳香化合物的光谱通常与相应的碳氢化合物相似，但仅在最原始的方式上。无论是在吡咯或者吡啶中，杂原子均会导致显著的取代基效应，这种效应取决于取代基和杂原子的给电子效应或者吸电子效应，以及它们的取向。应用 1.18 节中考虑苯环上带有一个以上取代基时的同样准则，可以定性地预测这种效应。例如，简单吡咯 **15** 和具有一个吸电子取代基的吡咯 **16** 具有显著不同的最大吸收，从氮上孤对电子通过吡咯环向羰基的共轭增加了发色团的长度，从而导致较长波长的吸收。共轭到 5-位上的 **16** 比共轭到 3-位的 **17** 具有更长的共轭体系，因此有更长的吸收波长和更强的吸收。以下显示了常见杂环体系所观察到的光谱读数，包括四种核苷酸的碱基 **23~26**。

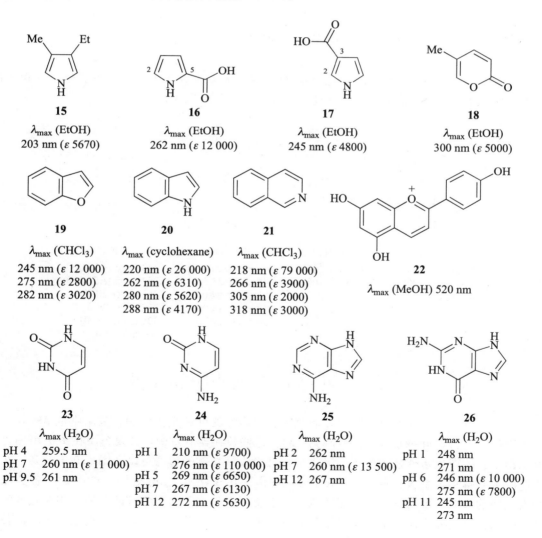

15

λmax (EtOH)
203 nm (ε 5670)

16

λmax (EtOH)
262 nm (ε 12 000)

17

λmax (EtOH)
245 nm (ε 4800)

18

λmax (EtOH)
300 nm (ε 5000)

19

λmax (CHCl₃)
245 nm (ε 12 000)
275 nm (ε 2800)
282 nm (ε 3020)

20

λmax (cyclohexane)
220 nm (ε 26 000)
262 nm (ε 6310)
280 nm (ε 5620)
288 nm (ε 4170)

21

λmax (CHCl₃)
218 nm (ε 79 000)
266 nm (ε 3900)
305 nm (ε 2000)
318 nm (ε 3000)

22

λmax (MeOH) 520 nm

23

λmax (H₂O)

pH 4　259.5 nm
pH 7　260 nm (ε 11 000)
pH 9.5　261 nm

24

λmax (H₂O)

pH 1　210 nm (ε 9700)
　　276 nm (ε 110 000)
pH 5　269 nm (ε 6650)
pH 7　267 nm (ε 6130)
pH 12　272 nm (ε 5630)

25

λmax (H₂O)

pH 2　262 nm
pH 7　260 nm (ε 13 500)
pH 12　267 nm

26

λmax (H₂O)

pH 1　248 nm
　　271 nm
pH 6　246 nm (ε 10 000)
　　275 nm (ε 7800)
pH 11　245 nm
　　273 nm

27

28
λ_{max}　224 nm (ε 7230)
293 nm (ε 5900)

29
λ_{max}　<205 nm (ε >5300)
269 nm (ε 3230)

30
λ_{max}　226 nm (ε 6100)
297 nm (ε 5700)

对于潜在的具有互变异构的分子，用紫外光谱可以确定哪种是稳定的异构体。例如，对于 2-羟基吡啶 **27** 与吡啶-2-酮 **28** 的平衡，平衡显示对右边是有利的。溶液的紫外光谱与 N-甲基吡啶-2-酮 **30** 相似，而与 2-甲氧基吡啶 **29** 不同。随着 pH 的改变，互变异构分子溶液最大吸收随之变化，有时是由于互变而导致发色团变化，有时则是由于简单的质子化或者去质子化过程。在这里指出这一点，是为了强调在测量光谱时仔细控制介质的重要性。当 pH 改变时最大吸收的变化有时对于结构鉴定是非常有用的，因为它们在一些体系中可以用来判别取代的形式。

1.21　醌　类

下面给出了一些代表性的醌类化合物 **31～34**，大多为有颜色的化合物。这些简单的醌类化合物的颜色是由于弱的 n→π* 跃迁，这和 α-二酮的情况相似。

31
λ_{max}
(hexane)

242 nm (ε 24 000)
281 nm (ε 400)
434 nm (ε 20)

32
λ_{max}
(EtOH)

276 nm (ε 2000)
387 nm (ε 800)

33
λ_{max}
(hexane)

241 nm (ε 20 000)
246 nm (ε 23 500)
251 nm (ε 19 000)
256 nm (ε 13 000)
330 nm (ε 2750)

34
λ_{max}
(EtOH)

243.5 nm (ε 33 000)
252.5 nm (ε 51 500)
263 nm (ε 20 000)
272 nm (ε 20 000)
325 nm (ε 5600)
405 nm (ε 90)

1.22　咔咯，二氢卟吩和卟啉

图 1.9 显示了三种主要的吡咯类颜料的有代表性的可见光谱实例：氢咕啉酸 **35**（其发色团为维生素 B_{12}）、叶绿素 **36** 和原卟啉Ⅸ **37**。这些长共轭体系中，其发色团在图中用黑色强调了出来，能产生格外强和尖锐的吸收带，且吸收带左侧的肩峰可以在图 1.9 中看到。在二氢卟吩和卟啉中这个吸收带叫做 Soret 带，它出现在接近 400 nm 处（ε 100 000）。各类化合物发色团的改变，可以被可见区域的四个或者更弱但仍较强的吸收带的位置和相对强度的改变所确认。这些光谱阐述了一个基本的原则，就是越长的共轭体系，产生更长的吸收波长以

及更大的吸收强度。它们同时也揭示了增加或减少额外的双键在鉴定细节模型上的改变。叶绿素的光谱，特别地显示了在蓝色和红色末端处有强烈的吸收，于是产生了我们熟悉的绿色。另一个大环芳香体系，[18]-轮烯，在 369 nm 显示类似的强吸收带（ε 303 000）。

在这里提到吡咯类颜料，是为了强调紫外和可见光谱在研究具有长而复杂的发色团时的重要性和用处。大量已知的模型体系使得识别那些用其他光谱方法难以识别的发色团变得相对容易。例如，生物降解叶绿素和血红素所涉及的氧化反应从中切断了共轭体系，从而可见吸收光谱可迅速探测到一个很明显的改变。

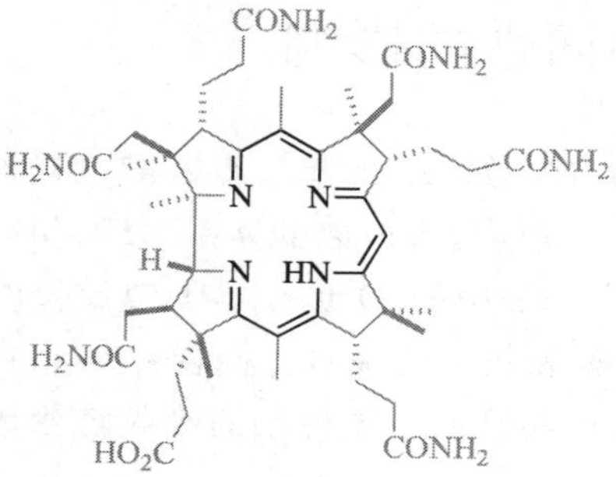

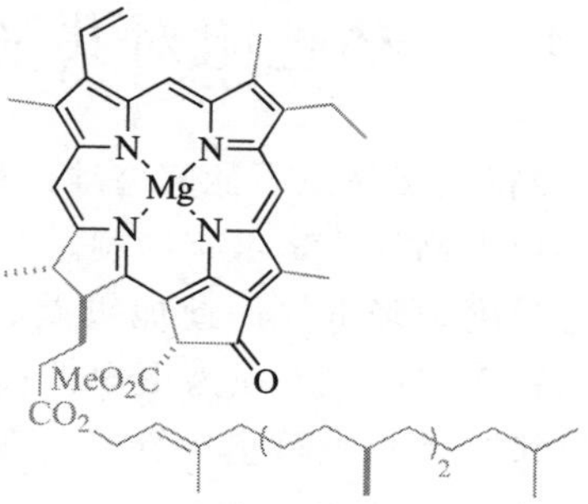

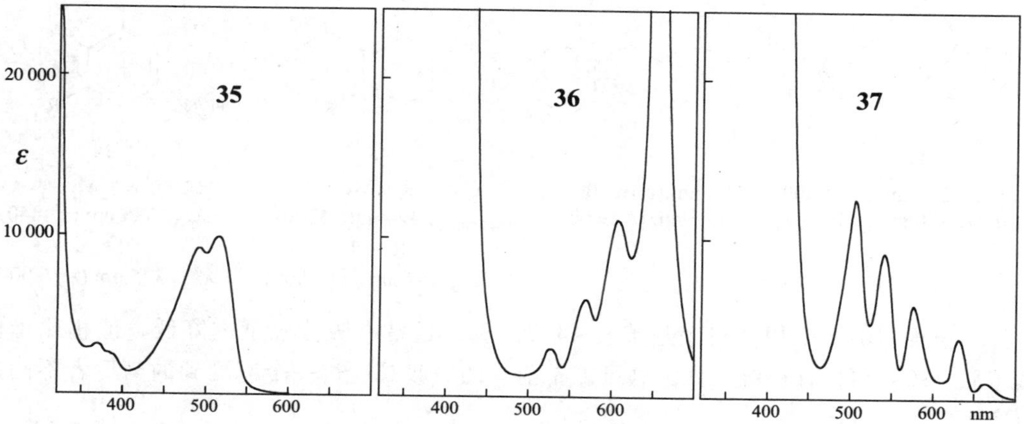

图 1.9

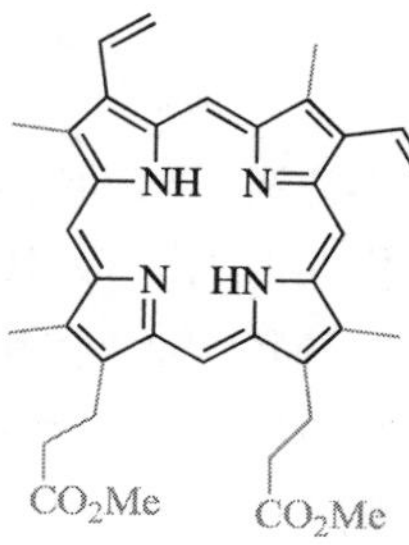

1.23 非共轭相互作用的发色团

非共轭体系相互间通常只有很弱的作用，如二苯甲烷的光谱与甲苯相似。在计算最大吸收时三烯酮 **10** 的交叉共轭可以忽略；二苯醚甚至与苯甲醚并无很大不同。然而，当发色团虽没有直接共轭但与共轭体系靠得足够接近时，通过空间共轭是可能的。因此，β,γ-不饱和酮降冰片烯酮 **38** 显示的 n→π* 和 π→π* 跃迁与孤立组分的吸收相比有相对的蓝移。有证据表明，有空间上的共轭使得 HOMO 升高而 LUMO 降低，但这种效果没有 α,β-不饱和酮的那么明显。同样，累积双键在联烯 **39** 和烯酮 **40** 中，尽管没有正式的共轭，但也能造成一些紫外光在可接触区域的弱的吸收。

38
λ_{max} 210 nm (ε 3000)
305 nm (ε 290)

39
170 nm (ε 4000)
227 nm (ε 630)

40
227 nm (ε 360)
375 nm (ε 20)

1.24 立体位阻对共平面性的影响

立体位阻（空间位阻）使得共轭体系不能完整地共平面，如 *cis*-二苯基乙烯 **41**，这种对共轭的干扰同时对 HOMO 和 LUMO 能量也有影响。对于共轭程度较差的体系，HOMO 没有升高而 LUMO 也没有同等程度地降低，因此能级差（图 1.2 中的 **z**）更大。**41** 中最长的波长吸收带与 *trans*-二苯基乙烯 **42** 相比，表现为更短的波长和较弱的吸收。同样，2,4,6-三甲基苯乙酮 **43**（R＝Me）的相邻取代基，阻止了羰基与苯环共平面，这种酮的吸收峰相比对甲基苯乙酮 **43**（R＝H）在较短波长处吸收强度较弱。

41
λ_{max} 224 nm (ε 24 400)
(EtOH) 280 nm (ε 10 500)

42
228 nm (ε 16 400)
295.5 nm (ε 29 000)

43
R = Me
λ_{max} 242 nm (ε 3200)
R = H
λ_{max} 252 nm (ε 15 000)

44
R = Me
λ_{max} 385 nm (ε 4840)
R = H
λ_{max} 375 nm (ε 16 000)

另一方面，3,5-二甲基对硝基苯胺 **44**（R＝Me）通常有吸收强度的降低，但相比母体对硝基苯胺 **44**（R＝H）有相对红移。这可能是前者的吸收是通过一个监测到的与后者不同的跃迁所产生的。

45
没有强吸收 >210 nm

46
λ_{max} 227 nm (ε 5500)

从 Shelliolic 酸得来的二内酯 **45** 误导性地在可达到的紫外区无最大吸收，但是它水解后生成的 α,β-不饱和酸 **46** 出现预想的吸收峰。这说明多环结构立体位阻阻止了双键和羰基有效地共轭，但是释放这种张力可以使这两个 π 键轨道重叠。

这些观察进一步强调：原料和产物紫外吸收光谱的改变使得它成为跟踪化学反应动力学

过程的一种最简单的方法。相比结构鉴定方面的应用，紫外光谱可能更多的是用于这个目的。尽管如此，快速和高灵敏度地检验共轭体系仍是这项古老光谱技术的一项最强大的应用。

1.25 网　络

互联网是一项不断进化的体系，其链接和协议在不断地改变。下列信息不可避免地有不完整性，可能不久就不适用了，但它能提供一些指导来帮助你找到所希望的材料。一些网址需要特殊的操作系统，可能只能适用于有限的浏览器，一些需要付费，还有一些需要你在使用前注册并下载程序。

- 在互联网上的光谱数据，可以参见麻省理工学院（MIT）、滑铁卢大学和德克萨斯大学的网址，较有代表性。它们适于内部使用，但足够有用：

http：//libraries. mit. edu/guides/subjects/chemistry/spectra _ resources. htm

http：//lib. uwaterloo. ca/discipline/chem/spectral _ data. html

http：//www. lib. utexas. edu/chem/info/spectra. html

- 紫外光谱不像其他光谱方法一样在网上较好查询使用。一些书，如《有机电光谱数据》(*Organic Electronic Spectral Data*)，仍是最好的紫外和可见光谱数据的来源。

- 在属于美国商务部的 NIST 网址上有 1600 个化合物的紫外光谱数据库：

http：//webbook. nist. gov/chemistry/name-ser. html

输入你所要的化合物名字，选择紫外-可见光谱图标并点击搜索，如果有该化合物紫外光谱的话，就会提供给你。

- ACD 光谱出售的专用软件叫做 ACD/SpecManager，可以操作所有四种光谱方法，以及一些其他的分析方法：

http：//acdlabs. com/products/spec _ lab/exp _ spectra/

这个软件可以运行并存储这些设备的结果，来进行分类、共享和展示你的数据。同时它也提供了一些可以免费使用的紫外光谱的数据库。

- Wiley-VCH 有一个光谱书和链接实时更新的网站，URL 提供了各种光谱资料，包括紫外光谱：

http：//www. spectroscopynow. com/Spy/basehtml/SpyH/1,1181,7-4-773-0-773-direc-tories--0，00. html

1.26 参考文献

26

数据

Organic Electronic Spectral Data，Wiley，New York，Vols. 1-31 (1960-1996).

Sadtler Handbook of Ultraviolet Spectra，Sadtler Research Laboratories，1979.

D. M. Kirschenbaum, ed. ，*Atlas of Protein Spectra in the Ultraviolet and Visible Region*，Plenum，New York，1972.

教科书

H. H. Jaffe and M. Orchin, *Theory and Applications of Ultraviolet Spectroscopy*, Wiley, New York, 1962.

J. N. Murrell, *The Theory of the Electronic Spectra of Organic Molecules*, Methuen, London, 1963.

G. R. Barrow, *Introduction to Molecular Spectroscopy*, McGraw-Hill, New York, 1964.

E. F. H. Brittain, W. O. George and C. H. J. Wells, *Introduction to Molecular Spectroscopy*, Academic Press, London, 1970.

A. I. Scott, *Interpretation of the Ultraviolet Spectra of Natural Products*, Pergamon Press, Oxford, 1964.

S. F. Mason, Chapter 7, The Electronic Absorption Spectra of Heterocyclic Compounds, in *Physical Methods in Heterocyclic Chemistry*, Vol. Ⅱ, Academic Press, New York, 1963.

C. N. R. Rao, *Ultraviolet and Visible Spectroscopy*, Butterworths, London, 3rd Ed., 1975.

M. J. K. Thomas, *Ultraviolet and Visible Spectroscopy*, J. Wiley, Chichester, 2nd Ed., 1996.

第2章 红外光谱

2.1 引　言

　　有机分子的红外光谱与分子振动能级之间的跃迁密切相关。分子振动可以直接由红外测量或者间接地用拉曼(Raman)光谱测量。从有机化学家的角度来看，最为有用的振动是出现在较窄区域 2.5～16 μm (1 μm = 10^{-6} m)的振动。谱图中吸收带的位置可以用微米(μm)，或者采用更普遍的波长的倒数(即波数，单位 cm^{-1})来表示频率刻度。对于有机化学家，红外光谱的有用区域在高频率端 4000 cm^{-1} 至低频率端 625 cm^{-1} 之间。

　　许多官能团具有其特征的振动频率，它们在这个区域里有确定的位置，这些内容汇总在 2.13 节的四个图表中，同时 2.14 节还有更加详细的表格数据。由于许多官能团可以通过其特征的振动频率来进行确定，这使得红外光谱成为最简单、最快捷，同时也经常作为最可靠的进行官能团识别的手段。

　　下式对于理解不同类型的键具有不同的振动频率区域是非常有用的，它的推导基于一个质量为 m 的质点在频率为 ν 的固定的弹簧末端振动所构成的模型：

$$\nu = \sqrt{\frac{k}{m}} \tag{2.1}$$

式中 k 表示弹簧的弹性系数。实际上，对于化学键而言，"弹簧"(即化学键)的一端并未被固定，两端都是可以移动的质点(m_1 和 m_2)。这样，式(2.1)中的 m 需要用下式计算：

$$\frac{1}{m} = \frac{1}{m_1} + \frac{1}{m_2} \tag{2.2}$$

假如其中一个质点(比如 m_1)质量为无穷大，$1/m_1$ 近似为 0，因此式(2.1)中的约化质量 m 就被简化为 m_2，这与一端弹簧被固定的情况也很接近。

　　简单替换式(2.1)中的质点，可以得到如下一些结论：① $\nu_{C-H} > \nu_{C-C} > \nu_{C-X}$(C—H 键比 C—C 键伸缩频率高，C—C 键比 C—X 键伸缩频率高，X 表示卤素原子)；② $\nu_{O-H} > \nu_{O-D}$ (O—H 键比 O—D 键伸缩频率高)；③ 由于 k 随键级增大而增大，碳碳键振动频率有如下关系：C≡C>C=C>C—C。

　　这些概括比较有用，式(2.1)和(2.2)也有利于加深我们对于本章随后经验数据的理解。另外，可以在某种程度上扩展这个模型的应用，这有利于更容易地理解观察到的趋势。但是，因为影响振动频率的变量有很多，这些公式也只能作为指导性的工具来参考。

2.2　样品的准备以及在红外光谱仪中的测量

　　传统光谱仪使用红外光源，这束光被分裂为两束强度相同的光，其中一束光穿过需要检测的样品，随后将两束光的强度差绘制成波数的函数。使用这种传统的技术，一次扫描通常需要 10 分钟左右的时间。目前绝大多数的光谱仪都采用傅里叶变换的方法，并且其光谱被称为傅里叶变换红外(FTIR)光谱。红外光源在仪器的整个频率区域发出辐射，通常在 4600

~400 cm^{-1}，同样被分裂为两束强度相同的光。使其中一束光通过样品，或者使两束光都通过，但其中一束比另一束穿过更长的距离。重新将两束光汇聚后产生一个干涉图形，它是由光束中每个波长的光干涉加和的结果。通过系统地改变两个光程的差别，干涉图会变化并产生一个可以检测的随光程差改变的信号，如同被样品选择吸收一些频率作为调整。这个图称为干涉图，它看上去一点也不像光谱。然而，干涉图的傅里叶变换，借助仪器内装的计算机可以将其转变为一个吸收对波数的图，和用传统的方法得到的光谱十分相似。与传统的方法相比，FTIR 具有一些优点，也有缺点。因为不需要连续地扫描每个波数，所以整个光谱最多在几秒钟内测定。因为它不依赖缝隙和棱镜或光栅，所以 FTIR 可以得到高分辨率而无需牺牲灵敏度。FTIR 特别适合于测量小的样品（几次扫描可以叠加）以及在色谱的出口短时间内流出来的化合物的光谱。最后，由计算机处理数据得到的数字化形式可以进行调整和精修。比如，通过扣除光谱测定介质的背景吸收，或者扣除混合物中已知杂质的谱图从而得到纯组分的光谱。然而，红外光谱的测量方式并不会影响它们的外观。传统的谱图和傅里叶变换图看上去非常相似，并且文献中传统的谱图用于比较仍然有其价值。化合物可以以气相、纯液体、溶液的形式或者固相形式来进行测量。

气相测量： 蒸气被引入一个特殊的样品池，样品池通常大约有 10 cm 长，它可以直接放置在两束红外光之一的光程中。样品池的端壁通常由氯化钠组成，因为它对于通常的红外区域没有吸收。大多数有机化合物的蒸气压很低，因此气相的用途并不大。

液相测量： 一滴液体夹在氯化钠平板之间（氯化钠在 4000～625 cm^{-1} 之间没有吸收）。这是所有方法中最简单的。另一种方法，假如液体样品并不适合制备成液滴，就将样品溶于易挥发的无水溶剂中，直接附在氯化钠平板的表面，溶剂在干燥气氛挥发之后就留下一个薄层。

溶液测量： 化合物被溶解在四氯化碳或者不含醇的氯仿中，后者具有更好的溶剂性质，形成 1%～5% 的溶液。该溶液被引入一个由氯化钠制成的 0.1～1 mm 厚的特殊样品池。另一个相同厚度的样品池，但是装有纯的溶剂，被放在光谱仪另一束光的光程中，这样溶剂吸收可以被平衡。在非极性溶剂中形成这样的稀溶液测量光谱通常更为有效，因为它们常比固相中测的光谱有更好的分辨率，并且分子间作用力降为最小，而这些作用在结晶状态时通常是特别强的。但另一方面，许多化合物在非极性溶剂中不溶，并且所有溶剂都在红外光谱中有吸收。当溶剂吸收超过入射光大约 65% 时，将无法获得有用的光谱，因为这时透过的光不足以使仪器检测机制有效运作。幸运的是，四氯化碳和氯仿信号只在对于结构鉴定无关紧要的区域有超过 65% 的吸收（图 2.1）。当然，其他溶剂也可以使用，但是每种情况的可用区域应当事先检查，并且考虑所用样品池的尺寸。在极少情况下用水溶液，这时要用特殊的氟化钙样品池。

固相测量： 大约 1 mg 的固体在一个小的玛瑙研钵中用一滴液体碳氢化合物（液体石蜡，Kaydol 油）磨细，如果要研究 C—H 振动，则用六氯丁二烯。然后这个糊被压在两片高度平整的氯化钠平板之间。另一种方法是通常远少于 1 mg 的固体，与 10～100 倍的纯溴化钾磨成混合物，然后用一个特殊的塑型和液压机压成片。应用 KBr 消除了由于研糊剂吸收带造成的问题（通常并不麻烦），当然除了在 3450 cm^{-1} 总会出现的吸收带，这是由于微量水的 O—H 基团的吸收，因此总的来说会给出更好的光谱（参见图 2.7）。固体也可以通过熔化或之前描述的液体溶液挥发法，被沉积在氯化钠片的表面，通常在形成一个透明的表面时有少

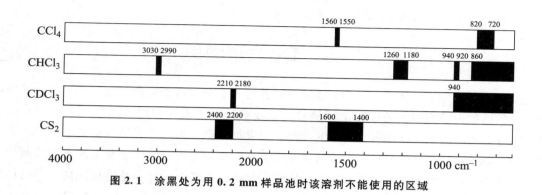

图 2.1　涂黑处为用 0.2 mm 样品池时该溶剂不能使用的区域

量损失。由于分子间相互作用，在固相中测得的光谱的吸收带的位置常常与相应的溶液光谱不同，这对于参与形成氢键的官能团更是如此。另一方面，在固相测得的光谱中，能够分辨的线常常更多，所以为了鉴定结构而比较合成样品与天然样品时最好用固相光谱。当然，这仅仅是当所用的晶型相同时才可以这样。如果是将合成的消旋体与天然光学纯物质相比较时，则应当比较其在溶液中的光谱。

30

2.3　在拉曼光谱中的测量

拉曼光谱常常在应用激光源的仪器上测量。这时所需样品的量仅毫克（mg）数量级。液体或者浓溶液用单色光照射，散射的光通过光谱仪进行光电子检测。大多数散射的光由吸收和再辐射产生的母体线组成。更弱的线组成拉曼光谱，发生在较低或较高能量处，它们是由于光的吸收和再辐射分别与振动激发或者衰减相耦合所致。母体线和拉曼光谱线频率上的差别是相应振动的频率。拉曼光谱并没有像红外光谱那样常规地被有机化学家用于结构鉴定，但是对于检测某些官能团（见图 2.12）和分析混合物——比如氘代化合物时——它就更为有用。特别是对于分析化学家有一些应用。

2.4　选　律

当样品分子的振动频率位于仪器的光源范围之内，同时振动偶极矩（由于分子振动）与红外光束的振动电矢量相互作用，分子才有可能会发生对这一特定频率光能量的吸收。决定该相互作用是否发生（并因而导致光的吸收）的简单规则是，振动一端的偶极矩与振动另一末端的偶极矩必须是不同的。在拉曼效应中，相应的相互作用是在光和分子可极化性之间发生，这导致了不同的选律。

选律最为重要的结果是：在一个具有对称中心的分子中，对于中心对称的振动在拉曼光谱中具有有效吸收而在红外光谱中无吸收（参见图 2.12）；而那些非中心对称的振动则无拉曼光谱而通常有红外光谱。这两方面都有用，因为它意味着两种类型的光谱是互补的。又因为大多数官能团不是中心对称的，所以更易于得到的红外吸收光谱相对更加有用。一个分子处于固态时其对称性质与一个孤立分子是不同的，这会导致在固相光谱中可以出现的红外吸收在溶液或气相中可能是禁阻的。

2.5   红外光谱谱图

一个复杂的分子整体具有很多振动方式。作为一个非常好的近似方法，有一些分子振动与单独的键的振动有关并被称为定域振动。定域振动对于确认官能团，尤其对于 O—H 和 N—H 单键的伸缩振动以及所有类型的叁键和双键都非常有用。后者的振动频率范围几乎都在 1500 cm^{-1} 以上。分子中其他单键的伸缩振动、大多数的弯曲振动以及扭曲振动共同导致了低于 1500 cm^{-1} 的一系列低能量谱带，这些吸收的位置对于该分子是特征性的。净的结果是在 1500 cm^{-1} 以上区域显示的吸收带可以归属一些官能团，而在 1500 cm^{-1} 以下含有一个分子许多特征的吸收带。很明显，1500 cm^{-1} 以下的区域被称为指纹区。

图 2.2 是有代表性的可的松乙酸酯 **1** 的红外光谱实例。在大于 1500 cm^{-1} 的区域，强的伸缩振动吸收表明存在官能团：O—H 键，三个不同的 C=O 基团，以及 C=C 键的弱吸

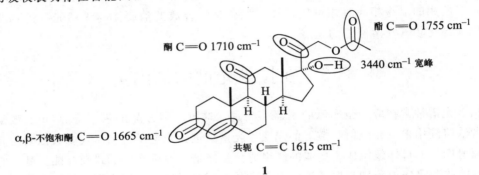

1

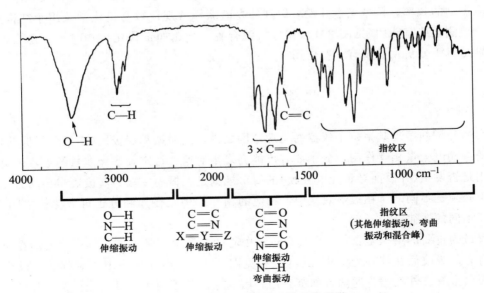

图 2.2   可的松乙酸酯 1 的红外光谱

收。同时还有低于 1500 cm^{-1} 的特征指纹图谱。

按照惯例，吸收测绘从高到低变化，这与紫外光谱的习惯相反。但是两者的最高处都被称为谱峰或谱带。红外光谱转动的精细结构被消除，并且峰强度通常不被记录。如果记录峰强度，常被主观地表示为强（s）、中（m）或弱（w）。为了得到高质量的谱图，底物的量需要调整到使最强吸收接近于光强的 90%。横坐标是线性的频率计数，但大多数仪器会改变比例，在 2200 cm^{-1} 或 2000 cm^{-1} 到低频端将比例翻倍。纵坐标与百分透过率成正比，从底部到顶部对应于 0%～100%。

不同官能团的吸收区域总结见图 2.2。含有氢原子的单键的伸缩振动位于谱图的高频端，这是由于氢原子质量轻导致的。这一特征为检测 O—H 或 N—H 键提供了便利。由于大多数有机化合物含有 C—H 键，接近 3000 cm^{-1} 的吸收用处不大，尽管当 C—H 键连在双键和叁键上时，其谱峰可以指认。其次，伸缩振动的顺序如下：叁键比双键的振动频率高，而双键比单键的振动频率高。总之，两个相似原子之间的键愈强，则振动频率愈高。弯曲振动的频率要低得多，通常出现在 1500 cm^{-1} 以下的指纹区。例外是 N—H 的弯曲振动，它出现在 1600～1500 cm^{-1} 区域。聚苯乙烯红外光谱有时可用做精确的校准线，其谱带位于 2924、1603、1028 和 906 cm^{-1}。

尽管有很多吸收带与单个键的振动相关，其他振动是分子中两个或多个部分振动的耦合。定域或非定域伸缩振动用符号 ν 表示，不同的弯曲振动用 δ 表示。耦合的振动可以分为对称和不对称的伸缩振动，不同的弯曲形式分为剪式、面内摇摆、前后摇摆、扭曲等模式，如图 2.3 所示。耦合的不对称伸缩和对称伸缩也存在于其他很多官能团中，比如酸酐、羧酸离子和硝基等含有两个相邻等价键的官能团。

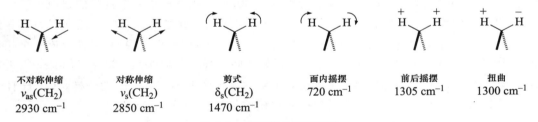

| 不对称伸缩 $\nu_{as}(CH_2)$ 2930 cm^{-1} | 对称伸缩 $\nu_s(CH_2)$ 2850 cm^{-1} | 剪式 $\delta_s(CH_2)$ 1470 cm^{-1} | 面内摇摆 720 cm^{-1} | 前后摇摆 1305 cm^{-1} | 扭曲 1300 cm^{-1} |

图 2.3 亚甲基的定域振动

2.6 官能团特征振动频率表的应用

为方便查阅，本章末汇总了参考图例和数据表。图 2.2 中 1500 cm^{-1} 以上的三个频率区域分别被扩大成为四张图表，见 2.13 节。这些图表概括了每一种官能团吸收的较窄区域。那些属于官能团，但出现在指纹区的吸收带有时候是有用的，因为它们时常会在其他无特征的区域出现强吸收带，或者确认它们不存在可以排除不正确的结构。但是这种鉴定一般而言只是对判断有帮助，却不能得出确定的结论，因为这一区域的谱带较多。2.14 节给出了含有详细信息的表格，它们是大致按照官能团的伸缩振动频率减小的顺序来排列的。

我们可以按下面的办法来处理一个未知物的光谱。首先检查谱图指纹区以上三个主要的区域，如图 2.2 所显示。在这一步一些结构组合可以排除（例如缺失 O—H 或 C=O），并得到初步的结论。如果仍有不清楚的地方，例如不确定是哪种 C═O，则应当查一下可能存在的官能团的相应的表，在这些表中可以得到更为详细的信息。如果推测的结构中相应的吸收峰具有适当的强度，则可以确认。比如，因为羰基伸缩振动信号很强，如果在羰基区只有一个较弱的信号，则不能肯定羰基的存在。更可能的情况是一个谐波或杂质造成的。

本节之后的内容详述了每个主要官能团的细节信息，展示了一些谱带的形状、特点。最后，图表的互相参照在所难免，这也是经常需要的。

2.7　与氢形成的单键的吸收频率 3600～2000 cm^{-1}

C—H 键：有关各种 CH、CH$_2$ 和 CH$_3$ 的对称和不对称振动频率的精确位置已经充分知晓。C—H 键不参与形成氢键，所以它们的位置受测量状态或者化学环境的影响较小。C—C 振动吸收在指纹区，通常较弱，因而实际上并不实用。由于大多数有机化合物含有饱和的 C—H 键，所以它们的吸收带（伸缩振动在 3000～2800 cm^{-1}，弯曲振动在指纹区）对于鉴定并无太大的用处，但一些饱和 C—H 基团的特别的结构特征可以导致特征的吸收谱带（表 2.1）。因此，甲基和亚甲基通常表现出源于对称和不对称伸缩振动的两个尖锐谱带（图 2.3），这一特点有时可用于结构指认，但往往所有的饱和 C—H 伸缩振动累积导致整体表现为宽化的谱带，就像图 2.4 中展示不完全分辨的谱带。当然，一个谱图中如果缺少饱和 C—H 吸收，则可以说明在相应的化合物中缺少这部分结构。不饱和以及芳香 C—H 伸缩振动（表 2.1）可以与饱和的 C—H 吸收区分开来，因为后者在 3000 cm^{-1} 以下给出吸收，而前者则在 3000 cm^{-1} 以上给出相对较弱的吸收，如苯甲酸乙酯 **2**（图 2.4）和苯甲腈 **14**（图 2.7）的谱图所显示。端炔的═C—H 伸缩振动导致在 3300 cm^{-1} 附近产生一个特征的强而尖锐的谱线，如己炔 **3** 的谱图所示（图 2.4）。C—H 键与氧原子或氮原子的孤对电子反向交叠会导致键的削弱，从而导致伸缩振动频率减小。因此，醛的 C—H 键在 2760 cm^{-1} 处形成一个相对尖锐的谱带，如庚醛 **4** 的谱图所示（图 2.4），醚和胺同样在低频区域 2850～2750 cm^{-1} 表现出谱带。如果反向交叠的排列牢牢地固定，就像六元环胺的轴向 C—H 键一样，C—H 伸缩振动会出现在异常的低频区，产生的吸收被称做伯尔曼带（Bohlmann bands）。

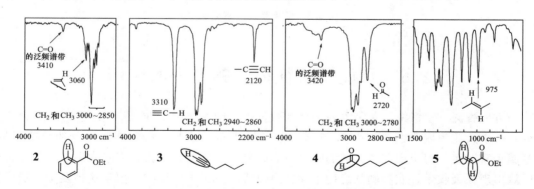

图 2.4　IR 谱中 C—H 的一些特征吸收

　　C—H 键的弯曲振动在指纹区，有机化合物中的次甲基 C—H 弯曲振动、CH$_3$ 与 CH$_2$ 对称弯曲振动导致振动频率接近 1450 和 1380 cm^{-1} 的两个带，就像使用常用的研糊剂 Nujol

（石蜡）所看到的一样。反式—CH═CH—双键脱离平面的振动是一种更常用的推断性的弯曲振动。它出现在较窄的范围（970～960 cm^{-1}），如果发生共轭，会导致振动频率稍稍增大，强度一般是很强的。不同的是，顺式异构体的相应振动频率和强度都较低，一般在730～675 cm^{-1} 区域内。反式巴豆酸乙酯 **5**（图 2.4）指纹区 975 cm^{-1} 处的谱带清晰地显示存在这一特点。如果这一谱带没有出现，可以说明结构上并没有这一特点，如顺式烯烃 **20** 谱图所显示的情况（图 2.12）。

O—H 键：O—H 伸缩振动频率许多年来一直被用于检测并测定氢键的强度（表 2.3）。氢键越强，O—H 键长越长，振动频率越低，吸收带的宽度和强度都会相应增加。没有氢键作用的 O—H 键在 3650～3590 cm^{-1} 区间有一个尖峰，通常只有在气相、极稀溶液或当分子的空间位阻阻碍氢键形成的情况下才可以观测到。溶液相谱图常常同时表现出两种谱带，如具有一定位阻的醇 **6** 的谱图（图 2.5）。另一方面，纯液体、固体和许多溶液仅在 3600～3200 cm^{-1} 范围表现出一个宽而强的峰。这是由于交换作用以及样品内存在不同程度的氢键作用，就像醇类化合物 **7** 的纯净样品谱图（图 2.5）所表现的那样。

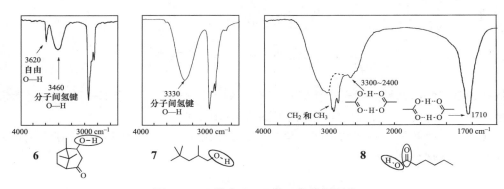

图 2.5　IR 谱中 O—H 的一些特征吸收

弱的分子内氢键，例如 1,2-二醇化合物中的氢键，在 3570～3450 cm^{-1} 范围内出现一个尖锐的谱带，其精确位置可以用于测定氢键的强度。强的分子内氢键通常在 3200～2500 cm^{-1} 处导致宽而强的吸收。当羰基是氢键受体时，它的特征振动频率会有所降低，就像大多数羧酸二聚体所表现的那样。一个在 3200～2500 cm^{-1} 范围的宽吸收，通常是在 C—H 键吸收之下或周围伴随着羰基在 1710～1650 cm^{-1} 的吸收区域，这是羧酸高度特征的吸收，如己酸 **8**（图 2.5）或者它们的插烯物、烯醇形式的 β-二羰基化合物。通过检测稀释的效果，我们可以对各种可能的氢键作出区分：分子内的氢键不会受到浓度的影响，但当分子间的氢键断裂时，导致增强 O—H 键吸收或出现自由的 O—H 键吸收。固态样品的 O—H 键吸收光谱几乎总是在 3400～3200 cm^{-1} 表现出仅有的宽且强的谱带。D 原子取代 H 原子会导致吸收频率降低至 0.73 倍。注意：酯 **2** 和醛 **4** 光谱中 O—H 区域的弱谱带明显不是 O—H 伸缩振动，因为它们太弱了。S—H 键伸缩振动的频率明显偏低，通常表现为一个在 2600 cm^{-1} 处弱而且轻微宽化的谱带。

N—H 键：胺的 N—H 键伸缩振动通常在 3500～3300 cm^{-1} 范围（表 2.4）。它们比 O—H 键强度要弱，但很容易与形成氢键的 O—H 键的频率相混淆。由于 N—H 键形成氢键的趋势要小得多，它的吸收通常更尖锐，并且像色氨酸 **9**（图 2.6）吲哚环 N—H 所显示的那样，

35

可以非常尖锐。即使在非常稀的溶液中，N—H 键也从不会产生像自由的 O—H 键一样在 3600 cm⁻¹ 高频处的吸收。如酰胺 **10**，一级胺和酰胺产生两条谱带（图 2.6），通常一个在 3500 cm⁻¹，另一个在 3400 cm⁻¹。因为有两种伸缩振动，一种是对称的，另一种是不对称的，这和亚甲基的相似（图 2.3）。二级胺如吗啉 **11** 只有一个峰。二级酰胺在处于 s-trans 构型时仅有一个峰，但对于酰氨基处于 s-cis 构型的内酰胺而言，经常由于不同的氢键相关表现出几个谱带，特别是在固相测量中，如己内酰胺 **12** 的光谱图所示（图 2.6）。

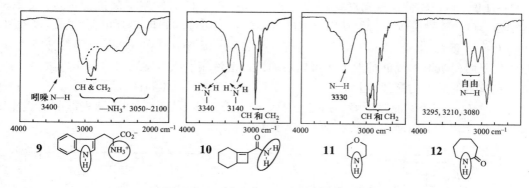

图 2.6 IR 谱中 N—H 的一些特征吸收

铵盐和氨基酸的两性离子会在任何 C—H 吸收的低频端产生几个 N—H 伸缩振动谱带，有时会低到 2000 cm⁻¹，就像色氨酸 **9** 的谱图所示（图 2.6）。

一级和二级酰胺的 N—H 弯曲振动恰好出现在指纹区以上，并且对应于所谓的酰胺-Ⅱ带，这将在羰基部分进行讨论。

2.8   叁键以及累积双键的吸收频率 2300～1930 cm⁻¹

端炔的吸收带位于 2140～2100 cm⁻¹ 窄区，如己炔 **3** 的谱图所示（图 2.4）。内炔的吸收在 2260～2150 cm⁻¹ 范围内，与叁键或烯炔共轭时，在此频率区域较低的一端（表 2.6）。注意，端炔和内炔吸收频率范围的差异符合公式（2.1）和（2.2）的预期。对于内炔，两个炔基碳原子都似乎表现出了比端炔≡CH 碳原子更大的质量。结果导致内炔的吸收在更高的频率，

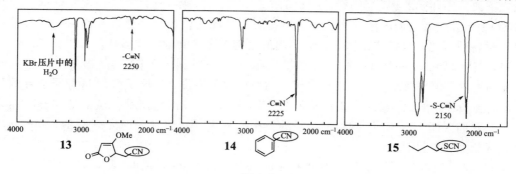

图 2.7

这和实际观测相符。除非有共轭作用，该吸收经常比较弱，因为在伸缩振动时偶极矩的微小改变，对称的乙炔根本不表现出叁键的伸缩振动。但是这种振动可以在拉曼光谱中看到。叁键和羰基共轭时通常对于吸收位置影响不大。当连接多于一个叁键时，有时仅有一个，则可能会在这一区域产生比计数叁键更多的吸收谱带。

腈类吸收范围在 2260～2200 cm⁻¹，但通常很弱，就像腈 **13** 的谱图所示（图 2.7）。因为微弱的氰基吸收峰被忽视，这一化合物最初在确定结构时有误。氰醇在这方面更甚，它们经常根本不显示氰基的吸收峰。通常情况下，共轭降低频率的同时增加强度，就像苯甲腈 **14** 的谱图所示（图 2.7）。异氰、氧化腈、重氮盐以及硫氰酸盐如 **15** 在 2300～2100 cm⁻¹ 区域有很强的吸收（表 2.6）。

累积双键体系 X＝Y＝Z 体系中两个双键的伸缩振动，比如二氧化碳、异氰酸酯、异硫氰酸酯、烷基重氮、烯酮和联烯等，都有强的耦合，伴随着一对不对称和对称的振动吸收峰。前者导致在 2350～1930 cm⁻¹ 范围内的强吸收带，后者产生指纹区的谱带，对称的体系除外，它们对于红外是禁阻的。二氧化碳在 2349 cm⁻¹ 处有一个尖峰，联烯类化合物如二甲基联烯 **17** 在特征的窄带区间 1950～1930 cm⁻¹ 产生一个尖锐的吸收（在此范围的较低端）。其他累积双键体系吸收在区域中间（表 2.6）。对于异氰酸酯和异硫氰酸酯，比如环己烷基异硫氰酸酯 **16**，会产生一个相对于硫氰 **15** 和联烯 **17** 的窄带而言较宽的谱带（图 2.8）。

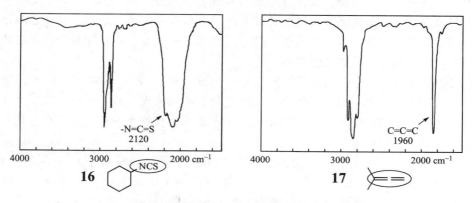

图 2.8　异硫氰酸酯和累积二烯烃的特征吸收

2.9　双键的吸收频率 1900～1500 cm⁻¹

C＝O 双键（表 2.7）：识别分子中存在不同种类的羰基是红外光谱最重要的应用之一。羰基谱带总是很强，如苯甲酸乙酯 **2** 的红外光谱所示（图 2.4），酸通常比酯有更强的吸收，而酯则比酮或者醛有更强的吸收。酰胺的吸收强度通常和酮相似，但有更多的可变性。

羰基吸收的精确位置由电子结构以及羰基参与形成氢键的程度决定。结构变化对于 C＝O 伸缩振动频率影响的一般趋势总结于图 2.9 中。

(1) R—(C＝O)—X 系统中 X 基团的电负性愈大，则频率愈高，除非这种由 X 诱导效应导致的变化趋势被 π 体系中 X 上任意的孤对电子所补偿。因此，诱导效应提高吸收频率——酰氟的 C＝O 伸缩频率比酰氯的高，而酰氯比酰溴的高。类似地，酰氯的吸收频率

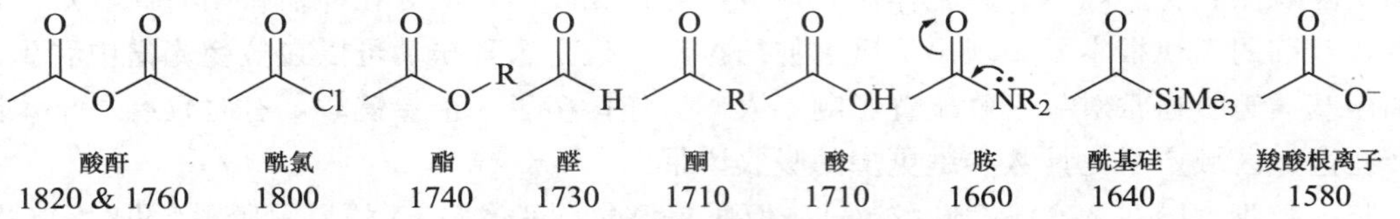

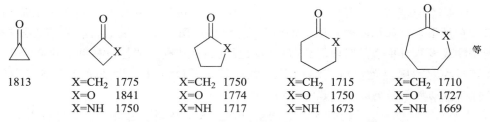

图 2.9　C＝O 基团的特征伸缩振动频率(cm⁻¹)

比相应的酯高，而酯比酰胺高。遵循这种规律，一个正电性的取代基如硅烷基将进一步降低频率。然而，酮的 C＝O 伸缩振动频率在相应的酯和酰胺之间。因此，X 的电负性并非是唯一的因素。X 上孤对电子与 C＝O 键的叠加，如图 2.9 中的弯箭头表示，会降低 C＝O 双键性质，当然同时增加 C—N 键的双键性质。这种重叠在孤对电子具有相对较高的能量时最为有效。X 的电负性愈小，孤对电子轨道能量愈高，则重叠就会更大程度起作用来减弱 C＝O 的 π 键。净的结果是：尽管 N 的电负性比 C 大，由于 π 键减弱，酰胺的 C＝O 伸缩振动频率低于酮。另一方面，氧原子较大的电负性，再加上其孤对电子较弱的 π 重叠，使得酯的伸缩振动比酮高。类似地，酮邻位 C—H 键(或 C—C 键)的超共轭重叠使之相对于醛减小了 C＝O 的双键性质，并降低了它的伸缩振动频率。极端情况下，羧酸离子的吸收在常见羰基吸收的最低处。另一方面，如果酯中氧的孤对电子和另一个双键交叠，它降低羰基振动频率的效果较弱，结果是烯基和苯基酯比烷基酯的吸收在更高频的位置。这一点对于酸酐更加明显。酸酐表现出两条谱带，因为两个羰基既有对称振动也有不对称振动。前者相比对应的酰氯稍高，后者相比对应的酰氯更低一些。

　　(2) 羰基形成的氢键会使其向低频处移动 40～60 cm⁻¹。酸、含有 N—H 键的酰胺、烯醇化的 β-二羰基体系、邻羟基及邻氨基苯基羰基化合物均表现出这一效应，如图 2.9 中羧酸的吸收值介于酯和酰胺之间而不是和酯相同。所有羰基化合物在固相趋向于产生比在稀溶液中略低的羰基伸缩振动频率。

　　(3) 由于和图 2.9 所表述的酰胺的情况类似但效果稍差，减弱了 C＝O 的双键性质，α,β-不饱和会导致频率降低 15～40 cm⁻¹。醋酸可的松 1 中的不饱和酮部分可以被看做图 2.2 中三个羰基峰中频率最低的一个，饱和酮比它的频率高一些，酯的频率更高一些。α,β-不饱和效应在酰胺中要明显地弱，这时仅观察到很小的移动，并且通常向高频方向。

　　(4) 环状化合物中环张力会导致向高频方向较大的移动(图 2.10)，这个现象提供了一个显著可靠的检查环大小的办法。它可以清楚地区分四元环、五元环和更大环的酮、内酯和内酰胺。六元环和更大的酮、内酯和内酰胺显示一般的开链化合物的正常吸收频率。

图 2.10　环的大小对 C＝O 伸缩振动频率(cm⁻¹)的影响

（5）当某一羰基有一种以上的结构对其产生影响时，净的结果通常接近于各因素的加和，而 α, β-不饱和和环张力有相反的影响。

酰胺比较特殊，它们在羰基区域谱带的数目和位置表现出较大的变化，还显示除固定的 C=O 定域伸缩振动外额外的谱带。因此，一级和二级酰胺，因都有 N—H 键，出现至少两条谱带。高频处的谱带比定域的 C=O 伸缩振动吸收高或者低一些，它被称为酰胺的 I 带。另一条低频处的谱带或多或少是固定的 N—H 弯曲振动吸收，它被称为酰胺的 II 带。图 2.11 所示的 N-甲基乙酰胺 **18** 的光谱显示出了 I 带和 II 带，然而 N, N-二甲基乙酰胺 **19** 的光谱只显示了一个单峰。两条谱带都被氢键所影响，因此会由于光谱测定是针对溶液或固体酰胺而有很大区别。即使像己内酰胺 **12** 这样含有 N—H 键的内酰胺，也并不能总是表现出酰胺的 II 带。

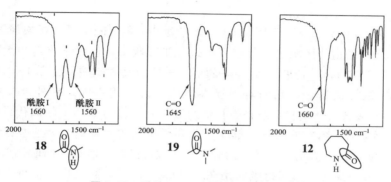

图 2.11　酰胺 C=O 及烯烃的伸缩振动

所有类型全范围的羰基吸收见表 2.7。

C=N 双键：亚胺、肟和其他 C=N 双键吸收在 1690～1630 cm⁻¹ 范围。它们比羰基的吸收要弱，而且较难识别，因为它们的吸收和 C=C 双键在同一区域。

C=C 双键（表 2.10）：非共轭烯烃的吸收范围在 1680～1620 cm⁻¹。取代较多的 C=C 双键的吸收在这一范围的高频端，取代较少的在低频端。当双键或多或少对称性取代时，这一吸收会变弱甚至会消失，但振动频率可以在拉曼光谱中进行检测和测量。油醇 **20** 在长链靠近中间的位置有一个 *cis* 的双键，因为它几乎处在一个对称取代的位置，其伸缩振动刚刚可以被红外光谱检测到（图 2.12，顶部）。与之相反的是，它在拉曼光谱中 1680 cm⁻¹ 处可以看到一个强峰，在谱图底部用灰色标出。拉曼光谱通常自下向上绘制。

注意，醇 **20** 的红外光谱中在 960 cm⁻¹ 位置并没有一个较强的谱带，表明双键不是 *trans* 构型的。和羰基一样，共轭会降低 C=C 双键伸缩振动的频率，就像图 2.12 所示巴豆酸乙酯 **5** 的红外光谱那样。它在 1655 cm⁻¹ 处有一个强峰，不过要弱于共轭酯在 1720 cm⁻¹ 处的羰基峰。它也可以被看做图 2.2 所示三个羰基峰中处于低频端在 1615 cm⁻¹ 的一个小峰。如果是环外双键，振动频率随着环的减小而提高。而环内双键表现相反的趋势，环减小时，振动频率也降低；环张力增大时，=C—H 伸缩振动会轻微提高，并且 =C—H 振动频率可以提供额外的结构信息。

芳环：大多数六元芳香系统，像苯、稠环体系和吡啶在 1600～1500 cm⁻¹ 区域有两个或者三个吸收带。通常，和双键共轭的苯环会产生三个如图 2.12 中苯甲酸乙酯 **2** 的谱图标注

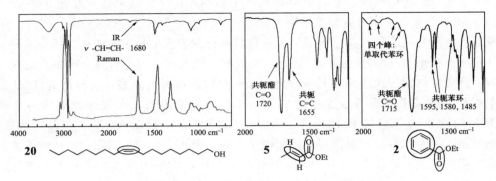

图 2.12 烯烃和苯环的 IR 谱以及烯烃的拉曼光谱

的谱带，一般接近 1600、1580 和 1500 cm^{-1}。作为共轭程度的结果，相关强度会发生变化。在 1225～950 cm^{-1} 的指纹区域之间芳香环有进一步吸收带，但对于鉴定并无很大价值。芳香化合物在接近 3030 cm^{-1} 处有一个特征的弱 C—H 伸缩振动带（表 2.1），并且有一些在 1225～950 cm^{-1} 区域的谱带，它们对于提供结构信息作用不大。另外，二到六个出现在 2000～1600 cm^{-1} 区域的泛频和组合频吸收带的形状和数目与苯环上的取代模式有关。在图 2.12 苯甲酸乙酯 2 的谱图中可以看出单取代苯环所显示的四条谱带。这一区域在这一方面的应用目前已经被 NMR 光谱所代替，因为 NMR 做得更好，但是不同取代苯的特征图仍然可以在更专门的书中找到。第四组吸收是在 900 cm^{-1} 以下，它是由平面外 C—H 键的弯曲振动产生的（表 2.2），并受环上相邻氢原子的数目影响。它也可以用来确定取代的模式，但是目前很少使用。

N＝O 双键：硝基有不对称和对称的 N＝O 伸缩振动，前者在 1570～1540 cm^{-1} 范围有一个强吸收带，后者在 1390～1340 cm^{-1} 范围有一个强吸收带，在指纹区。它们可以很容易地被看做目前为止在像 o-硝基苄醇 21 这种相关未官能团化的化合物中最强的峰。但是乙炔酸 22 中它们也很明显（图 2.13），用黑色填充表示。图中有一些其他的强峰，包括一个不常见的羧酸离子和羧酸共存的吸收。与苯环共振使得谱带频率向硝基振动范围的低频端被降低大约 30 cm^{-1}。硝酸盐、硝胺、亚硝酸盐和亚硝基化合物也在 1650～1400 cm^{-1} 区域有吸收

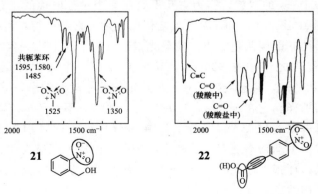

图 2.13 硝基官能团对称和不对称伸缩振动

（表 2.11）。

2.10 频率＜1500 cm^{-1}指纹区的官能团吸收

指纹区的强吸收峰来自于几个其他双键官能团的伸缩振动，比如磺酰基、硫羰基和磷酰基，但它们很容易和一些比较强的单键的伸缩振动相混淆，比如 C—O 和 C—X（卤原子）键，以及 C—H 键的弯曲振动。它们一般对于鉴定的意义不大，除非它们缺失，才会具有一定的信息性。表 2.9～2.18 对这些吸收通常出现的位置给出了指示，包括一些不太常见和更特殊的官能团，像硼、硅、磷和硫等。

2.11 网 络

网络是一个不断发展的系统，它的联系和协议也在不断改变。下面的信息虽然不可避免地会被部分甚至完全淘汰，但它对你需要的信息给出一个索引。一些网站需要特殊的操作系统并且可能仅适用于有限的几个浏览器，有些需要付费，还有一些需要你去注册、下载程序后才能使用。

42

网络上提供的红外光谱服务比紫外光谱更多。

• 寻找网络上光谱数据的索引，参考 MIT、滑铁卢大学以及德克萨斯大学的网页，作为这一类网页的代表。它们为了网络使用进行了一些裁剪，但信息量仍然很大：

http：//libraries. mit. edu/guides/subjects/chemistry/spectra＿resources. htm

http：//lib. uwaterloo. ca/discipline/chem/spectral＿data. html

http：//www. lib. utexas. edu/chem/info/spectra. html

• 化学信息服务(Chemical Database Service)对于英国的研究机构是免费的，而且它包括来自 Chemical Concepts 的 SpecInfo 系统，涵盖了红外、核磁和质谱。注册网址：

http：//cds. dl. ac. uk

一旦你有了 ID 和密码，去网站 http：//cds. dl. ac. uk/specsurf。了解里面有什么以及如何使用，点击网上的演示链接或说明指导链接。这一服务器含有 21 000 个红外谱图。寻找你感兴趣化合物的红外谱图，点击 Start SpecSurf。当窗口加载时，拉下 Edit-Structure 进入一个画结构的窗口。下拉 File-Transfer 将结构导入之前的窗口，并拉下 Search-Structure，它会对你画的化合物在任何可获得的光谱窗口底部创建一个列表。这些包括核磁共振谱、质谱和红外光谱，不幸的是，它们并未按此识别。列表顶部的条目，通常是一个 ^{1}H NMR 光谱会被更低的光谱窗口取代。点击列表中每一个条目直到出现红外光谱，或直到其中一个在右边产生一个子窗口，这一子窗口中含有不同类型的光谱的条目列表。然后点击红外光谱示例，它会出现在光谱窗口。将光标移至谱峰处，其频率（以波数表示）会在光谱图下方用紫色标出。

• Bio-Rad 实验室管理的 Sadtler 数据库拥有超过 220 000 个纯有机物和商业化合物的红外光谱图。要获取这些信息，进入：

http：//www. bio-rad. com/

并按照指引进入 Sadtler、KnowItAll 以及 infrared。

- Acros 免费提供他们的目录化合物的红外光谱，网址：

www. acros. be/

进入名称或画出你感兴趣的化合物结构，并点击 IR 标签。

- 一个列出红外、核磁共振和质谱数据库的网址：

http：//www. lohninger. com/spectroscopy/dball. html

- 日本有机化合物的光谱数据库（SDBS）拥有免费的 IR、Raman、^{1}H 和^{13}C NMR 和 MS 数据：

http：//www. aist. go. jp/RIODB/SDBS/cgi-bin/cre _ index. cgi

43

- 一个属于美国商业秘书协会的数据库拥有大于 5000 种包括化合物气相红外数据，在 NIST 网站：

http：//webbook. nist. gov/chemistry/name-ser. html

输入你想要的化合物的名称，找到红外光谱数据框，点击搜索。如果系统可以找到红外光谱的话，会显示给你。

- Sigma-Aldrich 拥有一个大于 60 000 的傅里叶红外光谱谱图的图书馆，付费可以进入，网址为：

http：//www. sigmaaldrich. com/Area _ of _ Interest/Equip _ _ _ _ Supplies _ Home/ Spectral _ Viewer/FT _ IR _ Library. html（Equip 和 Supplies 之间有四个下划线"_"）

- 前沿化学进展（ACD）Spectroscopy 销售名为 ACD/SpecManager 的授权软件，用于处理所有四种谱学方法和其他分析方法：

http：//www. acdlabs. com/products/spec _ lab/exp _ spectra/

它可用于存储和处理测量光谱的仪器的输出，并且可用于对光谱数据的分类、共享和捐献你自己的数据。它也给你进入免费数据库的途径，并有预测和分析方法——在红外光谱中对官能团的峰进行指认，例如：Wiley-VCH 保有一个关于谱学书籍和链接的更新网站。红外光谱的 URL：

http：//www. spectroscopynow. com/Spy/basehtml/SpyH/1,1181,3-0-0-0-0-home-0-0, 00. html

同时也提供一个到 SpecInfo 数据库的链接：

http：//www3. interscience. wiley. com/cgi-bin/mrwhome/109609148/HOME

到 ChemGate，汇编了 700 000 张红外、核磁和质谱图：

http：//chemgate. emolecules. com

- 也有适用于工业化学家的较贵的汇编，IR Industrial Organic Chemicals，卷 1 和 2，BASF 软件，2006.1。

2.12　参　考　文　献

数据

The Aldrich Library of FT-IR Spectra，Aldrich Chemical Company，Milwaukee，1985.

D. Dolphin and A. Wick，*Tabulation of Infrared Spectral Data*，Wiley，New York，1977.

D. Liu-Vlen，N. B. Colthup，W. G. Fately and J. G. Grasselli，*Handbook of IR and Raman Frequencies of Organic Molecules*, Academic Press, San Diego, 1991.

K. G. R. Pachler, F. Matlock and H.-U. Gremlich, *Merck FT-IR Atlas*, VCH, 1988.

E. Pretsch, P. Bühlmann and C. Affolter, *Structure Determination of Organic Compounds Tables of Spectral Data*, Springer, Berlin, 3rd Ed., 2000.

Sadtler Handbook of Infrared Grating Spectra, Heyden, London.

B. Schrader, *Raman/Infrared Atlas of Organic Compounds*, VCH, 2nd Ed., 1989.

T. J. Bruno and P. D. N. Svoronos, *CRC Handbook of Fundamental Spectroscopic Correlation Charts*, CRC Press, Boca Raton, 2006.

教科书

L. J. Bellamy, *The Infrared Spectra of Complex Molecules*, Chapman & Hall, London, Vol. 1, 1975, Vol. 2, 1980.

K. Nakanishi, *Infrared Absorption Spectroscopy*, Holden-Day, San Francisco, 2nd Ed., 1977.

P. R. Griffiths and J. A. de Haseth, *Fourier Transform Infrared Spectroscopy*, Wiley, New York, 1986.

N. P. G. Roeges, *A Guide to the Complete Interpretation of Infrared Spectra of Organic Structures*, Wiley, Chichester, 1998.

H. Günzler and H.-U. Gremlich, *IR Spectroscopy*, Wiley-VCH, Weinheim, 2002.

P. Hendra, C. Jones and G. Wames, *Fourier Transform Raman Spectroscopy*, Ellis Horwood, Chichester, 1991.

S. F. Johnston, *FT-IR*, Ellis Horwood, London, 1992.

B. C. Smith, *Fundamentals of Fourier Transform Infrared Spectroscopy*, CRC Press, Boca Raton, 1996.

B. C. Smith, *Infrared Spectral Interpretation*, CRC Press, Boca Raton, 1999.

R. L. McCreery, *Raman Spectroscopy for Chemical Analysis*, Wiley-VCH, New York, 2000.

B. H. Stuart, *Infrared Spectroscopy*, Wiley, New York, 2002.

G. Socrates, *Infrared and Raman Characteristic Group Frequencies*, Wiley, Chichester, 2001.

E. Smith and G. Dent, *Modern Raman Spectroscopy: A Practical Approach*, Wiley, New York, 2004.

理论处理

G. Herzberg, *Infrared and Raman Spectra of Polyatomic Molecules*, Van Nostrand, Princeton, 1945.

G. R. Barrow, *Introduction to Molecular Spectroscopy*, McGraw-Hill, New York, 1964.

B. Schrader, Ed., *Infrared and Raman Spectroscopy*, Wiley-VCH, Weinheim, 1995.

J. M. Chalmers and P. R. Griffiths, Eds., *Handbook of Vibrational Spectroscopy*, in 5 Vols., Wiley, Chichester, 2001, <www. wileyeurope. com/vibspec>

D. A. Long, *The Raman Effect*, Wiley-VCH, New York, 2001.

2.13　校 正 图 表

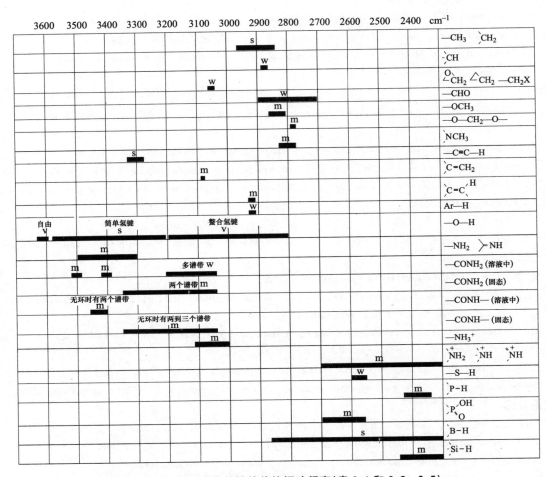

图表 1　与氢形成的单键的伸缩振动频率(表 2.1 和 2.3～2.5)

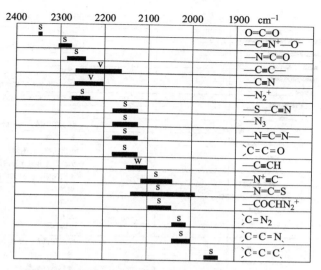

图表 2 叁键和累积双键的伸缩振动频率（表 2.6）

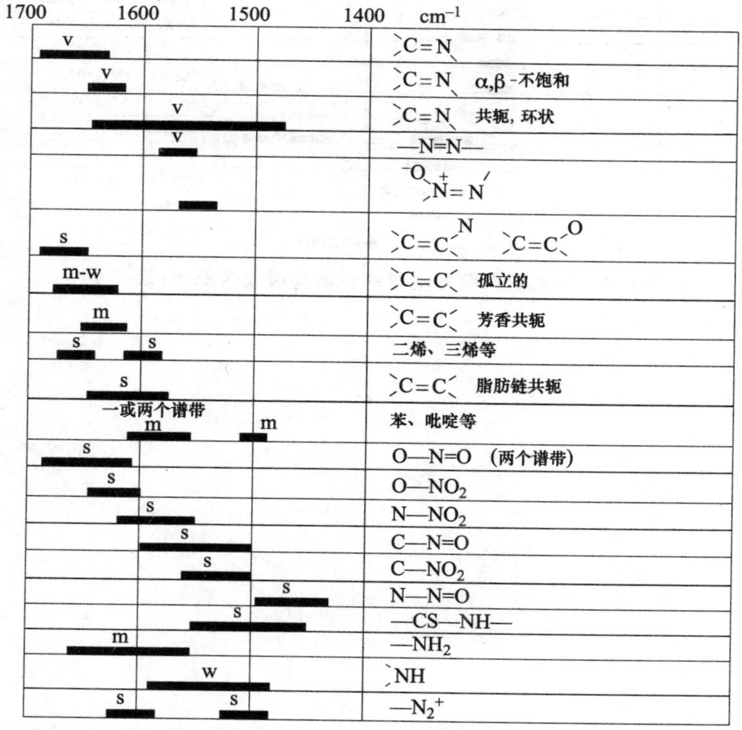

图表 3 除羰基外其他双键的伸缩振动频率（表 2.8～2.11）和 N—H 键的弯曲振动频率（表 2.4）

47

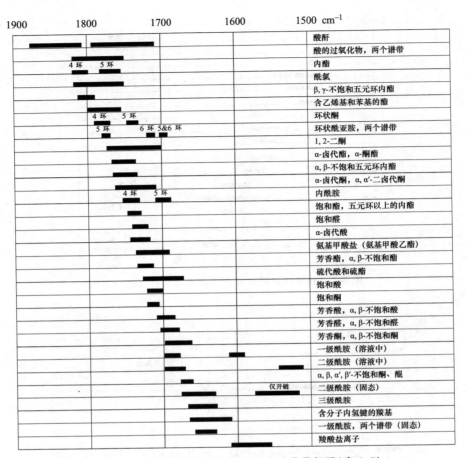

图表 4　羰基的伸缩振动频率；所有吸收带都强（表 2.7）

2.14 数 据 表

表 2.1 C—H 伸缩振动

基团	谱带	备注
C≡C—H	≈3300(s)	尖锐
$\overset{\diagdown}{C}=C\overset{H}{\underset{H}{\diagdown}}$	3095~3075(m)	有时被更强的饱和 C—H 基团的谱带所掩盖，后者出现的频率在 3000 cm^{-1}
$\overset{\diagdown}{C}=C\overset{H}{\diagdown}$	3040~3010(m)	以下
Aryl—H	3040~3010(w)	通常被掩盖
环丙烷 C—H		
环氧 C—H	≈3050(w)	
—CH₂—卤原子		
—COCH₃	3100~2900(w)	通常非常弱
未官能团化 C—H 的伸缩振动：		
$\overset{\diagdown}{C}H_2$ 和 —CH₃	2960~2850(s)	通常两或三个谱带
$-\overset{\shortmid}{C}H$	2890~2880(w)	
—CHO	2900~2700(w)	通常两个谱带，其中一个接近 2720 cm^{-1}
—OCH₃	2850~2810(m)	
$\overset{\diagdown}{N}CH_3$ 和 $\overset{\diagdown}{N}CH_2-$	2820~2780(m)	
—OCH₂O—	2790~2770(m)	

49

表 2.2 C—H 弯曲振动

基团	谱带	备注
>CH$_2$和—CH$_3$	1470～1430(m)	不对称形变
—C(CH$_3$)$_3$	1395～1385(m)，1365(s)	
—CH$_3$	1390～1370(m)	对称形变
—OCOCH	1385～1365(s)	这些谱带吸收很强，通常主导这一区域的谱图
>C(CH$_3$)$_2$	≈1380(m)	基本上对称的二重峰
—COCH$_3$	1360～1355(s)	
>C=C< (H,H / H,H)	995～985(s)，940～900(s)	
>C=C< (H / H)	970～960(s)	C—H 面外弯曲共轭作用使谱带吸收向 990 cm^{-1} 移动
>C=C< (H,H)	895～885(s)	
>C=C< (H)	840～790(m)	
H>C=C<H	730～675(m)	C—H 面外弯曲
>CH$_2$	≈720(w)	摇摆

表 2.3 O—H 伸缩和弯曲振动

基团	谱带	备注
稀溶液中的水	3710	
固体结晶中的水	3600～3100(w)	通常伴随一个在 1640～1615 cm^{-1} 处的弱吸收；KBr 盐片中残余水在 3450 cm^{-1} 表现出一个宽且弱的谱带
自由 O—H	3650～3590(v)	尖锐
氢键 O—H	3600～3200(s)	通常宽，但对于分子内单桥氢键可能很尖锐；频率越低表明氢键越强
像羧酸二聚体中一样类型的分子内螯合氢键	3200～2500(v)	宽；频率越低氢键越强；有时很宽以致被忽视
O—H	1410～1260(s)	O—H 弯曲
—C—OH	1150～1040(s)	C—O 伸缩

表 2.4 N—H 伸缩和弯曲振动

基团	谱带	备注
$-N\overset{H}{\underset{H}{}}$ $\overset{}{N}-H$ $=N\overset{H}{}$	3500～3300(m)	一级胺表现出两个谱带：对称和不对称伸缩振动的吸收。二级胺吸收很弱，但吡咯和吲哚 N—H 吸收很尖锐
氨基酸—NH_3^+ 铵盐—NH_3^+	3130～3030(m) ≈3000(m)	固态数值；接近 2500 和 2000 cm^{-1} 也有宽带（并不总有）
$\overset{}{N}H_2^+$ $-\overset{}{N}H^+$ $\overset{}{N}H^+$	2700～2250(m)	固态数值；因为泛音带的存在，所以宽化等
—$CONH_2$	≈3500(m)，≈3400(m)	固态且存在氢键时低约 150 cm^{-1}；通常在 3200～3050 cm^{-1} 有几条带
—CONH—	3460～3400(m)	两条带；固态且存在氢键时应低；内酰胺仅一条带
	3100～3070(w)	固态且存在氢键作用时有一条弱的谱带（额外的）
$-N\overset{H}{\underset{H}{}}$	1650～1560(m)	N—H 弯曲
$\overset{}{N}-H$	1580～1490(w)	通常太弱，难以引起注意
—NH_3^+	1600(s)，1500(s)	二级胺盐在 1600 cm^{-1} 处有谱带吸收

表 2.5 各种 R—H 伸缩振动

基团	谱带	备注
$\overset{O}{\underset{OH}{P}}$	2700～2560(m)	相关的 O—H
$\overset{}{B}-H$	2640～2200(s)	
S—H	2600～2550(w)	比 O—H 弱且受氢键影响小
$\overset{}{P}-H$	2440～2350(m)	尖锐
$-Si-H$	2360～2150(s)，890～860	
$\overset{}{Si}\overset{H}{\underset{H}{}}$	≈2135(s)，890～860	对取代基的电负性敏感
R—D	是相应 R—H 频率的 1/1.37倍	对指认 R—H 谱带有用；氘代导致一个向低频的可见位移

表 2.6　叁键和累积双键的振动频率

基团	谱带	备注
二氧化碳 O＝C＝O	2349(s)	出现在很多谱图中，缘于光程的不完全相等
氧化腈 —C≡N⁺–O⁻	2305～2280(m)	
异氰酸酯 —N＝C＝O	2275～2250(s)	非常强；位置略受共轭影响
内炔 —C≡C—	2260～2150(v)	强并且共轭时处于此范围的低端；对于几乎对称的取代则很弱或消失
$R_3SiC≡CH$	2040	
腈 —C≡N	2260～2200(v)	强；共轭时处在此范围的低端；有时很弱；一些氰醇在这一区域不吸收
重氮盐 —N⁺≡N	≈2260	
硫氰 —S—C≡N	2175～2140(s)	芳基硫氰在此范围的高端，烷基硫氰在低端
叠氮 —N＝N⁺＝N⁻	2160～2120(s)	
碳二亚胺 —N＝C＝N—	2155～2130(s)	非常强；共轭导致它裂分成两条不同强度的谱带
烯酮 ＞C＝C＝O	2155～2130(s)	非常强
端炔 —C≡CH	2140～2100(w)	C≡C 伸缩（$\nu_{C-H}≈3300\ cm^{-1}$）
异硫氰酸酯 —N＝C＝S	2140～1990(s)	宽而且很强
重氮酮 —CO·CH＝N⁺＝N⁻	2100～2050(s)	
烷基重氮 ＞C＝N⁺＝N⁻	2050～2010(s)	
烯酮亚胺 ＞C＝C＝N＜	2050～2000(s)	很强
联烯 ＞C＝C＝C＜	1950～1930(s)	当是端位联烯或键连羰基或类似基团时，表现出两条带

表 2.7 C＝O 基团伸缩振动频率(所有列出的谱带都很强)

基团	谱带	备注
酸酐		
—CO—O—CO—		
饱和的	1850～1800，1790～1740	两谱带通常分开 60 cm^{-1}；高频对称谱带在非环状酸酐中更强，低频不对称谱带在环状酸酐中更强
芳基和 α,β-不饱和的	1830～1780，1770～1710	
饱和五元环	1870～1820，1800～1750	
所有类型	1300～1050	一或两个谱带；C—O 伸缩振动
酰氯		
—COCl		
饱和的	1815～1790	COF 更高，COBr 和 COI 更低
芳基和 α,β-不饱和的	1790～1750	
过氧酸		
—CO—O—O—CO—		
饱和的	1820～1810，1800～1780	
芳基和 α,β-不饱和的	1805～1780，1785～1755	
酯和内酯		
—CO—O—		
饱和的	1750～1735	
芳基和 α,β-不饱和的	1730～1715	
芳基和烯基酯 C＝C—O—CO—	1800～1750	C＝C 伸缩振动也移向高频率
α 位有负电性基团取代的酯	1770～1745	例如：Cl—CH(CH$_3$)—CO—O—CH$_3$
α-酮酯	1755～1740	
六元环和更大的内酯	和对应的开链酯的数值近似	
五元环内酯	1780～1760	
α,β-不饱和五元环内酯	1770～1740	当存在 α-C—H 时，会有两条谱带，相对强度取决于溶剂
β,γ-不饱和五元环内酯	≈1800	
四元环内酯	≈1820	

续表

基团	谱带	备注
β-酮酯的氢键烯醇式	≈1650	螯合类型的氢键导致比普通酯向低频移动；C═C 通常接近 1630(s) cm^{-1}
醛	下面的数据是溶液谱图；在固相或液膜中低 10～20 cm^{-1}，在气相中升高。也见表 2.1 中 C—H	
饱和的	1740～1720	
芳基	1715～1695	因为分子内氢键作用，邻-羟基或氨基使这一范围移动到 1655～1625 cm^{-1}
α-氯或溴	1765～1695	
α,β-不饱和的	1705～1680	
α,β,γ,δ-不饱和的	1680～1660	
β-酮醛的烯醇式	1670～1645	因分子内氢键而降低
酮	下面的数据是溶液谱图；在固相或液膜中低 10～20 cm^{-1}，在气相中升高	
饱和的	1725～1705	α-位分支使频率降低
芳基	1700～1680	
α,β-不饱和的	1685～1665	通常两条谱带
α,β,α′,β′-不饱和的，二芳基	1670～1660	
环丙基	1705～1685	
六元环及更大环	和对应的开链酮数值相似	
五元环	1750～1740	α,β-不饱和对这些化合物的影响和对开链酮相似
四元环	≈1780	
α-氯或溴	1745～1725	受到构象影响；当卤原子和 C═O 基团处于同一平面时数值最高；α-F 有很大影响；α-I 无影响
α,α′-二氯或二溴	1765～1745	
1,2-二酮(s-反式)（例如，开链 α-二酮）	1730～1710	两个 C═O 基团的不对称伸缩振动；对称伸缩在红外无活性，在拉曼中有活性
1,2-二酮(s-顺式，六元环)	1760，1730	在二酮式中
1,2-二酮(s-顺式，五元环)	1775，1760	在二酮式中
1,3-二酮(烯醇式)	1650，1615	受氢键和 C═C 共轭影响降低
邻羟基或邻氨基芳基酮	1655～1635	分子内氢键导致变低
重氮酮	1645～1615	
醌	1690～1660	C═C 通常接近 1600(s) cm^{-1}
扩展的醌	1655～1635	
环庚三烯酮	1650	对于环庚三烯酚酮接近 1600 cm^{-1}

基团	谱带	备注
羧酸		
所有类型	$3000\sim2500$	O—H 伸缩振动；二聚体氢键导致的特征基谱带吸收
饱和的	$1725\sim1700$	单体的峰在 1760 cm^{-1} 附近，难以观察到；单体和二聚体有时在溶液中的光谱可观察到；醚类溶剂在 1730 cm^{-1} 附近有一个峰
α,β-不饱和的	$1715\sim1690$	
芳基	$1700\sim1680$	
α-卤代	$1740\sim1720$	
碳酸根—CO_2^-		有关氨基酸的特点见正文中的描述
大多数类型	$1610\sim1550,1420\sim1300$	特别是不对称和对称伸缩
酰胺和内酰胺	N—H 谱带见表 2.4	
一级—$CONH_2$	$\approx1690,\approx1600$	溶液中出现酰胺 I 和 II 带
	$\approx1650,\approx1640$	固相出现酰胺 I 和 II 带；有时会重叠；酰胺 I 带一般比酰胺 II 带要强
二级—CONH—	$1700\sim1670,$ $1550\sim1510$	溶液中出现酰胺 I 和 II 带；内酰胺中不出现酰胺 II 带
	$1680\sim1630,$ $1570\sim1515$	固相出现酰胺 I 和 II 带；内酰胺中不出现酰胺 II 带；酰胺 I 带一般比酰胺 II 带要强
三级	$1670\sim1630$	固相和溶液相的谱图几乎没有区别
五元环内酰胺	≈1700	当 N 上孤对电子无法与 C＝O 共轭时，即 N 原子处在桥头时，移向高频
四元环内酰胺（β-内酰胺）	≈1745	
—CO—N—C＝C		在对应的酰胺或内酰胺的基础上移动 +15 cm^{-1}
C＝C—CO—N		在对应的酰胺或内酰胺的基础上最多移动 +15 cm^{-1}，相对于 α,β-不饱和效应是不寻常的
酰亚胺—CO—N—CO—		
六元环	$\approx1710,\approx1700$	存在 α,β-不饱和时移动 +15 cm^{-1}
五元环	$\approx1770,\approx1700$	
脲 N—CO—N		
—NHCONH—	≈1660	
六元环	≈1640	
五元环	≈1720	

55

56

续表

基团	谱带	备注
氨基甲酸酯		
—O—CO—N	1740～1690	N 上无取代或单取代时出现酰胺 Ⅱ 带
—S—CO—N	1700～1670	
硫酯及酸		
—CO—SH	≈1720	芳基或 α,β-不饱和取代时约移动 −25 cm^{-1}
—CO—S—烷基	≈1690	同上
—CO—S—芳基	≈1710	同上
碳酸酯		
—O—CO—Cl	≈1780	
—O—CO—O—	≈1740	
Ar—O—CO—O—Ar	≈1785	
五元环	≈1820	
—S—CO—S—	≈1645	
Ar—S—CO—S—Ar	≈1715	
酰基硅烷—CO—SiR$_3$		
饱和的	≈1640	
α,β-不饱和的	≈1590	

57

表 2.8　C＝N；亚胺，肟，等

基团	谱带	备注
$\diagup$C=N$\diagdown$H	3400～3300(m)	N—H 伸缩
$\diagup$C=N$\diagdown$ α,β-不饱和的 共轭的环状体系	1690～1640(v) 1600～1630(v) 1660～1480(v)	由于峰强度不定且它与 C＝C 伸缩振动的峰位置接近，难以归属；肟的吸收一般较弱

表 2.9　N＝N；偶氮化合物

基团	谱带	备注
—N＝N—	1500～1400(w)	红外吸收很弱或无，有时有拉曼吸收
N=N$^+$—O$^-$	1480～1450，1335～1315	不对称和对称伸缩

表 2.10   C＝C；烯烃和芳烃

基团	谱带	备注
＞C＝C＜	＝C—H 谱带见表 2.2	
不共轭的	1680～1620(v)	若被对称地取代了，峰可能很弱
与芳环共轭的	≈1625(v)	比孤立的 C＝C 吸收峰更强
二烯，三烯等	1650(s)，1600(s)	低频率峰一般更强，可能掩盖高频峰
α,β-不饱和羰基化合物	1640～1590(s)	一般比 C＝O 峰要弱
烯醇酯，烯醇醚和烯胺		
$\overset{O}{\underset{}{}}$C＝C＜ 和 $\overset{N}{\underset{}{}}$C＝C＜	1690～1650(s)	
芳环	≈1600(m)	
	≈1580(m)	环有共轭时吸收峰会更强
	≈1500(m)	一般是三个峰中最强的

表 2.11   硝基、亚硝基化合物

基团	谱带	备注
硝基化合物 C—NO$_2$	1570～1540(s)， 1390～1340(s)	不对称和对称 N＝O 伸缩振动；若存在共轭，会减小约 30 cm^{-1}
硝酰 O—NO$_2$	1650～1600(s)， 1270～1250(s)	
硝胺 N—NO$_2$	1630～1550(s)， 1300～1250(s)	
亚硝基化合物 C—N＝O		
饱和的	1585～1540(s)	
芳基	1510～1490(s)	
亚硝酰 O—N＝O	1680～1650(s)	s-trans 构象
	1625～1610(s)	s-cis 构象
N-亚硝基化合物 N—N＝O	1500～1430(s)	
N-氧化物 –$\overset{+}{N}$–O$^-$		
芳香族	1300～1200(s)	
脂肪族	970～950(s)	很强的峰
硝酸根 NO$_3^-$	1410～1340，860～800	

表 2.12　醚

基团	谱带	备注
—C—O—C—	1150～1070(s)	C—O 伸缩振动
＝C—O—C—	1275～1200(s)，1075～1020(s)	
C—O—CH₃	2850～2810(m)	C—H 伸缩振动
环氧 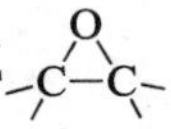	≈1250，≈900，≈800	

59

表 2.13　含硼化合物

基团	谱带	备注
B—H	2640～2200(s)	
B—O	1380～1310(vs)	
B—N	1550～1330(vs)	
B—C	1240～620(s)	

表 2.14　含硅化合物

基团	谱带	备注
—Si—H Si(H,H)	2360～2150(s)，890～860 ≈2135(s)，890～860	易受负电性取代基的影响
SiMe$_n$	1275～1245(s) ≈840 ≈855 ≈765	在 1260 cm^{-1} 处通常尖锐 $n=3$ $n=2$ $n=1$
Si—OH	3690(s) 3400～3200(s)	自由 O—H 与氢键相连的 O—H
Si—OR	1110～1000	
R₃Si—O—SiR₃	1080～1040(s)	
Si—C≡C—	≈2040	
Si—CH＝CH₂	1600，1410，≈1010，≈960	
Si—Ph	1600～1590 1430 1130～1110(s) 1030(w)，1000(w)	 尖锐 若为 Ph₂，裂分为两个峰
Si—F	1030～820	SiF₃ 和 SiF₂ 出现两条谱带
Si—Cl	625～425	SiCl₃ 和 SiCl₂ 出现两条谱带

表 2.15　含磷化合物

基团	谱带	备注
P—H	2440~2350(s)	尖锐
P—Ph	1440(s)	尖锐
P—O—烷基	1050~1030(s)	
P—O—芳基	1240~1190(s)	
P=O	1300~1250(s)	
P=S	750~580	
P—O—P	970~910	宽峰
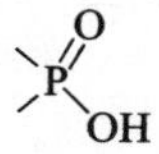 ![P(=O)(OH)]	2700~2560 1240~1180	连接氢键的 O—H P=O 伸缩振动
P—F	1110~760	

表 2.16　含硫化合物

基团	谱带	备注
S—H	2600~2550(w)	比 O—H 弱，受氢键影响更小
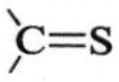 C=S	1200~1050(s)	
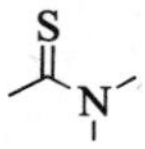 ![C(=S)N]	≈3400(m) 1550~1450(s)， 1300~1100(s)	N—H 伸缩振动；在固相中被氢键削弱 分别为酰胺 II 带和酰胺 I 带
—O—CS—O	≈1225	
—O—CS—N	≈1170	
N—CS—N	1340~1130	
—S—CS—N	≈1050	
—S—CS—S—	≈1070	
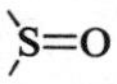 S=O	1060~1040(s)	
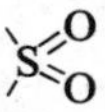 ![S(=O)(=O)]	1350~1310(s)，1160~1120(s)	
—SO₂—N	1350~1330(s)，1180~1160(s)	
—SO₂—O—	1420~1330(s)，1200~1145(s)	
—SO₂—Cl	1410~1375，1205~1170	
—S—F	815~755	

61

表 2.17   卤代物

基团	谱带	备注
C—F	1400～1000(s)	尖锐
	780～680	谱带更弱
C—Cl	800～600(s)	
C—Br	750～500(s)	C—H 伸缩振动
C—I	≈500	

表 2.18   无机离子(所有列出的谱带均很强)

基团	谱带	备注
NH_4^+	3300～3030	
CN^-,^-SCN,^-OCN	2200～2000	
CO_3^{2-}	1450～1410	
SO_4^{2-}	1130～1080	
NO_3^-	1380～1350	
NO_2^-	1250～1230	
PO_4^{3-}	1100～1000	

第 3 章 核磁共振谱

3.1 核自旋和共振

核磁共振(NMR)现象最早是在 1946 年观察到的，大约从 1960 年以来已被常规地应用于有机化学研究。从那时起，它的功效和多样性得到稳步发展，特别是从 20 世纪 70 年代后期开始，随着超导磁铁和傅里叶变换(FT)核磁共振成为常用的手段以后，这个领域的发展更加迅速，它本身已几乎成了一门学科，这项技术仍然可以在没有专家帮助的情况下应用于大多数结构测定的问题。

一些原子核有核自旋(I)，自旋的存在使得这些核的行为很像磁棒。在外加磁场的存在下，核磁体自身可以有($2I + 1$)种取向，那些具有奇数质量数的核具有 1/2，或 3/2，或 5/2 等核自旋量子数(表 3.4，在本章的最后将会找到其他的数据)。NMR 波谱在有机化学领域最为重要的应用是 [1]H 和 [13]C 核，它们均具有 1/2 的自旋量子数。因此，这些核只能采取两种取向中的一种，即与外加磁场相顺的低能级取向和与外加磁场反方向的高能级取向，能量的差由下式给出：

$$\Delta E = h\gamma B_0/(2\pi) \tag{3.1}$$

其中 γ 是磁旋比(一个比例常数，它实际上衡量核磁体的强度，每个核的值不同)，B_0 是外加磁场的强度。处于低能级状态的核子数(N_α)和处于高能级状态核子数(N_β)的差由玻尔兹曼分布决定：

$$N_\beta/N_\alpha = e^{-\Delta E/kT} \tag{3.2}$$

当一个射频信号加到这个体系中时，如果这个辐射频率与核磁体在磁场 B_0 中的自然旋进的频率相匹配，那么这个分布将会发生改变：净的结果是更多 N_α 核会从低能级状态跃迁到高能级状态，N_β 将增加；而不是相反方向(N_β 向 N_α)(图 3.1)。以 Hz 表示的共振频率由下式给出：

$$\nu = \gamma B_0/(2\pi) \tag{3.3}$$

所以它取决于外磁场强度和核的性质。表 3.4 中给出了核在外场强为 9.4 T (94 kG)发生共振的频率[1 T(特斯拉)＝1 Wb/m² ＝ 10⁴ G(高斯)]。但目前来说只要知道在该场强下，[1]H 在 400 MHz，[13]C 在 100.6 MHz，[19]F 在 376.3 MHz，[29]Si 在 79.4 MHz，[31]P 在 161.9 MHz，发

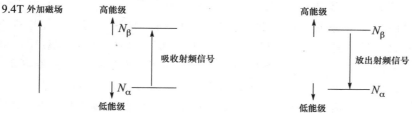

[1]H 400 MHz, [13]C 100 MHz, [19]F 376 MHz, [29]Si 79 MHz, [31]P 162 MHz

图 3.1

生共振即可。由于质子 NMR 谱的应用非常普遍，所以具有这样场强的仪器常称为 400 MHz 谱仪。实际上现在使用的具有如此级别场强的 NMR 光谱仪都需要用液氦冷却的超导磁铁。

根据玻尔兹曼分布［公式(3.2)］得出的 N_α 和 N_β 的差通常非常小。外场强 B_0 愈强，则 N_α 和 N_β 的差就愈大［公式(3.1)和(3.2)］，这就意味着高场仪器必然会比老的低场仪器 (60～100 MHz)更为灵敏。比如 300 K 下 60 MHz 谱仪中的质子，N_α 和 N_β 的差仅仅是 10^6 分之一，但是对于 400 MHz 谱仪，这个差值接近 10^5 分之6。这仍然是很小的一个差值，这也使得 NMR 谱相比于 UV、IR 和质谱来说是一种灵敏度相对较低的技术。

直到 20 世纪 70 年代早期，核磁共振谱都是在 100 MHz 或更小的磁场强度下用连续无线电波(CW)测量的，使用的是永久磁铁。通过改变磁场来扫描所研究的频率范围，光谱被直接描绘出来，整个过程需要数分钟。然而这个方法现在已经彻底不再使用，取而代之的是傅里叶变换法(FT)。射频信号作为一个单一大功率强脉冲加到核磁检测的全部频率范围。这个脉冲保持一定时间(t_p)，典型的情况是几个毫秒(ms)。脉冲沿着 x 轴产生一个振荡磁场(B_1)，它与沿着 z 轴的外加磁场 B_0 成直角(图 3.2 左)。由于 N_α 和 N_β 的微小差别，被研究的样品产生一个净的磁化(M)，它最初是沿着外磁场的方向排列的。脉冲的效应是使磁化倾斜一个角：

$$\Theta = \gamma B_1 t_p \tag{3.4}$$

通常，调节时间(t_p)使 Θ 为 90°，这样的脉冲称为 π/2 脉冲。沿着 z 轴的磁化被扰乱，此时将会在 xy 平面旋进(图 3.2 右)，如同当一个陀螺与重力轴倾斜时会发生旋进一样。放置接收线圈来检测沿着 y 轴取向的磁化。因此，施加脉冲以后，检测到的信号开始沿着＋y 轴(正信号)，旋进到 x 轴(零信号)，然后到－y 轴(负信号)。衰减信号检测的典型时间是秒数量级。检测到的振荡频率是 NMR 共振频率与激发频率的差。虽然激发频率与核磁共振频率有一点不同，前者仍可以激发后者，因为激发频率是以如此短的脉冲(μ_s)加上的，以致它实际上表现为分散开的频率，这是由于海森堡测不准原理造成的。

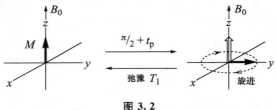

图 3.2

让我们假定是在测量一个简单分子的质子核磁，其含有的质子仅有两种电子环境，并且这两种质子在激发频率分别为 5 Hz 和 7.5 Hz 时频率不同。xy 平面上由于激发频率相差 5 Hz 的共振激发引起的磁化会由正到负(并返回正)每秒振荡 5 次。在此过程中，由于弛豫会逐渐使得核磁信号恢复到沿着 z 轴的平衡位置，磁化同时也以指数衰减，所以这个信号是一个指数衰减的频率为 5 Hz 的余弦图形［图 3.3(a)］。类似地对于激发频率 7.5 Hz 引起的共振，它也给出一个每秒振荡 7.5 次衰减的信号。通常情况下，具有不同电子环境的两种质子信号将会以不同的速率进行衰减，在这个例子中，后者的信号被证明是比前者更慢的弛豫［图 3.3(b)］。通过傅里叶变换(FT)数学处理，这些衰减的余弦波(称为时域，图 3.3 左)可以被转换成频率信号(称为频域，图 3.3 右)，这样，激发频率可以很方便地被当做参考频率 0 Hz。如果两个核磁共振频率同时激发，这时两个衰减的余弦波会发生干涉[图 3.3(c)]，但是需要从两条线频率摘取的信息仍然存在。这样；衰减信号图包括一个弛豫慢而相对振荡较快的信号以及另一个弛豫更快而振荡较慢的信号（图 3.3，底部）。

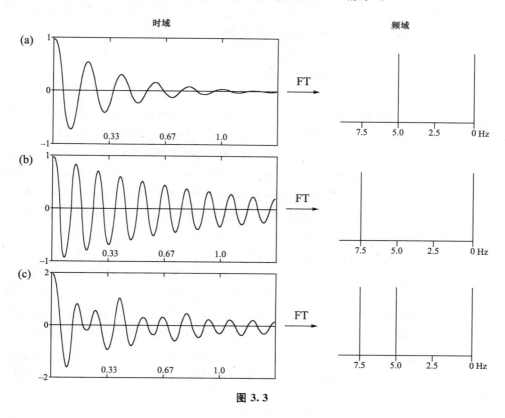

图 3.3

这些衰减信号称为**自由诱导衰减**（FIDs）。FID 的傅里叶变换之后描绘出谱图（一个 FT 谱），它具有吸收（向上）对照频率（向左增长，与 UV 和 IR 类似）。信号衰减的速率对于两条线的外观来说并没有区别，前提是在采集周期结束时该信号已经完全衰减。信号衰减的速率能够被提取出来并有它自己的用途，但是在大多数运用 NMR 谱来进行结构鉴定的日常应用中，它是不需要的。实际的 NMR 谱仪中信号的衰减当然会更加复杂——谱图中通常包含有许多大范围频率下的 NMR 共振。

在 FT NMR 中，可以施加大量持续相同的脉冲（每一个后面有一个采集周期），数字化形式的 FIDs 数据可以在计算机中相加，接着对总和用傅里叶变换。用这种方法不仅增强吸收信号，而且降低噪声。由于噪声是不规则分布的，在很大程度上被抵消了。积累 n 个谱图的叠加（对于小量样品，必要时可过夜）比单独的谱改善 $\sqrt{n}$ 倍的信噪比例（S/N）。因此对于像 ^{13}C 这样的核，由于这一同位素在 100 个碳原子中只存在 1 个，并且它的固有灵敏度也小得多，因而更有必要使用 FT 高场仪器长时间运行。但是，这个 $\sqrt{n}$ 的关系对于 NMR 的有效使用具有重要的影响：如果一个很小而且很重要的样品的谱图叠加了一天，那么再继续对该谱图进行两天的叠加只能提高 $\sqrt{3}$ 倍的 S/N 比例。这个 S/N 末端比例的小幅提高是利用增

65

加仪器使用时间来得到的，而在这些时间里，它其实可以做几百个其他样品。

在有机化学中，最常碰到的具有 $I = \pm 1/2$ 的核有 ^{1}H、^{13}C、^{19}F、^{29}Si 和 ^{31}P。常见 $I = 0$ 的核有 ^{12}C 和 ^{16}O，它们没有核磁共振。还有一些具有自旋的核，其中 ^{2}H 和 ^{14}N（$I = 1$）也许是相当重要的，当它们存在于有机化合物中时，会影响 ^{1}H 和 ^{13}C NMR 谱，但是相对而言，结构鉴定的常规过程中很少研究这些核自身的 NMR 谱。

3.2　谱图的测定

常规 ^{13}C 谱所需样品的量大概是 30 mg，通常需要 15 分钟进行 256 次扫描。测量 ^{1}H 谱 10 mg 样品就够了，通常需要 1 分钟来进行 16 次扫描。然而，如果使用大量脉冲，对于分子量只有几百的样品用 1 mg 的样品就可以得到高质量的 ^{13}C 谱，少于 0.1 mg 的样品即可以得到 ^{1}H 谱。溶解样品使用的溶剂最好本身没有 NMR 信号。最为常用的溶剂是 CDCl$_3$，但是极性溶剂像 d_6-DMSO[(CD$_3$)$_2$SO] 和 D$_2$O 经常也用来溶解极性化合物。溶剂自身提供的信号可以用来校准谱图，这也取代了老的系统中使用内标（通常是四甲基硅烷）来达到同样目的的做法。其他全氘代的溶剂也可以使用，溶剂的选择主要由根据待测定化合物的溶解度决定。溶液被装入一个精密磨制的高硼硅玻璃或者石英管内至 2～3 cm 的高度。溶液要求没有顺磁的和不溶的杂质，并且不能是粘性的，否则分辨率会受影响。样品管被下降到位于磁体两极之间的孔隙内的探头中，探头上有发射器并接有接收线圈。调节磁体使其产生所能达到的最高的均一性，通常在 10^{-9}。样品围着垂直的轴旋转（大约每秒 30 转，即 30 r/s）可以进一步增加均一性。仪器是用计算机键盘来控制，脉冲发射出来，然后 FIDs 就被积累并保存下来。随后 FID 通过电脑进行运算，此时 FT 谱便能够用通常的方式描绘出来了。这些光谱数据也可以用数字形式来表述，对吸收峰频率和强度列表。

3.3　化　学　位　移

任何谱图上所看到的频率范围只是仪器场强下指定核的基本频率附近相对较窄的部分（表 3.4）。比如拿 400 MHz 谱仪中的 ^{13}C 谱作为例子，频率区间是共振频率 100.56 MHz 附近的 20 000 Hz，这个区间已足够宽，可以使大多数有机化合物中的不同的 ^{13}C 原子相继发生共振。每个碳原子发生共振的精确位置不仅取决于外加磁场 B_0，也取决于每个核感受到的磁环境的微小差别。这种微小的差别主要是由于每个核附近电子密度的变化引起的。其结果是对于一个结构中化学上不等价的碳原子来说，其 ^{13}C 核发生共振的频率会和其他 ^{13}C 核都略有不同。电子影响微环境，是因为它们的运动产生磁场。类似地，400 MHz 谱仪中的 ^{1}H 谱，频率区间是共振频率 400 MHz 附近的 4000 Hz，这个区间已足够宽到使所有的质子发生共振。

实际上要指定 ^{13}C 和 ^{1}H 峰的绝对频率并不方便，它们都非常接近 100.56 MHz 和 400 MHz；数字很繁琐而难处理，且很难精确地测量。此外，它们随不同的仪器而改变，甚至会随外加磁场的变化每天也会不一样。所以更为方便的是测量吸收峰频率（ν_s）与某一个内部标准频率的差（均用 Hz 测量），然后除以以 MHz 为单位的实际工作频率，这样可在方便的区间得到一个与场无关的数据。由于频率的分散是由不同的化学环境（因此也是磁环境）

所引起的，这些信号被称为化学位移，它是以某个标准频率为参考。几乎在所有情况下内标均用四甲基硅（TMS），这样化学位移δ由下式定义：

$$\delta = [\nu_s(\text{Hz}) - \nu_{\text{TMS}}(\text{Hz})] / \text{工作频率}(\text{MHz}) \qquad (3.5)$$

用来测量信号位置的化学位移δ，不管在什么谱仪上，200 MHz、400 MHz 还是 600 MHz 谱仪，测量它的数值都是一样的。它没有单位，以外加场的百万分之几（即 ppm）来表示。四甲基硅之所以用来作为内标，是因为它不活泼、易挥发、无毒性、便宜，并且只有一个信号（^{13}C 或者 ^{1}H），这个信号出现在绝大多数已知有机结构中碳原子和氢原子共振频率的一个极端位置，在 ^{13}C 和 ^{1}H 谱图中定义它的化学位移值为 0。图 3.4 所显示的标度是大多数δ值的范围，它总是从右向左写，这是一种惯例，即左边表示的频率较高而右边则较低且均为正值。遗憾的是，左边和右边很少被称为谱图的高频端或者低频端，而是由于历史的原因，它们总是用与这个相对频率相应的外加场值来表示。光谱的高频区，处于左边并具有较高的δ值，被称为**低场**；而在右边，具有较低的δ值，被称为**高场**。习惯于这种惯例是很重要的（图 3.4）。

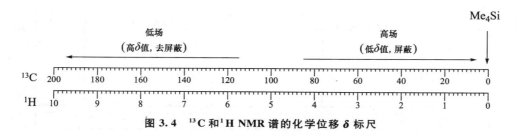

图 3.4　^{13}C 和 ^{1}H NMR 谱的化学位移 δ 标尺

大多数仪器可以分辨相距 0.5 Hz 的信号。^{13}C 信号分布在 20 000 Hz 范围（在 100 MHz 仪器中），很少有重叠。但是对 ^{1}H 信号，则是分布在 4000 Hz 的较窄区域（在 400 MHz 仪器中），经常会发生重合，或者不同的质子给出相近的重叠峰。应用较高的场可以改善分辨率，但是重合或者某种程度上的重叠仍然是十分普遍的。

图 3.5 给出的是 3,5-二甲基苄基-甲氧基乙酸酯 **1** 的 ^{1}H 和 ^{13}C NMR 谱图，该化合物产生的信号跨越了通常化学位移范围的很大一部分。在 ^{1}H NMR 谱图中，每一条向上的线都对应于五种显著不同氢原子中的一种，但是 C-4 上氢原子给出的 δ 6.97 信号与 C-2 和 C-6 上相同的氢原子给出的信号有所重叠。实际上，H-4 相对于 H-2 和 H-6 来说处于一种不同的化学环境，只是这样的化学环境比较类似，以至于它们的化学位移很偶然地一样了，或者说它们很接近于等价，以至于它们不能分辨开。然而 ^{13}C NMR 谱图则完全分辨开了，每条向上的线都对应于九种不同的碳原子中的一种。我们可以注意到 C-2 和 C-6 是在相同的环境中，因为连接芳环和这个结构的单键是可以自由旋转的。类似地，C-3 和 C-5 也是相同的环境，另外 C-3 和 C-5 上的甲基也是一样的情况。这个例子中的溶剂是氘代氯仿（CDCl$_3$），在这个 ^{1}H NMR 谱图中，有一个在 δ 7.25 的信号是由于氘代氯仿不完全氘代所造成的残留峰信号。另一方面，在 ^{13}C NMR 谱图中，氘代氯仿是大大过量的，它与酯 **1** 中碳原子是差不多的，所以溶剂信号是相对强烈的。

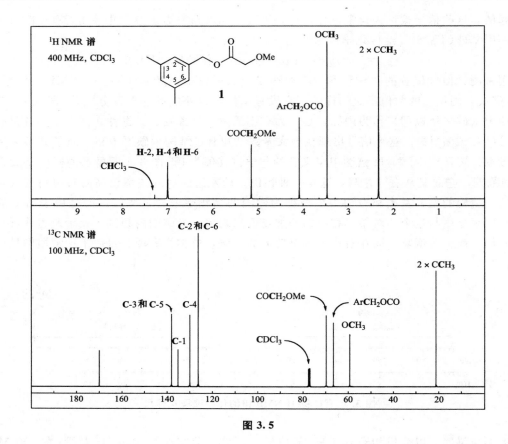

图 3.5

在 ^{1}H NMR 谱图中，信号的吸收通常与该信号发生共振的质子数量是成比例的，结果是吸收峰的面积与被检测到的质子数成正比。这可以由图 3.6 来说明，它显示了用来表示该

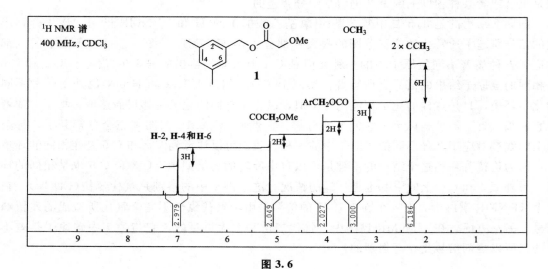

图 3.6

峰面积的两种方式。在旧的方法中，仪器从左向右通过每个吸收峰时画出了一条水平上升的积分线，上升的程度与峰面积成比例。在这个轨迹上用一个尺度测量，一直加到16。这些读数从左到右分别是2.91、2.01、2.01、3.00和6.07，它们显示了产生各峰的氢原子的数量，积分只可能分别是3、2、2、3和6。更通常的情况下，这些积分以数字的形式表述在这些峰的下面，同时用垂直的线来显示积分的范围。假设甲氧基上质子数量是3，在仪器上直接得到的各峰实际数字是2.98、2.05、2.03、3.00和6.19。这也能够看出一个合理的纯样品在日常的积分条件下能够多精确。

　　然而，要使 FT 谱的积分可靠，在相继脉冲之间有必要使所有核弛豫到其平衡分布。它对于一般 ^{1}H 谱中的质子是这样的，但对于 ^{13}C 谱并非如此，弛豫要慢得多。图 3.5 显示出在 ^{13}C 谱图中每个峰与贡献该信号的碳原子数量是不成比例的。为了使得弛豫能够发生，图 3.2 中的旋进磁化必须与分子中磁场的局部波动相互作用，特别是那些由其他核磁体引起的波动。因此，与氢质子直接相连的碳原子的弛豫速度要比那些未与氢直接键合的碳高得多，这在图 3.5 中可以看出，其中处于 δ 170.1 和 135.3 的强度较低的两个吸收峰，分别对应于分子中酰基和 C-1 的碳原子，它们都没有氢原子连接来加速这个弛豫过程。另外的全取代的碳原子是成对的 C-3 和 C-5，它们产生的在 δ 138.1 的信号峰强度相当于 C-1 的近两倍。这可以解释，成对的相同碳原子 C-3 和 C-5 引发的信号峰强度是其他类似碳原子的两倍。这两种碳原子处于类似的环境，也会有相似的弛豫速率，同时给出的信号强度也或多或少地与它们的丰度成比例。但是在 δ 138.1 的 C-3 和 C-5 给出的信号强度并没有 δ 130.1 的 C-4 信号的两倍。另一方面，在 δ 126.3 的 C-2 和 C-6 给出的信号强度则是 δ 130.1 的 C-4 信号的两倍。也正是因为这种易变性，除非一些有限的情况，在 ^{13}C NMR 谱中并不经常使用积分。

而且并不罕见的是，一些峰的信号强度非常低以至于在谱图上不出现（在这方面羰基是众所周知的）。从图 3.5 中看出，氘代氯仿给出的 ^{13}C 信号峰强度与预想的并不接近，这也说明溶剂是大大过量的。这是因为相对于氢原子来说氘原子对 ^{13}C 信号的弛豫影响效率较低。通过引入顺磁性的盐可以使一些弱的峰或者不存在的峰强度增加，它可以引发一个强磁场来加速弛豫，而积分的问题可以通过一种叫做门控去耦的多脉冲技术来更好地解决。

3.4　影响化学位移的因素

3.4.1　影响化学位移的分子内因素

诱导效应：在一个均一的磁场中，电子围绕着核环流，产生一个与外加磁场方向相反的二级磁场（图 3.7，其中实线表示与诱导磁场相关的磁力线）。因此，处于高电子密度区域的

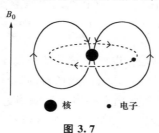

图 3.7

核将会比低电子密度区域的核感受到成比例减弱的磁场，所以必须用较高的外加场使之发生共振，这样的核称为被电子屏蔽。

归纳起来，高电子密度使核受到屏蔽并使共振发生在相对较高的场（即具有低 δ 值）；同样，低电子密度使共振发生在相对较低的场（即具有高 δ 值），这时核被称为**去屏蔽**的核。这种作用的程度可以从表 3.1 中所列出的连接了不同原子以后甲基上的 ^{1}H 和 ^{13}C 原子的共振位置看出。正电性元素（Li，Si）使信号移向高场，负电性元素（N，O，F）则使信号移向低场，因为它们分别是给电子和吸电子的元素。

表 3.1 CH_3X 中甲基与各种原子连接后的化学位移（ppm）

CH_3X	δ_C	δ_H	CH_3X	δ_C	δ_H
CH_3Li	-14.0	-1.94	CH_3OH	50.2	3.39
$(CH_3)_4Si$	0.0	0.0	$(CH_3)_2S$	19.3	2.09
CH_4	-2.3	0.23	$(CH_3)_2Se$	6.0	2.00
CH_3Me	8.4	0.86	CH_3F	75.2	4.27
CH_3Et	15.4	0.91	CH_3Cl	24.9	3.06
CH_3NH_2	26.9	2.47	CH_3Br	10.0	2.69
$(CH_3)_3P$	16.2	1.43	CH_3I	-20.5	2.13

71　　　　氢比碳的电负性小，因此每当用烷基取代氢后，会使得那个碳以及所有剩下的氢原子的化学位移移向低场。所以，甲基、亚甲基、次甲基以及季碳（以及与它们相连的氢原子）在相继更低的场发生共振（**2～6**）。

$$
\begin{array}{ccccc}
\delta_C\ -2.3 & \delta_C\ 8.4 & \delta_C\ 15.9 & \delta_C\ 25.0 & \delta_C\ 27.7 \\
CH_4 & MeCH_3 & Me_2CH_2 & Me_3CH & Me_4C \\
\delta_H\ 0.23 & \delta_H\ 0.86 & \delta_H\ 1.33 & \delta_H\ 1.68 & \\
\mathbf{2} & \mathbf{3} & \mathbf{4} & \mathbf{5} & \mathbf{6}
\end{array}
$$

更加显著的是，每一个氢原子被负电性基团取代，都会或多或少地引起碳原子与其相连的剩余氢原子的共振化学位移向低场的较大偏移。因此，一氯甲烷、二氯甲烷、氯仿和四氯化碳中碳原子以及与其相连的氢原子在相继更低的场下发生共振（**7～10**）。

$$
\begin{array}{ccccc}
\delta_C\ -2.3 & \delta_C\ 24.9 & \delta_C\ 54.0 & \delta_C\ 77.2 & \delta_C\ 96.1 \\
CH_4 & CH_3Cl & CH_2Cl_2 & CHCl_3 & CCl_4 \\
\delta_H\ 0.23 & \delta_H\ 3.06 & \delta_H\ 5.33 & \delta_H\ 7.24 & \\
\mathbf{2} & \mathbf{7} & \mathbf{8} & \mathbf{9} & \mathbf{10}
\end{array}
$$

化学键的各向异性：化学键也是可以产生磁场的高电子密度区域。这些磁场在某一方向上要比另一方向强（它们是各向异性的），所以磁场对附近核的化学位移的影响取决于这个核与键的取向。如图 3.8 所示，π 键的各向异性对于影响附近质子的化学位移特别有效。当一个双键［图 3.8(a)］位于磁场 B_0 的直角位置时，在该诱导下其中的电子在双键的平面流动［图 3.8(a)中的虚线椭圆］，由此在中心产生一个对抗外加磁场的磁场并且在外围环绕。这个诱导磁场的效果使得在该扩充区域内的氢原子化学位移信号移向低场，用负号（一）来标记这个去屏蔽区域（图3.8）。

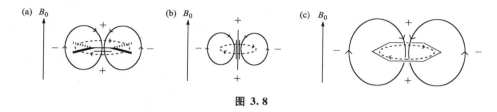

图 3.8

因此，相对于饱和的化合物，烯烃氢原子向更低的场移动。但是这些观察到的低场移动很大（表3.2），而其中只有部分原因是由于各向异性，另外还由于平面三角形的碳原子（它们有更多的 s 成分）与四面体的碳原子相比电负性更大。烯丙基上的氢原子由于各向异性也会使得化学位移信号移向低场，只是程度相对较小。羰基对于连接在上面的氢原子（如醛上的氢的情况）具有很大的类似作用，而相邻原子的影响则较小（表3.2）。尽管用简单的模型来解释这些位移是不太容易的，但烯基和羰基的碳相对于它们饱和化合物的等价物的化学位移会向低场发生很大的偏移。不管怎样，很显然羰基碳以及与它们直接相连接的质子表现出很大的化学位移（表3.2），这是因为它们不仅要受到烯基碳以及与其直接相连的氢原子一样的相互影响，也要受到氧原子的电负性影响。叁键则明显不一样：它们受到叁键周围圆柱形对称的电子环绕导致的各向异性的影响[图3.8(b)]，这与烯烃和羰基的 π 键形成的作用是相反的。炔烃上质子和碳的化学位移的净效应使得它们之间的共振介于烯烃和烷烃之间（表3.2）。

表 3.2　在多重键中及其附近的碳和氢的化学位移（ppm）

化合物	δ_C	δ_H	化合物	δ_C	δ_H
CH₃ H	−2.3	0.23	**CH₃** CHO	31.2	2.20
CH₃ CH ═CH₂	22.4	1.71	**CH₃** COMe	28.1	2.09
CH₃ C ≡ CH	3.7	1.80	**CH₃** CN	1.30	1.98
CH₂ ═CH₂	123.3	5.25	Me**CHO**	199.7	9.80
H**C** ≡ CMe	66.9	1.80	Me₂**CO**	206.0	—
Me**C** ≡ CMe	79.2	1.75	Me**CN**	117.7	

苯环的 π 体系产生了一个重要的各向异性效应。环绕运动的电子称为环电流，它们产生了一个相对较强的磁场[图3.8(c)]。诱导场的影响使得与苯环（**12**）相连的氢受到相当程度的去屏蔽，这些氢通常在比相应的烯烃（**11**）信号要低 1.5～2 ppm 的场强发生共振。苯的 [13]C 信号同样向低场移动（有 5.2 ppm），但是因为本身化学位移值比较大，这样小的影响就不是那么容易被注意到。在特例芳香[18]-轮烯（**13**）中，存在着"内部"氢和"外部"氢。内部氢处于比外加场更弱的磁场中[图3.8(c)中信号 ＋ 标示屏蔽]，因此在明显的高场发生共振；而外部氢则经受一个强磁场，在芳香环的低场区域发生共振。具有 $4n$ 电子的环状共轭体系并

不常见，因为它们通常是不稳定的。

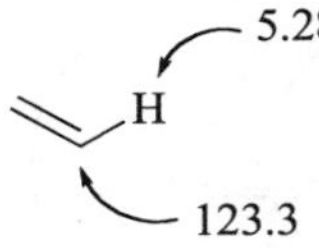

11 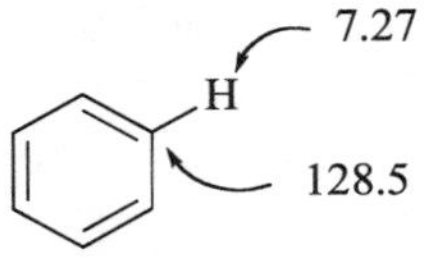 **12** 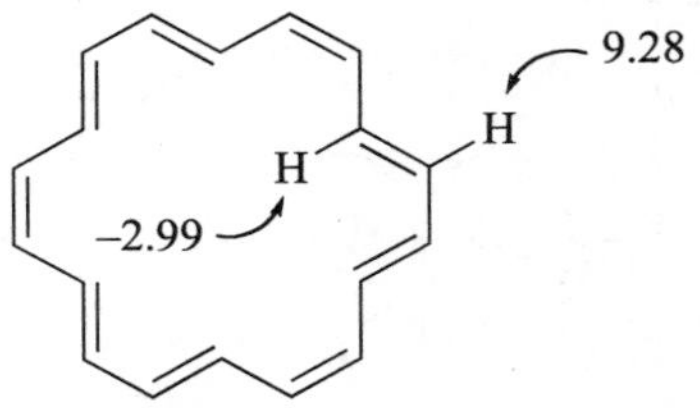 **13**

它们被称为反芳香性的，当它们能被分离出来时，它们的环电流是相反的，这也导致外部氢移向高场而内部氢移向低场。双键诱导产生的磁场，特别是芳环，也会对它们相邻核的化学位移产生显著的影响，而不仅仅影响直接与其相连的核。精确的定位则大不一样，所以具有芳环的复杂化合物的 NMR 谱图很难预测。

环丙烷是环电流影响的一个特殊例子，环丙烷的碳和质子的共振异常地出现在高于亚甲基甚至大多数甲基的通常区域的高场。在环丙烷 **14** 结构中，三个邻位的顺式 C—H 键可以相互共轭，如同 p 轨道的相互共轭。这样建立的环状六电子共轭体系产生环电流，质子和碳均处于由这个环电流诱导产生的磁场屏蔽区。烷基和负电性元素的取代使共振按通常的方式移向低场。环丁烷 **15** 中四个 C—H 键的反芳香共轭作用则不那么有效，这是因为这个环是不平整的，而这个作用则在相反的方向——环丁烷的质子与环戊烷 **16** 中亚甲基相比会在略低场发生共振，而环戊烷与开链化合物的化学位移则比较类似。

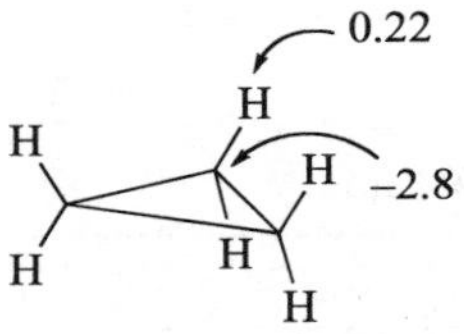

14 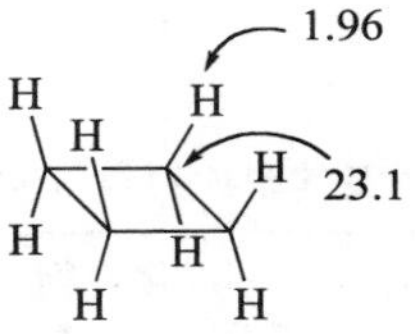 **15** 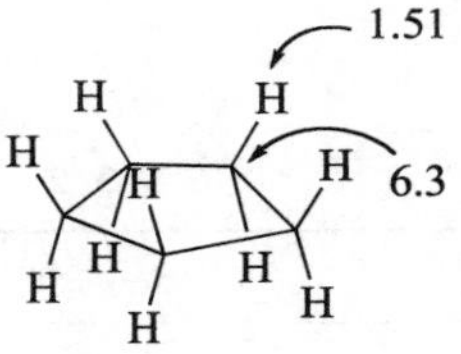 **16**

共轭极化效应：当双键带有极性基团时，电子分布就会移动。这种移动通常可以用诱导效应和共轭效应的结合来解释，前者通过 σ 骨架（简单地随距离减小），而后者则通过 π 体系（沿共轭体系交替的）起作用。在 π 体系中该效应可以用甲基烯基醚 **17** 和甲基烯基酮 **18** 典型结构中的弯箭头简单地表示。这些弯箭头说明了 C═C 双键具有 π-给体 **17** 和 π-受体 **18** 基团的效果，而 π 体系中电子分布的分子轨道计算也支持以下这些简单的图例。

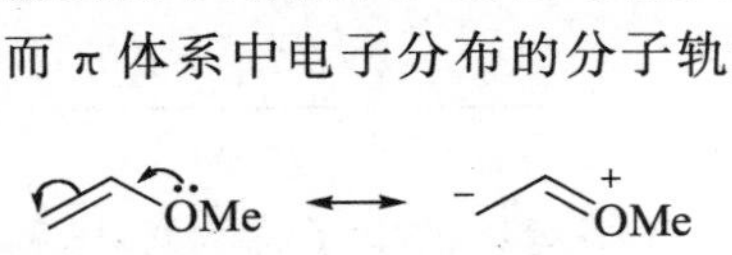

17 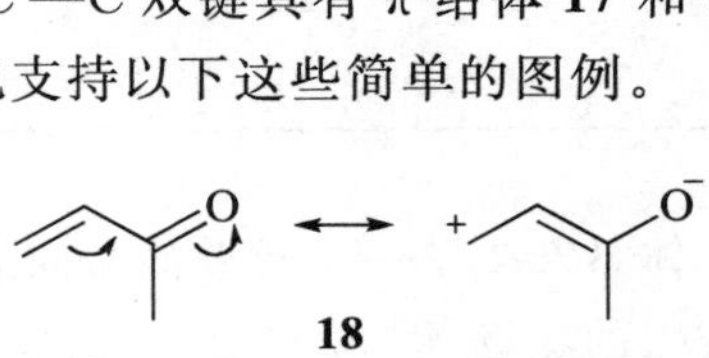 **18**

如表 3.3 所示，电子密度的改变自然会影响附近的核发生共振的位置。一般来说，π-给体基团（Me ＜ MeO ＜ Me_2N）使 β 位核受到屏蔽，就像在 **17** 右边典型结构中所示的那样，这导致它们与乙烯相比会出现在较高场。同时由于诱导效应，负电性元素也使得 α 核移向低场。以 π 体系中的 π-受体基团（Li，$SiMe_3$ 和 COMe）的诱导效应来解释结构 **18** 则不那么容易。这是因为 π 体系中各个取代基的相互作用影响了 π 键周围的各向异性作用，正电性的基

团使得 α 和 β 位的三角碳移向低场，而四面体碳上的核则向高场移动。

表 3.3　取代烯烃中共轭效应对化学位移(ppm)的影响

X	电子状态	$\delta_{C\beta}$	$\delta_{C\alpha}$	$\delta_{H\beta}$	$\delta_{H\alpha}$
H	基准物	123.3	123.3	5.28	5.28
Me	弱的 π-和 σ-给体	115.4	133.9	4.88	5.73
OMe	π-给体，σ-受体	84.4	152.7	3.85	6.38
Cl	σ-受体，弱的 π-给体	117.2	125.9	5.02	5.94
Li	π-受体，σ-给体	132.5	183.4		
SiMe₃	π-受体，σ-给体	129.6	138.7	5.87	6.12
CH=CH₂	简单共轭	130.3	136.9	5.06	6.27
COMe	π-受体，弱的 σ-受体	129.1	138.3	6.40	5.85

当 β 位没有取代基时，就会有两个 β-H 原子，它们受到的是不同的场强（表 3.3 中处于取代基反式 H 原子的数据）。如乙基烯基醚 **20** 所示，相对于乙烯 **19**，给电子基团导致取代基反式的 β-H 原子相比于顺式来说进一步移向高场。如甲基烯基酮 **21** 所示，羰基顺式位置的 β-H 原子相比反式进一步移向低场，因为羰基所导致的各向异性作用通过空间对其有着直接的贡献。

与苯环直接连接的极性基团会造成苯环上碳氢信号向高场或低场移动，这和简单的双键上的行为或多或少是相同的。从结构 **23** 和 **24** 可以看到 π-给体和 π-受体的影响：相对于苯（**22**）来说，邻位和对位的碳以及氢受甲氧基影响移向高场。硝基的作用不太直接，就像具有吸电子基团的烯烃一样：邻位的氢以及对位的碳、氢正如所预计的那样移向低场，但是邻位的碳却移向了高场。

作为非常粗略的估计，有机结构上任何取代的变化对碳谱和氢谱均有相似的影响：碳信号的 δ 值大约是质子信号的 δ 值的 20 倍。然而，这种总体的结论有许多偏离较大的情况。包括硝基苯 **24** 中硝基对于邻位碳和氢的作用，以及芳香环电流对质子有较大的影响，而对碳的影响较小。

范德华力：当一个取代基被压缩到与一个氢原子非常靠近时（比它们的范德华半径之和更近），质子周围的电子云被推开。那么这个质子就被彻底地去屏蔽，在不寻常的低场区域

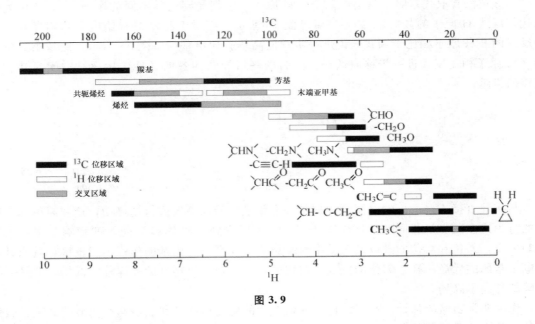

	δ_C	δ_H			δ_C	δ_H
H 7.27			OMe i	NO₂ i	148.1	
128.5			i 158.7	o	123.2	8.21
			o 113.8 6.81	m	129.3	7.45
			m 129.4 7.17	p	134.5	7.66
22			p 120.4 6.86	**24**		
			23			

发生共振，就像 2-金刚烷醇 **25** 的 ¹H NMR 谱图所示，两个质子 H_b 的信号相比于其他所有的 CH 基团宽的且不能区分的信号($\delta\ 1.89 \sim 1.69$)移向低场，当然，连接在具有负电性基团的碳原子的氢原子 H_c 除外。假如有一根键连在相同的碳原子上，这种接近引起的电子位移在第二个质子上有相反的效应。这个质子处于屏蔽区，也就造成金刚烷醇中两个质子 H_a 的信号相比于其他的 CH 基团移向高场。

$\delta\ 1.53$ → H_a
H_a ← $\delta\ 1.53$
H_c ← $\delta\ 3.75$
$\delta\ 2.06$ → H_b
H_b
OH

25

将到目前为止讨论所得的结果整理在图 3.9 中，其中给出了一些常见基团和与其相连的 ¹H 和 ¹³C 的大致化学位移。

图 3.9

同位素效应：把一个较轻的元素用较重的同位素代替，会导致相邻原子的信号移向高场。这个作用只在用氘原子取代氢原子时才重要，同时在连接有氘原子以及相邻的碳是一个链的碳原子的 ¹³C 化学位移才明显。这个效应移向高场很容易分辨，通常对于直接相连的碳原子有 $10 \sim 30$ Hz(100 MHz 仪器中的 $0.1 \sim 0.3$ ppm)。链中相邻的碳原子位移则只有三分之一的大小。这些位移在生物合成学中尤其有用，连有氘的碳原子通过它的化学位移可以很容易地分别挑选出来。

估算化学位移：诱导、共轭和各向异性效应在多取代的分子中差不多是可加和的，因此 76
可以看出图 3.5 中^{1}H 谱质子的吸收信号都在适当的位置。C-3 和 C-5 甲基的信号(在 δ 2.31)相比丙烯中的甲基(δ 1.71，表 3.2)移向低场，因为与苯环相连的甲基受到了环电流的影响，而这个影响通常会造成向低场移动 0.6 ppm。连接在苯环 C-1 上的亚甲基同时会受到作为苄基的影响以及连有负电性基团邻位的影响，我们可以预期它会由于苄位向低场移动 1.4 ppm，并且由于连有酯基的氧原子而移动 2.8 ppm(由本章末表 3.19 可以看到对于甲基、亚甲基和次甲基连接有各种基团的作用)，这也就导致它相比普通亚甲基(δ 1.33，**4**)来说向低场移动了 4.2 ppm。因此，我们可以预期它会在 δ 5.5 给出信号，而实际观测中会在 δ 5.11 发生共振。类似地，运用本章末的表 3.19，连在羰基和甲氧基之间的亚甲基被预期由于羰基的影响会向低场移动 0.9 ppm，而由于甲氧基移动 2.1 ppm，估计信号会在 δ 4.3，与实际观测的 δ 4.05 很接近。甲氧基(在 δ 3.45)相比于甲醇(在 δ 3.39，表 3.2)向低场移动了一点，原则上是因为相邻羰基的各向异性作用。最后芳环上的质子在 δ 6.97，相比于苯环(δ 7.27)的信号移向了高场，这是因为它们处于两个烷基的邻位和对位。烷基，作为温和的给电子基团，对于邻位和对位的化学位移会向高场移动大约 0.2 ppm(表 3.25)。

这些估计是非常粗略的，在处理通常碰到的^{13}C 和^{1}H 的化学位移时，我们有几组更好的经验规则。这些规则以及在应用时所需的数据表均在本章末列出，这样在实验室里用本书作为手册时，可以很容易地找到它们。用这些数据，对于简单的脂肪类化合物[公式(3.16)
和表 3.6～3.8]、简单烯烃[公式(3.17)和表 3.10]、多取代的苯环[公式(3.18)和表 3.12] 77
以及各种羰基的碳原子(表 3.13)，我们可以估计其不同类型的碳原子的化学位移。有一些类似的表和规则也可以用来估计取代烷烃[公式(3.20)和表 3.20]、取代烯烃[公式(3.21)和表 3.22]和取代苯环[公式(3.22)和表 3.25]中的质子化学位移，尽管预测质子的化学位移并没有^{13}C 核那样好。

如果有合适的电脑程序来画出这个化学结构，并利用程序来告诉这些化学位移大致会在哪里，这样会更好更简单。这些程序会利用类似于章节最后的公式和参考数据，而不用使用人工来做这些加和。对于酯 **1** 的^{1}H 和^{13}C 化学位移，仪器的测定值和利用 ChemDraw Ultra 中的 ChemNMR 程序的估计值展示在图 3.10 中。这些相对简单的化合物不太可能存在意外的远程效应，估计值和程序得到的结果一样好。

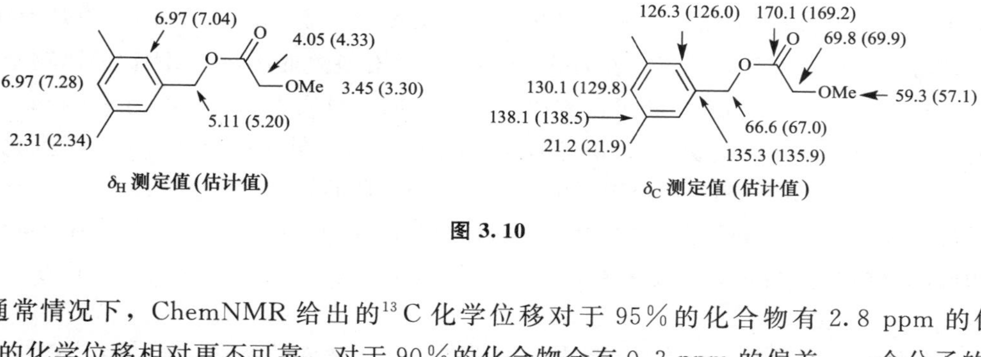

δ_H 测定值(估计值)　　δ_C 测定值(估计值)

图 3.10

通常情况下，ChemNMR 给出的^{13}C 化学位移对于 95%的化合物有 2.8 ppm 的偏差，而^{1}H 的化学位移相对更不可靠，对于 90%的化合物会有 0.3 ppm 的偏差。一个分子的构象也许与那个用于建立这些规则的模型构象不一样，这时场的各向异性将会使得所观测化合物的定域场与模型化合物不同。远距离基团的效应并未包括在这些规则中，通常是因为它们相对来说并不重要。然而，在一些分子中，一个远距离的基团可能会由于卷曲而回到我们所关心的那个核的区域，进而使它的化学位移发生显著移动，特别是对于芳香环，它存在很强的环电流。不管怎样，这些程序正变得越来越好。

3.4.2　影响化学位移的分子间因素

氢键：参与形成氢键的氢原子与两种负电性元素共享电子，结果它自身被去屏蔽，在低场中出现共振。水在非常稀的 $CDCl_3$ 溶液中 OH 基的氢键最少，质子的共振出现在 $\delta \approx 1.5$ 处。这一点可以由图 3.5 中的 ^1H 谱看出，其中在 $\delta\, 1.66$ 处有一个很小的信号。这个信号是非常弱的，因为谱图是在大量的化合物中测量的，而这种情况在对含很少样品更加稀释的溶液扫描多次得到的 FT 谱图中会更加明显。另一方面，对于悬浮在 $CDCl_3$ 中的水滴，这时形成分子间氢键，在 $\delta \approx 4.8$ 处共振。因为氢原子参与氢键的程度无法预测并且与浓度有关，醇和胺的 OH 和 NH 质子的共振位置是无法预测的。对于醇通常的区域是 $\delta\, 0.5 \sim 4.5$，硫醇 $\delta\, 1.0 \sim 4.0$，胺 $\delta\, 1.0 \sim 5.0$（表 3.27）。羧酸二聚体 **26** 中有很强的分子间氢键，使得质子吸收出现在很低场的区域 $\delta\, 9 \sim 15$。与 β-二酮相应的烯醇化分子 **27** 和邻羟基羰基化合物 **28** 的分子内氢键也是类似的（对乙酰丙酮 **27**，$\delta\, 15.4$）。这些超出了 ^1H NMR 谱的通常范围，需要专门寻找（表 3.27）。

幸运的是，尽管它们出现在 ^1H NMR 谱的何处不确定，但是这类氢很容易鉴别：若向样品 $CDCl_3$ 溶液中加入一滴 D_2O 并摇晃，则 OH、NH 和 SH 的氢迅速与 D_2O 发生氢氘交换，HDO 会漂在表面，它们在谱仪检测的区域以外。这时 OH、NH 或 SH 的信号就简单地从光谱中消失（或者，更为普遍的是被接近于 $\delta\, 4.8$ 的悬浮 HDO 液滴的弱信号所代替）。这种技术被称为重水振摇（D_2O shake）。

温度：大多数信号的共振位置受温度影响很小，但是 OH、NH 和 SH 的质子在高温时因为氢键的程度降低而在较高场发生共振。

溶剂：当溶剂从 CCl_4 变为 $CDCl_3$ 时化学位移受影响很小（± 0.1 ppm），但是当使用极性更大的溶剂，比如丙酮、甲醇或者 DMSO 时，却会有显著的影响，对 ^{13}C 的影响是 ± 0.3 ppm，对质子也是 ± 0.3 ppm。苯可以有相当大的影响，对质子和 ^{13}C 都为 ± 1 ppm。由于苯具有强有力的各向异性磁场[图 3.8(c)]，苯对于电子密度较小的区域有弱的溶剂化作用，与惰性溶剂（比如 $CDCl_3$）相比，位于产生溶剂化作用苯环的侧面和上下的溶质的原子会感受明显的屏蔽或去屏蔽。吡啶有时更为有效，这种溶剂诱导的位移对于将光谱中两个重合在一起的吸收峰分辨开特别有用。更大的位移可以通过加入顺磁盐来诱导产生，将在 3.12 节讨论。

在 NMR 谱中常用的溶剂均是氘代的，目的是不引入额外的吸收信号，但是它们大多数都有由于不完全氘化而产生的残余吸收信号。识别这些信号很重要，这些信号的位移列于表 3.26，可从要解析的谱图中扣除出去。CHCl₃的弱信号（在¹H NMR 谱中位于 δ 7.25）在本章 CDCl₃ 中测定的许多谱图中均很明显。幸运的是，它们大多数只引入一个或两个尖锐的信号，而且很容易识别。CDCl₃ 的碳很容易识别：可以在很多谱图中看到一组中心在 δ 77.3 的弱三重峰。它呈现三条线而不是一条的原因将在下一节解释。

3.5 与¹³C 的自旋-自旋耦合

目前为止我们尚未讨论邻近磁性核对所检测信号的一个显著影响。如果附近的核有自旋，那么这个自旋会对我们正在观察的核的磁环境产生影响，这样我们检测到的信号不是简单的单峰，而是多重峰，它的复杂性取决于邻近原子的性质和数目。

3.5.1 ¹³C-²H 耦合

CDCl₃ 的碳原子与氘核相连接。氘的自旋量子数 $I = 1$，这意味着在磁场中氘原子有三个可能的能级。因此碳原子将会感受到三个大小略有不同的磁场，这取决于与之相连的氘核所处的自旋状态。由于这些能级间的差别很小，所以实际上与碳相连的氘核处于这三种状态中任何一种的概率是一样的，结果是碳核以相同的概率在三个频率处发生共振，正如我们所看到的那样（图 3.5）。CDCl₃ 信号是 δ 77.6、δ 77.25 和 δ 76.9 的三条等距离的弱吸收线，这个碳被称为与氘耦合的碳，线之间的分离以 Hz 为单位，称为耦合常数 J。因为碳与氘之间只有一个键，所以此 J 可进一步写成 $^1J_{CD}$。碳-氘耦合与碳-氢耦合相比，重要性要小得多。我们从碳-氘耦合开始，是因为它可以在所有用 CDCl₃ 测定的¹³C 谱中看到。它也可以在生物合成以及其他在¹³C 核旁连有氘原子的同位素位移研究中观察到（3.4.1 节）。连接有氘原子的¹³C 原子不仅向高场偏移了虽然较小但可以观测到的数量，同时它也具有独特的三重峰。

3.5.2 ¹³C-¹H 耦合

为什么在图 3.5 的¹³C 谱图中没有碳-氢耦合？这是因为在测这个谱时，样品被一个强的辐射信号照射，这个信号包含有能使分子中所有质子发生共振的频率，这导致在测量碳信号时 N_α 和 N_β 质子迅速交换了几次位置。因此每个碳原子只"看到"其附近的质子处于平均的状态。每个碳原子只是简单地产生一条尖锐的线，而不会耦合。¹³C 谱通常按这样的方法来测定，被称为是**质子去耦**的。

假如来看相同的没有质子去耦的谱图，如图 3.11 中的谱图，可以看到有更多的线。这个谱图对于分析来说更为复杂，这也就可以看出为什么质子去耦是获得¹³C 谱图的标准操作。尽管如此，在特殊的例子中，我们可以分辨每一个碳的信号，并且辨认出它的多重度。这三个没有连接氢原子的碳原子仍然是单峰，连接有一个氢原子的两种不同的碳原子是双峰，连接有两个氢原子的两个碳原子是三重峰，而连接有三个氢原子的碳原子则是四重峰。

最容易识别的信号是没有连接氢原子的碳原子，一个是羰基碳在 δ 170.1，一个是两种相同的一对碳原子 C-3 和 C-5 在 δ 138.1，还有一个是 C-1 在 δ 135.3：由于没有氢原子的耦合，它们都是单峰。芳环中其他碳原子的信号，C-4 和相同的成对 C-2 以及 C-6，分别在 δ

130.1 和 δ 126.3。它们都有一个氢原子相连，连接在每个碳原子上的氢原子（$I = 1/2$）在外加磁场下都能有基本等概率的两种取向。这个碳原子也就会受到两种略微不同的磁场影响，于是形成两条共振线，这也就是通常所说的双峰［图 3.12(b)］。这两条线是由于共振频率的不同而分开的，它以 Hz 为单位，称为**耦合常数** J。图中可以看到两个双峰中，每个双峰的两条线都是等强度的，但是 δ 126.3 双峰的强度大概是 δ 130.1 双峰的两倍。

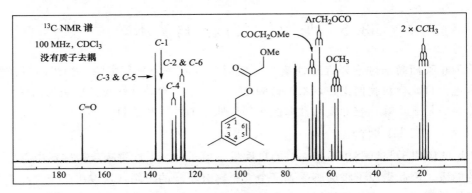

图 3.11

　　酯 **1** 中的亚甲基都有两个质子连在每个碳原子上，理解附近两个质子影响的一个最简单的办法是分别看它们的作用。第一个质子将信号裂分为二，第二个质子再将它裂分为二，且大小相同，如图 3.12(c)所示。从简单的几何学可以理解，这在中间产生了一条由两个部分组成的重合线，因此中间线的强度是外侧两条线的两倍，结果产生 1∶2∶1 的三重峰。在图 3.11 中我们可以看到两个三重峰的中心，对应于图 3.5 中质子去耦谱图中两条相应的线，分别在 δ 69.8 和 66.6。

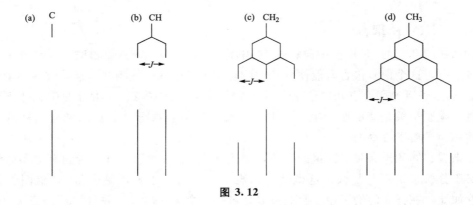

图 3.12

81　　甲基碳原子都连接有三个氢原子，我们可以简单地将图 3.12(c)的讨论延伸到图 3.12(d)：第一个氢将碳裂分成双重峰，第二个氢再将每一条线裂分为二，和前面所述一样形成一个三重峰；这时第三个质子再将三重峰中的每条线裂分为二，产生四重峰，因为三个氢是等同的，所以耦合常数相同。因此中间的两条线将会完全重合，信号强度分布的结果是产生一个 1∶3∶3∶1 的四重峰，这一点可以从图 3.11 中 OCH₃ 和两个相同的 CCH₃ 信号看出来。在图 3.11 中显示的每个信号所引用的真实的化学位移是多重峰的中心。

综上所述，如图 3.12(a)～(d)所示的季碳、次甲基、亚甲基和甲基的碳信号分别为单峰、双重峰、三重峰和四重峰。这种图形相当普遍，在 ^{1}H NMR 中我们还会碰到它们。这个规则是，对于一个与 n 个 $I = 1/2$ 核同等耦合的核，将会产生 $(n+1)$ 条线的信号，而强度则由 $(x+1)^n$ 展开以后的系数给出(表 3.31)。

显然，在这些多重峰中所包含的信息是有价值的，但是由于信号的重叠使得分析较复杂，对于大的分子来说几乎不可能解析这些多重峰。就算是图 3.11 这样一个基本完全分辨开的谱图，其中两个三重峰也有所重叠。这个问题可以由另外一种技术解决：在测量 ^{13}C 谱时，样品被一个接近但与氢共振频率不重合的射频照射，这被称为**偏共振去耦**，它的效果是使多重峰变窄，但并不像在完全去耦的谱图中那样将它们全部去掉。因此就比较容易发现在一个未知结构的分子中各种碳各有多少存在。然而，如果分子很大或者有一些相似的碳原子，那么这个技术仍然会产生多重峰的重叠。偏共振去耦现在已经被其他能够完全解决这个问题的技术所代替(见 3.15 节)。除了那些过去测定的谱图中可看到单峰、双峰、三重峰和四重峰的信号之外，可能不会再遇到偏共振去耦的情况。

耦合常数 J 的大小也包含丰富的信息，它主要受碳原子周围键的几何结构影响。四面体(sp^3)碳通常给出的值在 120～150 Hz 之间，三角形碳(sp^2)在 155～205 Hz 之间，直线形碳(sp)接近 250 Hz(表 3.14)。另一个主要的影响是负电性原子的存在，它导致耦合常数的值位于上述范围的较高的一端。所以，一个极端的例子是氯仿的 $^1J_{CH} = 209$ Hz，尽管它是一个四面体碳。四面体碳的 $^1J_{CH}$ 耦合常数可以由公式(3.19)和表 3.15 中的数据估计。

耦合常数 $^1J_{CH}$ 可以在 ^{13}C 谱图中测定，但更常见的是在 ^{1}H NMR 谱中测定，因为像图 3.11 那样完全耦合的谱图是很少见的。大多数 ^{1}H NMR 谱不受 ^{13}C 存在的影响：一个质子 99% 的信号是从连接在 ^{12}C 核上的质子来的，它们不与 ^{12}C 耦合，因为 ^{12}C 不是磁性核；但是 1% 的信号是由连接在 ^{13}C 核的质子来的，它们会耦合。当未耦合的质子是单峰时，耦合的质子会以非常弱的双峰出现，对称地位于从连接在 ^{12}C 上质子来的强信号的两侧。这两条线分开的距离以 Hz 为单位，其值等于耦合常数 $^1J_{CH}$。由于这个双峰每条线的强度只有主峰的 0.5%，它通常不被注意，但是如果谱图上的这个区域没有许多其他信号而且这个 S/N 比值足够好，那么它是可以被找到的。所有的 ^{13}C 卫星峰都能在图 3.5 和 3.6 中看到，而它们也应该被包含在积分的数字里(图 3.6)。当质子信号本身是一个多重峰时，^{13}C 卫星峰更弱，因为它们也是多重峰，这就很难从噪声中挑选出来。

^{13}C 核与相隔一个键以上的质子间的耦合常数要小得多(表 3.16)。如果信号不是很混乱，它在一个完全的 ^{13}C 谱中是可以测到的。跟直觉不一样的是，$^2J_{CH}$ 和 $^3J_{CH}$ 耦合常数是非常接近的，经常在 0～10 Hz 之间，通常是 5 Hz。当碳是 sp 杂化(≈ 50 Hz)，或者与一个醛基相连(≈ 30 Hz)，或者携带一个负电性基团时，$^2J_{CH}$ 耦合数值显著大；然而当烯基或者芳基碳与相邻碳的质子耦合时，耦合常数显著小(0～3 Hz)。$^3J_{CH}$ 值受到二面角的影响，当角度是 180°时很大(5～10 Hz)，然而当二面角是 0°时为零。

这些远程耦合从图 3.11 中谱图的扩展可以看到，从高场开始有两个甲基的四重峰，甲氧基产生 1:3:3:1 的四重峰(δ 59.3)，其中每条线其实都是很好的 1:2:1 的三重峰，这一点可以从图 3.13(a)中看出。甲氧基中的碳原子与氧原子另外一边的亚甲基上的质子相隔三个键，可以把这种关系称为 $^3J_{CH}$ 耦合。四重峰的 $^1J_{CH}$ 耦合常数是 142 Hz，它是四面体碳耦合常数的最大区域，因为它是连接在一个氧原子上的，而$^3J_{CH}$耦合常数是 5.1 Hz，一个很正常的数值。类似地，C-3 和 C-5 上的甲基在图 3.11 的 δ 21.2 处产生了 1∶3∶3∶1 的四重峰，它实际上与两个近似等价的邻位质子(对于 C-3 的甲基是 C-2 和 C-4，对于 C-5 的甲基是 C-6 和 C-4)有很好的$^3J_{CH}$耦合常数，这样使得四重峰的每条线也是 1∶2∶1 的三重峰，这能从图 3.13(b)中看出。这里的$^1J_{CH}$耦合常数是 126 Hz，$^3J_{CH}$耦合常数是 4.9 Hz。图 3.13 中的每个信号都称做三重峰的四重峰。

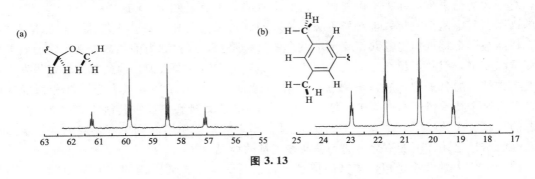

图 3.13

在图 3.11 中，两个亚甲基碳原子都是相互靠近的三重峰，当把它们放大到图 3.14，可以看到低场区域三重峰的每条线都是 1∶3∶3∶1 的四重峰，而高场区域三重峰的每条线都是 1∶2∶1 的三重峰。前者称为四重峰的三重峰，后者称为三重峰的三重峰。它们的$^1J_{CH}$耦合常数是 144 Hz 和 147 Hz，$^3J_{CH}$耦合常数是 5.2 Hz 和 4.6 Hz。这种模式表明我们正确地指认了两个碳原子，因为低场的碳原子与甲氧基上的三个质子发生耦合($^3J_{CH}$)，而高场的碳原子与芳环上邻位的两个质子发生耦合($^3J_{CH}$)。我们还需要注意，在图 3.10 中预测两个碳原子的化学位移只能分开 0.9 ppm，这使我们很有可能错误地指定两个原子。

83

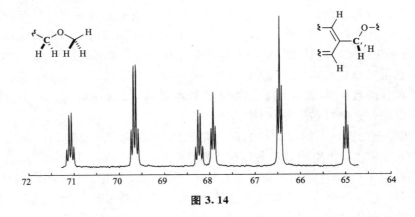

图 3.14

在图 3.11 中，只有一个氢原子连接的碳原子有 C-4 及成对的 C-2 和 C-6，它们都是双峰。但是它们的放大图 3.15 显示它们是更加复杂的：C-4 双峰中的每条线都由九条线组成，而 C-2 和 C-6 双峰中的每条线都由八条线组成。C-4 的碳原子与六个甲基中的质子有三根键的距离，而与 C-2 和 C-6 的质子也有三根键的距离，这样一共就有八个氢原子，于是这个多重峰就由九条线组成。类似地，C-2(和 C-6)与两个亚甲基的质子有三根键的距离，与 C-4

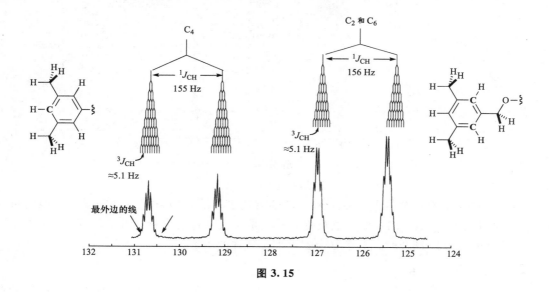

图 3.15

和 C-6(C-2)上的质子有三根键的距离，而与 C-3(C-5)甲基上的质子有三根键的距离，这样一共就有七个氢原子，于是这个多重峰就由八条线组成。与 C-4 耦合的质子不是完全相同的，其中六个甲基质子的耦合常数是相同的，但与 C-2 和 C-6 上的质子耦合则不会完全相同。因此，九条线中里面的线并没有完美重合，但图 3.13 和 3.14 中的四重峰和三重峰则重叠得很好。类似地，与 C-2 和 C-6 原子耦合的四种不同的质子导致两个八重峰内部更加扩大，因此图 3.15 中的多重峰并没有像之前两个图那样分辨得很好，从任意两条线推断出来的耦合常数（每个例子都比 5 Hz 多一点）其实并不准确，唯一可靠的数字是由整个信号最外边的两条线得来的，它是整个耦合常数之和。比如，在 C-4 的例子中，最外边的两条线相隔 197 Hz，它就是（$^1J_{CH}$＋ 6×J_{Me}＋ 2×$J_{2,6}$）。另外，我们也注意到八重峰和九重峰最外边两条线是很小的，比如 C-4 双峰的九条线的最外边两条线在图 3.15 中也只是刚好能够分辨开，图中用箭头标出。一个拥有等价耦合常数的九重峰会有 1∶8∶28∶56∶70∶56∶28∶8∶1 的强度比例，而最外层的两个峰很容易被忽视。剩下的信号（8∶28∶56∶70∶56∶28∶8 ＝ 1∶3.5∶7∶8∶3.5∶1）可能被误解为一个七重峰，除非我们记得一个七重峰会有更加陡的强度比例（1∶6∶15∶20∶15∶6∶1）。

最后，图 3.11 中的单峰放大显示它们都是狭窄的多重峰，而此时既有²J_{CH}耦合，也有³J耦合。羰基碳在图 3.16(a)中的放大图看起来像是五重峰，这也就暗示它有一对亚甲基质子的²J_{CH}耦合以及另外一对接近的但并不完全等价的耦合常数是 4 Hz 的亚甲基质子的³J_{CH}耦合。C-3 和 C-5 的信号看起来像是 1∶3∶3∶1 的四重峰，暗示它有与甲基质子接近 6 Hz 的²J_{CH}耦合，而与邻位质子的²J_{CH}耦合并没有观测到。类似地，C-1 的信号看起来像是 1∶2∶1 的三重峰，它有与苄基亚甲基质子接近 4 Hz 的²J_{CH}耦合，但是与邻位质子的²J_{CH}耦合则接近零。与邻位质子的²J_{CH}耦合则通常是 1 Hz，这里很有可能并没有分辨出来。

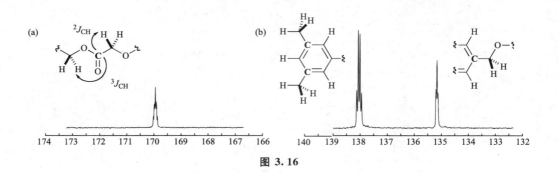

图 3.16

^{13}C-^{1}H 耦合通常不会像上面显示的那样细节地去检测，通常很少会需要它，但它可使我们看到双峰、三重峰、四重峰、五重峰，甚至是八重峰和九重峰的图样。当我们去看更大且更加重要的 ^{1}H-^{1}H 耦合时，会重复看到很多次这样的图形。

3.5.3　^{13}C-^{13}C 耦合

由于 ^{13}C 的自然丰度低，一个 ^{13}C 与另一个 ^{13}C 相连的情况非常罕见。这种极少的结合产生的任何信号通常都太弱，以致没有用处。但是 ^{13}C 的富集在机理研究以及生物合成中很普遍，这时就有可能看到耦合。几何结构（四面体，三角形，直线形）是影响 $^1J_{CC}$ 的主要因素，两个碳核 C^x 和 C^y 之间 ^1J 耦合可以用下面的公式估算：

$$^1J_{C^xC^y} = 0.073(\%s_x)(\%s_y) - 17 \tag{3.6}$$

其中 $\%s_x$ 和 $\%s_y$ 是 C^x 和 C^y 中 s 轨道所占的百分数（用 sp^n 标记）。因此，甲苯中的甲基（四面体）与同位素碳（三角形）的耦合常数估计值为 43 Hz，观测值为 44 Hz。与 $^1J_{CH}$ 的情况一样，邻近的负电性原子使耦合常数增大。比如，乙酸酯的甲基碳与羰基碳的耦合常数 ^1J 是 59 Hz，它处于 C-C 耦合常数范围的上端。

3.6　^{1}H-^{1}H 邻位耦合（$^3J_{HH}$）

从 ^{13}C-^{1}H 耦合已经看到，当两个 $I = 1/2$ 的核耦合时会发生什么样的情况。质子-质子耦合的情况基本一样，除此之外我们主要还需要考虑二键和三键耦合。两根键的耦合称为偕耦合，可以在亚甲基 **29** 中看到；三根键的耦合称为邻位耦合，可以在 **30** 中看到。

29　　　　　　　　　**30**

下面从邻位耦合开始讨论，它的耦合常数一般在 0～20 Hz 的范围内。影响耦合常数的因素将在 3.9 节讨论，现在我们仅考虑多重性。如同 ^{13}C 谱，在 ^{1}H NMR 谱中当质子等同地与一个、两个或者三个质子耦合时，我们将分别得到双重峰、三重峰和四重峰。举一个简单的例子，图 3.17 中的放大信号显示出二苯基乙醛 **31** 中醛基质子与 α-碳上质子的耦合。忽略掉芳环质子产生的 δ 7.5～7.0 区域中看起来的迷惑信号，我们可以看到两个质子中每个信号都被另外一个裂分为双重峰，这样的图形可以被描绘为一个 AX 系统。通常标记那些化学位移接近的质子为字母 A、B 和 C，那些化学位移相差得较远的是字母 X、Y、Z，而介于它们之间的则是字母 M、N 和 O。

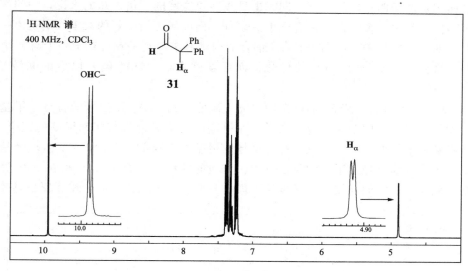

图 3.17

再看一些稍微复杂的体系。图 3.18 显示了 2-氯丙酸 **32** 的^{1}H NMR 谱图的 AX$_3$ 体系，中间场强的信号 δ 4.44 来源于次甲基 H$_\alpha$，因为它连有一个羰基和负电性基团而移向了低场。次甲基上的氢由于甲基上三个相同的氢原子 H$_\beta$ 耦合作用而分辨成一个 1∶3∶3∶1 的四重峰。同样，在 δ 1.725 的高场信号是来自于甲基上的 H$_\beta$，它相比普通的甲基稍微向低场移动了一些，这是因为它在相邻的碳上有一个负电性基团。由于甲基上的三个氢原子与次甲基上的氢耦合，使得它裂分成两个，显示为双峰。这三个甲基上的氢原子由于 C—C 键的

86

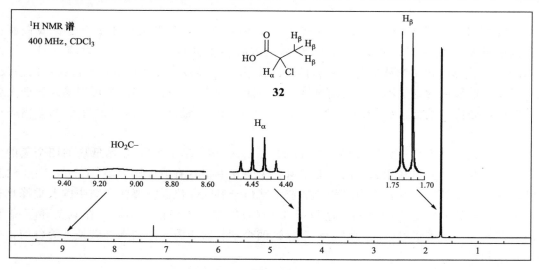

图 3.18

自由转动是等价的，承受等价的磁环境，从而在相同的条件下发生共振。甲基上的质子实际
上也会互相耦合，但是，**相同化学位移的质子之间的耦合未在 NMR 谱图上显示**。高场双重
峰的积分面积是低场四重峰的三倍，同时也是羧酸氢宽峰的三倍。总的来说，中间区域一个
氢的四重峰信号是由三个等价氢耦合产生的裂分，而高场的三个氢的双重峰则是由一个氢耦
合产生的。如同 $^{13}C\text{-}^1H$ 耦合一样，$^1H\text{-}^1H$ 耦合的规则基本与其一致：对于一个与 n 个核同等
耦合的核，将会产生 $(n+1)$ 条线的信号，而强度则由 $(x+1)^n$ 展开以后的系数给出（表
3.31）。

　　　图 3.19 所示的丙酸乙酯 **33** 的谱图两次充分阐明了乙基 A_2X_3 信号的特点。甲基的三个
等价氢与相邻亚甲基的两个氢耦合；同样，亚甲基的两个等价氢与相邻甲基的三个氢耦合。
这种高场甲基三个氢的 1：2：1 三重峰和低场亚甲基两个氢的 1：3：3：1 四重峰是乙基的
特征模式，当然其前提是亚甲基的氢没有再被其他的核耦合。而 $\delta\ 4.19$ 和 $\delta\ 2.38$ 处的亚甲
基信号则强烈表明，它们连接的原子本质不同——前者与氧相连而后者相邻原子是碳。

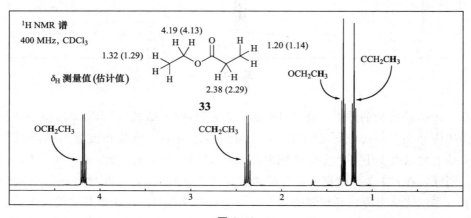

图 3.19

　　　尽管 OCH_2 信号在 CCH_2 的低场是合理的，但甲基信号的归属则不太确定。我们假设
OEt 的甲基给出相对 CEt 甲基中 $\delta\ 1.20$ 的三重峰在更低场 $\delta\ 1.32$ 的三重峰信号。将用
ChemNMR 估算的化学位移值与实际测量值比较（见图 3.19），可见其结果支持我们的假设，
但由于化学位移值的差值不大，我们对该结果不能完全确定。有很多方法可以确定这两个甲
基的归属，如比较耦合常数（图 3.23）、去耦合（3.12 节），最好的方法是通过 COSY 谱确认
（3.18 节）。

　　　对于更大的多重峰，如氧杂环丁烷 **34** 的 $A_2X_2A_2$ 谱（图 3.20），显示低场的四个氢的三
重峰来自于与中间亚甲基相邻的两个亚甲基，中间亚甲基具有强度比为 1：4：6：4：1 的五
重峰。该三重峰处于低场，是由于相应的亚甲基位于氧的邻位。需要注意图中的五重峰具有
基线分辨率且裂分成适当的比例，这与图 3.16(a) 的类五重峰信号不同。在氧杂环丁烷 **34**
中所有的耦合均是等价的，然而 $^2J_{CH}$ 和 $^3J_{CH}$ 这两个耦合对于酯 **1** 中的羰基碳是不等价的，尽
管其强度相似。

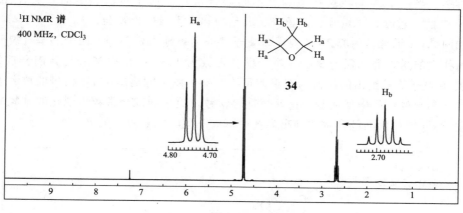

图 3.20

略微复杂的例子为 1-硝基丙烷 **35** 的谱(图 3.21)。甲基 H$_c$ 是出现在高场的三质子三重峰(δ 1.04),因为它与一个亚甲基相邻。亚甲基 H$_a$ 是一个二质子的三重峰,位于低场(δ 4.37)。对于亚甲基来说,它位于一个负电性的且各向异性的基团的邻位,这个化学位移是适当的。并且对于与亚甲基耦合的质子,它的多重性也是适当的。处于中间的亚甲基 H$_b$ 是一个双质子的六重峰 1:5:10:10:5:1,位于 δ 2.06。这个化学位移对位于两个烷基之间但又离负电性基团不远的亚甲基是适当的。对于与总数达五个质子相耦合的质子来说,它的多重性也是合适的。实际上在这个例子中,耦合常数 J$_{ab}$(7.0 Hz)比 J$_{bc}$(7.5 Hz)稍小,但在六重峰中差异基本不能区分出来,该六重峰中略微有点变宽的线是这种等同性并不完美的结果。

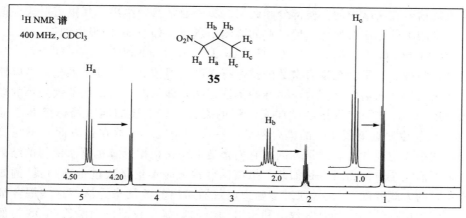

图 3.21

在图 3.18~3.21 中,耦合常数基本接近,或者如 2-氯丙酸 **32** 和丙酸乙酯 **33** 本身就一致,或者十分巧合,如氧杂环丁烷 **34** 中的顺式和反式耦合本来毋庸相同,以及硝基丙烷 **35** 中的 J_{ab} 与 J_{bc} 几乎相同。这四个谱图中,$^3J_{HH}$ = 6~8 Hz 是典型的可自由旋转烷基链的耦合常数。然而,二苯乙醛 **31** 中的相互耦合产生的双重峰(图 3.17),其耦合常数 J = 2.6 Hz

89

相对小得多。当一个多重峰被其他具有不同耦合常数的质子再次裂分时，会比图 3.17～3.21 中提到的二重峰、三重峰、四重峰、五重峰和六重峰更为复杂。

例如图 3.22 示意，丙醛 **36** 的亚甲基质子并非简单地由相邻等价四个氢耦合裂分为五重峰。取而代之的是，醛基氢与亚甲基质子耦合常数为 1.3 Hz 而甲基氢与其耦合常数为 7.5 Hz，因此亚甲基信号给出的应该为双重四重峰（dq）。图上方给出了 H_a 信号的放大图。需要注意在各自参与的信号中如何测定这两个耦合常数，更小的耦合常数出现在醛基氢的三重峰和亚甲基的 dq 峰，大的耦合常数则出现在甲基的三重峰和亚甲基的 dq 峰。

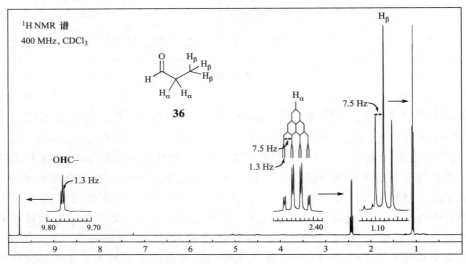

图 3.22

氢产生的信号在文献中的实验部分和数据编辑中通常必须给出。其报道形式根据杂志和出版公司要求的不同相应有变化，但经典的谱图信息形式如醛 **36** 的报道如下：

　　　　δ 9.765（1 H，t，J 1.3），2.44（2 H，qd，J 7.5、1.3）和 1.08（3 H，t，J 7.5）

对化学位移、强度、多重性和耦合常数的排序有多种，但像这样将其体系化，可以使表达简洁易懂。通常我们从低场（高化学位移）开始解读谱图，即从左至右；按从大到小的顺序给出耦合常数，用 s、d、t 等字母按照顺序表示峰的裂分，如上述的四重峰标定其 J 值为 7.5 Hz。偶尔也会发生根据谱图测定的耦合常数不一致的情况，仪器在这方面并不完美，尤其是小数点后的第二位通常会有差别，因此它们报道的均是根据计算机算法所得的结果。当所有的耦合都不能完全分辨出时更是如此。报道耦合常数时不论是通过合理归属（例如使它们与看上去明显的方式匹配），还是通过准确报道仪器给出的数据来弄清楚这些耦合都是明智的。在复杂谱图中谨慎匹配耦合常数有利于对信号的归属。我们以丙酸乙酯 **33** 为例，在图 3.19 中，两个耦合常数看上去几乎一样，但将其放大成图 3.23（或者直接查看 NMR 谱图数据）后，显示出低场四重峰的耦合常数为 7.14 Hz，而高场四重峰的耦合常数为 7.58 Hz。如果我们同时看两个三重峰，能看出低场三重峰的耦合常数要小于高场。像这样将耦合常数配对后，表明之前对图 3.19 的归属是正确的。

在图 3.22 的 dq 峰中，四重裂分的耦合常数比二重裂分更大。与之相比，图 3.14 的 tq 峰中四重裂分的耦合常数比三重裂分要小。由于它们耦合常数相差较大且对应的独立组分信

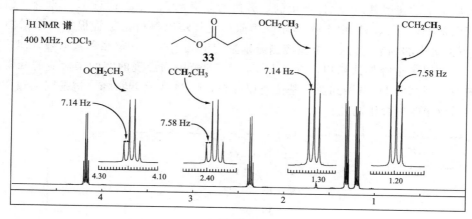

图 3.23

号分开得很好，故两者图形都十分容易识别。但在许多情况下，独立的质子给出的图形并不十分明显。因此，烯丙基溴的双键 H_c，其中心位于 δ 6.03，被反位的 H_a 耦合产生二重裂分，被顺位的 H_b 耦合再次二重裂分，被亚甲基上的两个 H_d 远程耦合。其三个耦合常数均不同，产生 ddt 峰，应当裂分为十二重峰。实际给出的信号和树状分析如图 3.24 所示，由于 J_{cd}(7.5 Hz)和 J_{cb}(10 Hz)加起来与 J_{ca}(17 Hz)十分接近，两个中心峰几乎被完全隐藏，结果显示出十重峰。

91

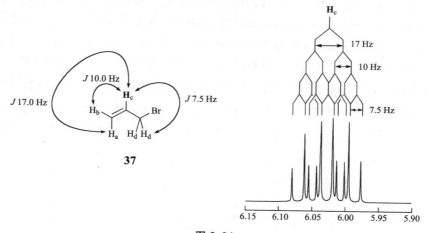

图 3.24

通常来说，如果质子在邻近有 n_a，n_b，n_c，…多组化学上等价的质子，那么它共振的多重性将是 $(n_a+1)(n_b+1)(n_c+1)\cdots$。但在像上述例子中提到的具有隐藏峰时不适用，同时在具有不同化学环境但耦合常数恰好相同的氢中也不适用。如硝基丙烷 **35**（图 3.21），两者所显示的峰均比公式所给出的要少。这样便产生了许多可能的多重峰图形，学会如何识别和分析它们是很重要的技能。像图 3.24 中那样只是简单地给出多重峰是不规范的，应当对其组成进行适当的分析。反之，当信号十分复杂且出现高度重叠、难以分析解决时，则以多重峰形式给出是完全可以接受的。以正己醇 **38** 为例（图 3.25），在 δ 3.56 的低场四重峰是由

92

连接在氧原子上的亚甲基质子 H_a 产生的，旁边的亚甲基 H_b 在 $\delta\,1.51$ 呈五重峰。但是剩下的三个亚甲基 H_c、H_d、H_e 由于化学环境相似，使其难以解析。尽管根据一级谱图分析预测（参考下文更多的细节），这三个氢应当分别呈现出五重峰、五重峰和六重峰，但这些峰难以识别，只能以多重峰形式给出。在 $\delta\,1.35\sim1.18$ 范围内出现的宽的未对应的峰常被称为**亚甲基信封**。甲基的 H_f 共振到亚甲基信封以外在 $\delta\,0.84$ 处呈四重峰，这是因为通常情况下甲基氢相对亚甲基氢处于高场。

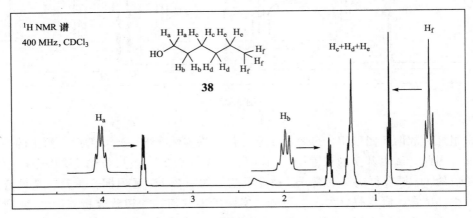

图 3.25

迄今从大多数谱图来分析，对信号的分辨较之于耦合常数更大，因为我们已经可以通过**一级谱图近似法**（first-order approximation）对谱图进行分析预测的 $A_n X_m$ 系统。$A_n B_m$ 系统对一级谱图有一定误差。最简单的例子是 AB 系统，由两个相互耦合的质子 A 和 B 组成，若它们不与其他氢耦合，则它们的化学位移十分接近。尤其当 A、B 化学位移的差异（$\delta_A - \delta_B$）在大小上与耦合常数 J_{AB} 可比较时，则它们的二重峰在强度上是不相等的。以图 3.26 中富马酸单乙酯 **39** 的烯氢信号为例，H_α、H_β 处于细微不同的化学环境，因此它们的化学位

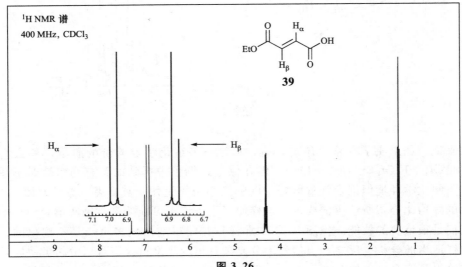

图 3.26

移不同(δ 6.97 和 δ 6.87)。它们的化学位移差值 40 Hz 相对耦合常数 17 Hz 并没有太大差别。总的来说，AB 系统中"内侧"峰强度越大，则"外侧"峰越小。相比而言，在一个简单的一级 AX 系统中，A 和 X 信号强度则是一致的(图 3.17)。

AB 图形的公式由式(3.7)～(3.9)给出。其符号解释在图 3.27 中给出，化学位移差越小，则内侧峰 3 和 2 越高，而外侧峰 4 和 1 越矮。相对峰强度 I 符合如下公式：

$$\frac{I_3}{I_4} = \frac{I_2}{I_1} = \frac{(\nu_4 - \nu_1)}{(\nu_3 - \nu_2)} \tag{3.7}$$

耦合常数和在 AX 系统中相同：

$$J_{AB} = \nu_4 - \nu_3 = \nu_2 - \nu_1 \tag{3.8}$$

在 AX 系统中，A 的化学位移和 X 信号通过二重峰的中点频率给出，而 AB 系统中化学位移 δ_A、δ_B 由如下公式给出：

$$\delta_A - \delta_B = \sqrt{(\nu_4 - \nu_1)(\nu_3 - \nu_2)} \tag{3.9}$$

如图 3.27(c)所示，这里内侧峰比外侧峰更接近真实的化学位移。

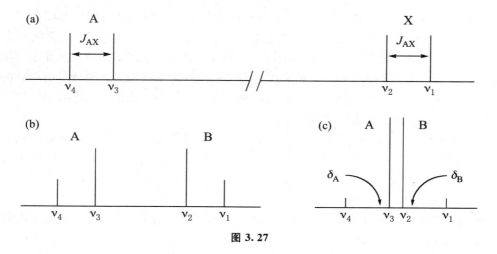

图 3.27

因此，化学位移越接近，误差也越大，我们可以在图 3.28 中比较三个 α,β-不饱和羰基化合物的双键氢 AB 系统得出。在 3-甲氧基丙烯酸甲酯 **40** 中的氢有不同的化学位移，因为 β-氢与 σ-吸电子基团是相邻共轭的，与 π-吸电子基团处于顺式；相应，α-氢与 π-给电子基团共轭(参照表 3.3 和相关正文关于这些点的修正)。其各自的化学位移值 δ 7.65 和 5.21 在烯烃氢对应值范围内。在 400 MHz 核磁中，差值是 976 Hz，其耦合常数低于 13 Hz，结果是其信号仅受 AX 系统微扰。蛔蒿素 **41** 的两个信号在 400 MHz 中相差较小，为 172 Hz，其耦合常数相对更小仅有 10 Hz，微扰相对更明显。我们已经分析过的酯 **39** 在 400 MHz 中仅有 40 Hz 的化学位移差，其耦合常数却达 17 Hz，其信号微扰是相当大的。

这些谱图有助于确定 AB 系统：有强微扰的二重峰通常是被化学位移接近的质子所耦合，反之则是由化学位移较远的氢耦合产生的。此外，微扰可以为我们提供寻找 AB 系统另一半的方向。尽管如此，当你在对二重峰进行归属时，你认为是 AB 系统的信号必须与相应耦合常数匹配，这样做才明智。

AB 系统二重峰的这种现象称为"向心效应"。整个 AB 系统或者可以看做一个"盖屋顶"

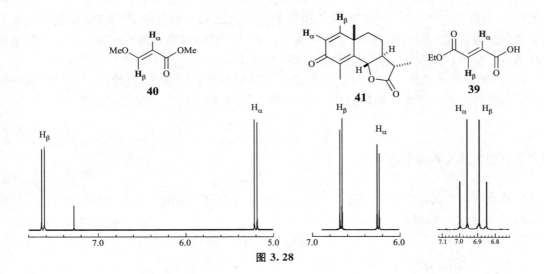

图 3.28

的过程，可以从图 3.27(b)来比喻，屋顶从外侧的峰为基础绘制，其内侧相邻峰逐渐增高至中心处达到顶峰。极端情况下当 AB 两者化学位移相同时，外侧峰消失，内侧峰重合为单峰。以上讨论的是基于化合物 **33~38** 即图 3.19~3.25 的对应亚甲基的情况。在这些例子中这些亚甲基氢信号**本质上**是相同的，但当出现两个化学环境不同的质子**恰巧**具有相同的振动频率时其耦合现象消失，即外侧峰消失而内侧峰合并。如果内侧峰没有完全合并，则外侧峰小到可以忽略，容易被误认为二重峰。

　　同样类型的微扰在 A_nB_m 体系中十分常见，在本章的其他谱图中也有明显的体现。回顾图 3.23 丙酸乙酯 **33** 的谱图也可以看到这种效应，可以发现两个 A_2X_3 系统中的三重峰均指向四重峰，其中 C—Et 基团的三重峰其化学位移与对应四重峰更接近，相对化学位移差更大的 O—Et 而言，其向心效应更强。

　　这种"屋顶"（或者指向）规则有利于我们对复杂谱图进行分析，如图 3.29 所示丙烯酸甲酯 **42** 中的三个烯烃氢。

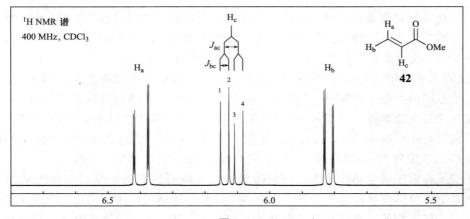

图 3.29

我们可以预测这三个氢均处于低场(表 3.3),且 *cis*-β-H$_a$ 是处于最低场的。通过与甲基乙烯基酮 **17**(表 3.3)对比,我们可以知道 α-H$_c$ 将处于两个 β-氢之间,事实确实如此。这种归属可以通过寻找 α-H 的信号来确认,它是一组 dd 峰,对应耦合常数为 17.2 Hz 和 10.8 Hz。峰 1、3 以及峰 2、4 具有相同的较大分离度,对应耦合常数为 J_{ac}。该结果可以通过"屋顶效应"确认,即峰 1、3 和峰 2、4 这两对峰均对应指向低场的、具有较大耦合常数的 H$_a$ 信号。类似地,分离度较小的两对峰——峰 1、2 和峰 3、4 对应耦合常数 J_{bc},就"屋顶效应"来看两对峰均对应指向高场的 H$_b$ 信号。作为回应,H$_a$ 和 H$_b$ 的对应二重峰指向中心 H$_c$ 的信号。当然,采用耦合常数的方法解决相似的归属更加简单,但"屋顶效应"可以很好地帮助我们快速对 H$_c$ 峰进行分析。

当采用一级谱图方法分析耦合常数并进行归属时应当小心,需要注意到峰 1、2 和峰 1、3 的耦合常数不是精确计算的结果。耦合常数的报道往往是通过测量分离度,因为峰 1、2 的分离度与 J_{bc} 相近,而峰 1、3 的分离度与 J_{ac} 相近。尽管如此,只有在峰 1、4 的差值恰好为 J_{bc} 和 J_{ac} 之和时才正确。这在多重自旋系统中都需要注意,但由于耦合常数的真实值与对应观测值相差通常不大,所以我们还是继续用一级谱图的方法确定以使解谱更加简化。

回到图 3.29 中,我们可以注意到 H$_a$ 和 H$_b$ 的信号均为 dd 峰,即它们彼此之间有很好的相互耦合,即²J_{HH}耦合,将在接下来的章节详细介绍。

3.7 ¹H-¹H 偕二耦合(²J_{HH})

偕二耦合²J_{HH}是一种二键耦合,仅在亚甲基 **29** 中发现,当由于某些原因两个氢 H$_A$、H$_B$ 不等价时,则不在相同的频率发生共振。它们给出的多重峰采用一级谱图近似,其规则与三键耦合一致,而其耦合常数范围通常也在 0~25 Hz。不出意外的是,连在同一个碳上的两个氢在化学位移上接近,其"屋顶效应"是显而易见的。

如同丙烯酸甲酯 **42**,端烯的两个亚甲基氢是不等价的,它们之间的耦合常数仅为 1.2 Hz。在环状化合物中,当环平面一边的取代基与另一边不同的时候,环平面的两个方向的氢也是不等价的,如同环氧化物 **43**,其环平面的两边分别为芳香酰氧甲基和甲基。环上的亚甲基氢 H$_a$、H$_b$ 的化学环境是不一样的,其谱图呈 AB 系统结构,有一个较小的耦合常数 2.6 Hz,具有适当少量的"屋顶效应"(图 3.30)。

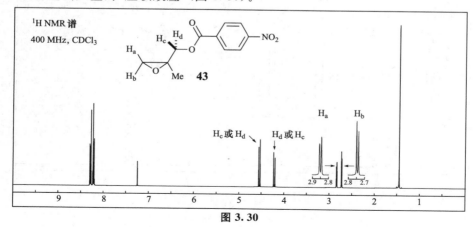

图 3.30

　　尽管不是特别明显，但侧链上的亚甲基 CH_cH_d 也呈现为 AB 系统结构，其耦合常数为 12.2 Hz，在图 3.30 中不用放大也可以观察到，这两个信号的分离实际上比相对更为明显的 H_a、H_b 峰更加分开。第一眼看上去，我们很容易认为这两个氢的化学位移是相同的，尤其是它们的侧链是可以自由旋转的，但分子的潜在手性的存在使得 H_c 和 H_d 处于不同的化学环境。构象 44～46 给出了三种以亚甲基与三元环键为中心的交叉式结构。最开始，侧链可能会采取其中某一种结构，比如构象 44，其两个氢 H_c 和 H_d 的化学环境不一样，给出不同的振动频率。其次，即使可以完全自由旋转，且这三种结构都存在，H_c 和 H_d 所经历的平均磁场也是有差异的。在任何情况下，当 H_c 在左上角时，如 44，H_d 则在环氧亚甲基和甲基之间；而当 H_d 在左上角时，如 45，H_c 则在环氧氧原子和甲基之间。也就是说，H_c 在左上角时 H_d 所经历的环境与 H_d 在左上角时 H_c 经历的环境是不一样的。同时 44 和 45 这两个结构是不相同的，两者也不是对映异构体。44～46 的构象中，不论在哪个阶段，两个氢在相同环境时另一个氢所经历的侧链旋转都是不一样的。我们把这两个氢称为非对映异位的。只有当两个非对映异位的氢所经历的平均场恰好一样时，其振动频率才会相同，非对映异位的甲基也是如此。非对映异位基团可以通过把其中一个氢用完全不同的基团取代后看所得的产物是何种立体异构体来进行确定。如果 H_c 被甲基代替，所得的产物与 H_d 被甲基代替后的产物互为非对映异构体。

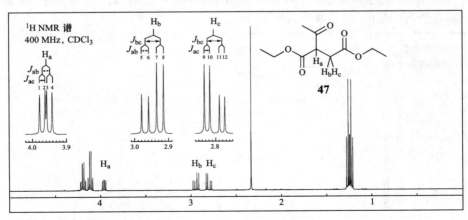

　　偕二耦合通常伴随发生邻位耦合，所得谱图符合 ABX 系统。它们所得的谱图形式多种多样，取决于三个氢原子相关的化学位移和耦合常数。乙酰琥珀酸二乙酯 47 中的 ABX 系统仅是很多可能模式中的一个例子。如果我们结合之前章节中所提到的用单一级谱图 AB 系统的处理方法来预测，H_b、H_c 的四个 AB 峰会因为 X 氢 H_a 二重裂分，如图 3.31 所示。而 H_a 由于与 H_b 和 H_c 相互耦合且两者耦合常数不同，从而得到一 dd 峰。AB 峰由于 AB 之间相互耦合存在强度上的差异，但更远处的 X 氢 H_a 所产生的 dd 峰四个峰强度几乎相等。这个例子给出了全部的十二个峰，其信号间隔恰当，耦合常数完全不同，分别为：8.3（J_{ab}）、

图 3.31

6.3（J_{ac}）和 17.7 Hz（J_{bc}）。可能还存在着许多其他的图形，取决于这些峰是否恰好和其他峰重合，这都由 AB 信号的分离度和之间的耦合常数决定。因此，如果 H_b 和 H_c 化学位移接近，则峰 9 很容易与峰 8 或峰 7 重合甚至处于更低场。同样，如果 X 信号相对 AB 系统处于更高场而非更低场，它可能反过来会与其他质子耦合扩大自旋体系，使得其比 ABX 系统更为复杂。

对于一个与手性中心相邻的亚甲基的非对映异位氢，信号分离是十分常见的，如化合物 **43** 和 **47**；但手性中心更远甚至不存在时，信号分离也相当普遍地被观察到。在二乙醇缩乙醛化合物 **48** 中，两个乙氧基是对映异位的——将其中一个乙氧基用其他基团代替后，与用相同基团取代另一个乙氧基所得化合物互为对映异构体。但是乙氧基上的亚甲基氢是非对映异位的，即使整个分子是非手性的。对于其中一个氢原子，比如前方乙氧基的一个氢标记为 H_a，用其他基团取代将得到一个非对映异构体，而另一个氢 H_b 被取代后将得到一个不一样的非对映异构体。相同的现象也会出现在另一个处于后方的乙氧基对应的部分，此时所得的两个非对映异构体将与前两个互为对映异构体。因此，H_a 和 H_b 既不是化学等价的也不是磁等价的，但两个 H_a 既是化学等价的也是磁等价的，两个 H_b 也是如此。二乙醇缩醛中的乙氧基，如手性酯 **47**，常离不对称源太远，使得非对映异位的两个氢振动频率相同，所得到的是一个在乙氧基常见位置出现的四重峰。而在这个例子中给出的信号是一复杂且高度对称，但是可以理解的一组峰，其范围处于 δ 3.85～3.68，在图 3.32 中给出放大的图像。它由一对相互耦合的 dq 峰组合而成，对应的化学位移为 δ 3.81 和 δ 3.73，且在二重峰组成部分显示出较强的"屋顶效应"（J_{ab} = 9.6 Hz），相对较小的耦合常数（J_{aMe} = J_{bMe} = 7.2 Hz）则是与甲基耦合所得。对于图 3.31 所述的 ABX 系统，此处的耦合常数是近似的，外侧峰的精确分离为 3J_{aMe} + J_{ab}。

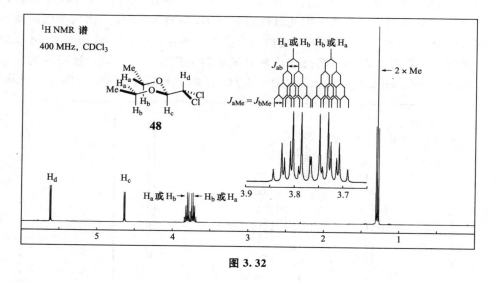

图 3.32

3.8 ¹H-¹H 远程耦合(⁴J_{HH},⁵J_{HH})

四个或更多的键的耦合通常称为远（长）程耦合。耦合常数自然相当小，很少超出 0～

3 Hz 的范围。一般在两种情况下耦合常数处于这个范围的较高一端：一种是在不饱和体系中，当双键定域后其 π 系统与 C—H σ 键重合，如烯丙基、丙二烯和炔丙基系统（**49～51**）。在 **49** 中两个不同的烯丙基的耦合相差太小，以致不能准确地归属几何构型。高烯丙位耦合也有时能分辨（$^5J_{HH} = 1～2$ Hz），但是这仅限于当烯丙位 C—H 键与双键重叠的情况，如在 **52** 和 **53** 中所示的烯丙基和丙二烯部分结构。当 C—H 键刚性较强并且双共轭时，远程耦合也会产生显著高的耦合常数，如 1,4-环己二烯 **54**。

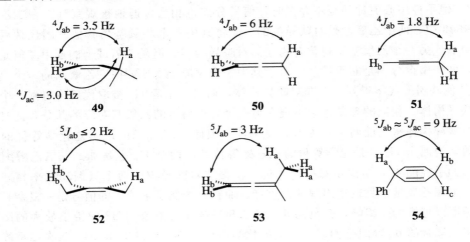

如图 3.33，把巴豆醛 **55** 其 α-氢 H_b 在 δ 6.16 的信号作为烯丙基耦合的例子。H_b 与烯基处 β-氢 H_c 邻位耦合（$^3J_{bc}$），其耦合常数为 15.6 Hz；同时还与醛氢 H_a 耦合（$^3J_{ab}$），耦合常数为 7.9 Hz，接近前者的一半。因此所得的 α-氢 H_b 呈现为 dd 峰，由四个间距基本相等的峰组成。但由于它同时可以与烯丙基处的三个甲基氢耦合（$^4J_{bMe}$），使得每个 dd 峰裂分为四重峰，其耦合常数为 1.6 Hz。将分子内所有氢的裂分耦合都计入后，该质子的信号可描述为：δ 6.16（1 H，ddq，J 15.6、7.9 和 1.6 Hz）。剩下的信号也可相应匹配：醛基氢 H_a

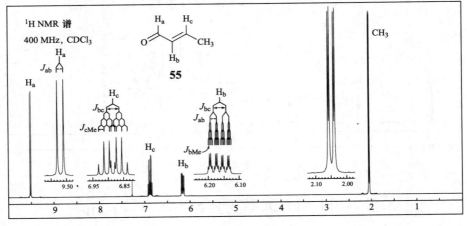

图 3.33

为双重峰 δ 9.52，与 α-氢为 ^3J 耦合，耦合常数为相同的 7.9 Hz；β-氢的信号在 δ 6.89，位于 α-氢的低场，为 dq 峰，对应耦合常数为 15.6 和 6.9 Hz；甲基氢则为 dd 峰 δ 2.05，对应耦合常数为 6.9 Hz（与 β-氢耦合）和 1.6 Hz（与 α-氢 H_b 烯丙位耦合）。

第二种常遇到的远程耦合则是在刚性的饱和体系中。四键耦合（也称 W 耦合）通常出现在四根键采取平面 W 形排列时，比如在刚性的环己烷 **56** 中粗线强调的 1,3-二平伏键的两个质子以及二环[2.2.1]庚烷 **57**。同样，当 σ 键的重叠特别有利时耦合常数有异常高的数值，如二环[2.1.1]己烷 **58**。W 耦合在不饱和体系中也会出现，比如苯环结构 **59** 中常常会分辨出的间位耦合。但是对位之间的五键耦合通常是分辨不出的。

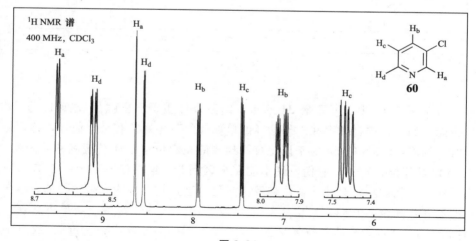

以图 3.34 中 3-氯吡啶 **60** 为例来看芳香体系中的远程耦合。如果忽略其他精细耦合，邻位耦合导致 H_a 为单峰，H_b 为双重峰（^3J = 8.3 Hz），H_c 为 dd 峰（^3J = 8.3 Hz, 4.6 Hz），H_d 为双重峰（^3J = 4.6 Hz）。但每个信号都被间位耦合裂分，H_a 被 H_b 裂分（^4J = 2.4 Hz），H_b 被 H_a 和 H_d 裂分（^4J = 2.4、1.5 Hz），H_d 被 H_b 裂分（^4J = 1.4 Hz）。甚至 H_c 也显示出不太明显的对位裂分（^5J = 0.7 Hz），尽管它在 H_a 中没有分辨出。

图 3.34

如果远程耦合出现但难以分辨，将导致单纯的谱线展宽。本章前面用到的几张谱图中出现过这种现象——如图 3.6 中酯 **1** 的谱图：甲氧基的三质子峰相对两个芳香甲基的六质子峰更高。当然，其信号面积的积分比值为 3∶6；但若信号峰扩大了，我们可以观察到 C—Me 信号的半峰宽应当比其甲氧基氢对应的要大。C—Me 信号变宽是由于该氢与 C-2 和 C-4 的氢产生了与烯丙位耦合相似的 ^4J 耦合。相似地，我们可以了解到图 3.17 中二苯乙醛

31 中 H_a 的二重峰峰宽较大，而醛氢给出了一组尖锐二重峰，是由于 H_a 与芳香基团邻位的四个质子产生了微弱的耦合导致的。

随着 NMR 仪器不断发展，对远程耦合的解析越来越多地导入到了简单的分析。图 3.35 所示的泛解酸内酯 **61** 的谱图是一个很好的例子。H_a 和 H_b 组成的 AB 系统很明显的耦合常数为 9.1 Hz（δ 4.05、3.90）。H_b 的二重峰相对于 H_a 尤其矮且宽，在上面的放大图中可以看出来。相似地，两个甲基的单峰中高场的相对低场的更矮且宽；显然 H_b 与 Me_a 是有耦合作用的。图 3.35 中 H_b 信号上面的放大图是用常规方式得到的谱图，下面的放大图则是由另一张谱优化了采集和处理过程后的结果，将其与 Me_a 的耦合常数为 0.6 Hz 的 ^4J 耦合结合后，使得每个二重峰显示出四重峰。该分子最优势构象中 H_b 会与反式的 Me_a 中的一个质子形成 W 形排列。由于甲基可以自由旋转，观察到的耦合常数会相对小于其最大值，因为甲基中的三个氢在任意时间时只有一个能形成 W 形排列，从而使得对该谱图的解读更为正确。

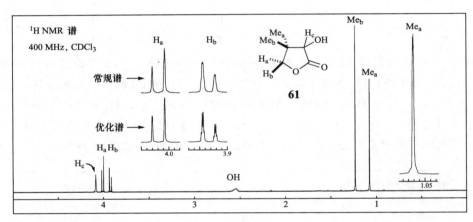

图 3.35

　　　同样，对于图 3.17 中二苯乙醛 **31** 的谱图的芳香区质子，也就是"迷惑区信号 δ 7.5～7.0"中，也能看到远程耦合的存在。像这样的单取代的芳环通常有重叠信号，特别是当取代基为烷基时。的确，ChemDraw 对于该化合物预测的化学位移顺序是正确的，间位 δ 7.33，对位 δ 7.26 以及邻位 δ 7.23，它们也许不能完全区别开。但由醛基和另一个芳基所产生的各向异性导致的空间效应将会使化学位移发生变化，这是软件不能完全解决的。事实上该三个信号有所展开：间位 δ 7.41，对位 δ 7.34 以及邻位 δ 7.26。为了使结果更直观，我们将其放大至图 3.36。邻近耦合使邻位氢呈二重峰，间位氢为 dd 峰或者三重峰（取决于两耦合常数是否相等），而对位氢则是强度为一半的三重峰。然而吡啶 **55** 中的 H_c 有两个很不相同的邻位耦合常数，越对称的苯环通常具有两个相同的耦合常数，所以在醛 **31** 中 $^3J_{om}$ 和 $^3J_{mp}$ 的值均大约为 7 Hz。但除了**邻位**耦合之外，信号的精确结构源于间位耦合，以及可能的对位耦合。因此，由于**邻位**质子的耦合，**对位**质子的两氢信号三重峰的每一个峰又被再一次分裂成精细的三重峰，耦合常数 $^4J_{op}$ 大约是 2 Hz。间位质子的四氢信号的精细结构可能源于对位的耦合，因为间位氢以邻近耦合和远程对位耦合两种方式与邻位氢耦合。也有可能是由于对邻位或者对位氢的耦合常数的不完美匹配造成的。对于多余的谱线还有另外一种解释，在下文会讲到。

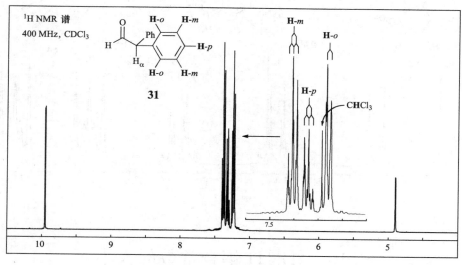

图 3.36

3.9　一级耦合带来的偏差

　　目前为止，我们对谱图的解读还没有偏离一级近似很远；我们仅仅是在当化学位移之差与耦合常数接近时，增加了一些修饰以及一些谨慎的提示，即谱线的位置也许不能严格地使我们测量耦合常数。然而当涉及一些自旋时，一级近似可能会遇到较大程度的失败，如图 3.36 谱图观察所示。在多质子旋转系统，尤其是对于每个芳环的邻位、间位有重复质子的体系，如醛 **31**，一级分析并不总是足够的。通常可以识别一些基本的图形——带有较强"屋顶效应"的两个三重峰和一个二重峰——但额外的峰并非在所有情况下都少见。它们源于许多填入多质子系统的能级，在一级分析中许多跃迁均没有考虑（能级的讨论见第 4 章）。有适当的理论处理可以解释这些谱图和下面的描述，但这不是一级分析所能办到的。目前，我们只需要知道一些裂分模式，仅仅用一级谱图和简单的解读是不易理解分析的。图 3.37 的三个例子可以很好地诠释这些模式。

　　图 3.37(a)给出了对位双取代苯的特征谱图。我们可能预期对溴苯乙醚 **62** 的芳香氢呈现为 AB 图形，尽管或多或少存在额外的谱线，明显存在于两个等价的邻位氢和两个等价的对位氢的二重峰内侧。这是 AA′BB′ 系统的一种。另一种由图 3.37(b)的 1,4-二苯基丁二烯 **63** 给出，两者十分相似。3,3-二甲基丁胺 **64** 有一对相邻的没有其他耦合的亚甲基，我们预期的图形应该为 1∶2∶1 的三重峰，因为这样的系统通常如此，然而该模式被诱导为图 3.37(c)所示的图谱。虽然它与一对三重峰有类似之处，但明显更为复杂一些，中间的峰有裂分（H_b 低场方向的斜线是氨基质子的宽峰信号的肩峰）。

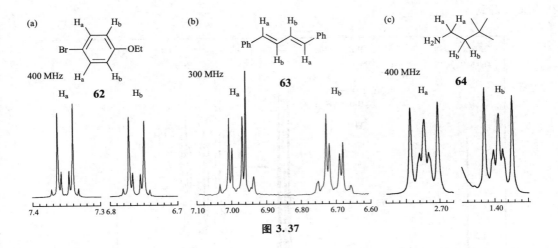

图 3.37

3.10 ^{1}H-^{1}H 耦合常数的大小

目前为止，我们已经看到过各种不同大小的耦合常数，大到 17.7 Hz，小到 0.6 Hz。下面我们来考虑影响耦合常数 J 大小的最重要因素。一个核的磁取向信息通过电子干预来传递给另外一个核。信息的传递取决于包含电子重叠的轨道的程度，以及干涉轨道的数目。通过粗略的估算，干涉轨道的相互作用数目直接影响到耦合常数的符号和大小。

耦合常数可以为正的，也可以是负的。尽管这对谱图的呈现没有影响，但却改变了结构变化对耦合常数量级影响的方式。为了更好地理解为什么耦合常数可以为正也可以为负，我们需要更仔细地观察耦合的能级。对于氢气 H_2，有三种不同的能量排布：最低能级为两个核 H 和 H'同向；最高能级是两者皆反向；两者之间的中间能级是核的各自方向相反而相互间等价[图 3.38(a)，向上的箭头表示核磁对外磁场响应在低能量方向，向下的箭头表示核磁对外磁场响应在高能量方向，更高能量级别的用垂直向上的代替]。仪器测量的跃迁是其中一个核的取向从 N_β 变为 N_α 态，如图 3.1。在图 3.38(a)中一共有四种跃迁，用 W 标示，它们的能级差相等。接收线圈检测到的信号只有一个，给出的结果为一个峰且无耦合。

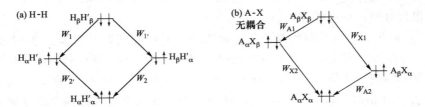

图 3.38

现在我们对两个不同的原子 A 和 X 进行讨论，其能级排布与上述类似，但此时中间的两个能级能量不相同，一个与 A 同向而另一个与 X 同向[图 3.38(b)]。A 可对应为 ^{13}C，X 可视为 ^{1}H，但该示意图可对任何 AX 体系使用。如果没有相互耦合($J = 0$)，如当核离得很

104

远，$A_\alpha X_\beta$ 能级会相对中点更加高，而 $A_\beta X_\alpha$ 能级则更低。同样，在这里面会有四种跃迁，两个关于 A 等价的用 W_A 表示，两个关于 X 等价的用 W_X 表示，每个给出一个峰。

另一方面，如果两个核直接键合，它们之间会相互影响。A 自旋会对 s 轨道中的一个干涉电子的自旋产生抵抗作用（只有 s 轨道在核附近有电子分布）；该电子与另一个 s 成键电子成对。在系统的最低能量分布中，A 和 X 核均与成键电子自旋成对，其相互作用最强（如图 3.39 右侧）。结果在最低能量分布时，A 和 X 核是相反的。反之，当这些自旋一致时，系统能量升高。因此，当 A 和 X 核平行自旋时两个能级升高，如果自旋相反则两个能级降低（图 3.39）。因此，一共有四个新的能级，四个不同的跃迁，W_{A1}、W_{A2} 和 W_{X1}、W_{X2}，故 AX 谱图中有四个峰，A 信号对应一个二重峰，X 信号对应一个二重峰，峰的分离度是相同的，因为 $(W_{A1} - W_{A2}) = (W_{X1} - W_{X2}) = J_{AX}$。因此，每个能级的升高降低程度为 $J_{AX}/4$。当然，还有更多复杂的这类谱图需要分析超出 AX 体系的自旋相互作用，甚至更复杂的不属于一级谱图分析范围的例子。

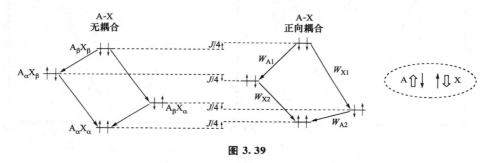

图 3.39

如果不是直接成键相连，A 核和 X 核是由两个化学键隔开的，s 电子的信息传递则导致两个核平行以处于低能量排布，与图 3.39 中处于高能量排布的相反。图 3.40 右侧的这个模型阐述了这个观点，并指出核在高能量排布时会反平行。由于 A 和 X 的自旋相互作用，如今使得最高和最低能级都降低，而中间的能级升高。如果耦合常数与图 3.39 的一致，A 核的两种转换，W_{A1} 和 W_{A2} 与之前的大小一样，但是换了位置，W_{X1} 和 W_{X2} 也类似。谱图的呈现不会有所改变，但耦合常数为负数。

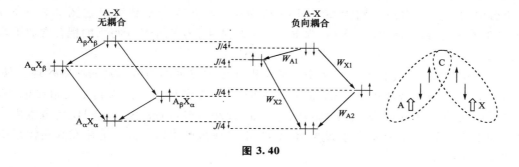

图 3.40

通常来说，尽管不总是如此，一键耦合 ^1J 和三键耦合 ^3J 更多的符号为正，而二键耦合 ^2J 和四键耦合 ^4J 符号为负。有了这些理解后，我们可以分别讨论二、三、四键耦合中耦合常数的影响因素。

3.10.1　邻位耦合($^3J_{HH}$)

106

二面角：耦合是受键合骨架的轨道相互作用影响的。因此它取决于轨道的重叠情况，即涉及相关化学键的二面角。二面角和邻位耦合常数 ^3J 的关系由 Karplus 方程在理论上给出：

$$^3J_{ab} = J_0\cos^2\phi - 0.28 \quad (0° \leqslant \phi \leqslant 90°) \tag{3.10}$$

$$^3J_{ab} = J_{180}\cos^2\phi - 0.28 \quad (90° \leqslant \phi \leqslant 180°) \tag{3.11}$$

其中 J_0 和 J_{180} 是取决于碳原子上的取代基的常数，ϕ 为二面角，如图 3.41 所示。

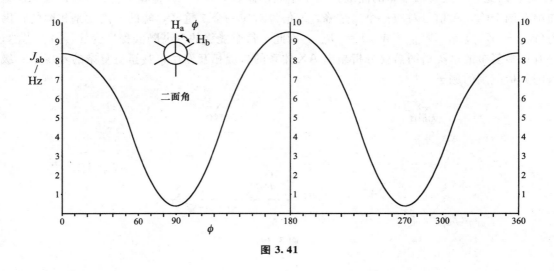

图 3.41

图 3.41 给出了 $J_0 = 8.5$ 和 $J_{180} = 9.5$ 时的 Karplus 方程图形。当没有更好的估算方法时，将其作为标准值是可取的。实验上观测的耦合常数很好地符合这个关系，但并非总是很容易选取 J_0 和 J_{180} 的数值。需要重点注意的是，耦合常数在二面角为 180°时为最大值，换句话说，当两个氢为反式交叉时，轨道重叠是最有效的；当二面角为 0°时耦合常数则稍微小一点，即它们为顺式共平面时；而耦合常数最小时，二面角为 90°，其轨道是正交的。在一个乙基中，键的自由旋转使得邻近的氢可以经历所有角度，但是它们通常在交叉构象中停留大部分时间，其二面角分别为 60°、180°和 300°。乙基耦合常数可以在图 3.21～3.23、3.25 和 3.32 中看到，皆接近 7 Hz，与 Karplus 方程对于这三个角所得出的耦合常数平均值很接近。

在平均化不可能发生的刚性体系中，通常得到更大或更小的值。例如在刚性环己烷 **65** 中，直立键-直立键耦合常数 J_{aa} 通常很大，在 9～13 Hz 范围内，因为其二面角接近 180°，直立键-平伏键和平伏键-平伏键耦合常数 J_{ae} 和 J_{ee} 要小得多，通常为 2～5 Hz 的范围内，因为其二面角接近于 60°。在纽曼投影式 **66** 和 **67** 中二面角更明显，但要记住在真实体系中键角并非都是完美等分的。

65　　　**66**　$J_{aa} = 9\sim13$ Hz　　**67**　$J_{ae} = 2\sim5$ Hz　$J_{ee} = 2\sim5$ Hz

尽管如此，这些良好的或相对刚性体系中的差异大到足以作为对化合物立体化学指认的有效工具。环戊烷的构型较难预测——顺式耦合常数有时比反式要高但有时又较低，使得用耦合来指认五元环的立体化学变得不可靠。

现在我们知道为什么图 3.31 中 ABX 系统的邻近耦合常数不一样了。乙酰琥珀酸酯主要采取构象 **68** 和 **69** 使羰基基团尽可能离得远，而第三种邻交叉构象 **70** 明显不太有利。在构象 **68** 中，H_a 和 H_b 二面角为 180°，耦合常数较大，而 H_a 和 H_c 二面角为 60°，耦合常数较小。在另外一种构象 **69** 中这些关系反之。只要这两种结构中的一种比另一种更占优，其耦合常数会有不同。它们有相近的值，8.3 和 6.3 Hz，说明两个结构都占优，但不等同。

68　　　　　　**69**　　　　　　**70**

改进过的 Karplus 方程可以用于烯烃的邻位耦合，其数值有轻微的变化，但结论是相同的。在反式双键 **71** 中存在 180° 的二面角，其耦合常数很大；而顺式双键 **72** 中有 0° 的二面角，其耦合常数相对较小。这解释了图 3.29 丙烯酸甲酯 **42** 中出现的耦合常数 17.2 和 10.8 Hz 的差异。

71　J_{ab} (trans) $= 12\sim18$ Hz　　　**72**　J_{ab} (cis) $= 7\sim11$ Hz

正电性和负电性元素的存在：负电性元素直接与同一个碳原子相连时，相邻耦合质子的耦合常数减小，因为它降低了用来传递耦合信息的电子云密度。正电性元素则增大耦合常数。对于自由旋转的碳链，这个效应相对较小（**73**～**75**）。负电性元素的影响是有累积性的，我们可以从图 3.32 的乙酸酯 **48** 中看到，H_c 和 H_d 之间的耦合常数，由于两个负电性取代基使得其耦合常数降低为 5.2 Hz，尽管这两个氢有可能保持反式共平面，但在结构 **73**～**75** 中均不是。

73　$^3J = 6.0$ Hz　　**74**　$^3J = 7.3$ Hz　　**75**　$^3J = 8.4$ Hz　　**48**　$^3J = 5.2$ Hz

对于图 3.17 和图 3.32 中的二苯乙醛 **31** 和丙醛 **36**，醛基中氧原子的存在可以解释醛中相邻质子的耦合常数较小的原因，其耦合常数分别仅为 2.5 和 1.3 Hz。另一方面，在图 3.33 中巴豆醛 **55** 耦合常数有 7.9 Hz。其原因是负电性元素的作用在某种程度上被不饱和系统的共平面性抵消，使得醛氢 H_a 和 α-氢 H_b 基本保持为反式共平面。当负电性元素与其中一个氢保持严格的反式共平面（**76** 中的粗线），则该效应增大。因此，当 X(OH, OAc 或 Br) 为直立键 **76** 时 J_{ae} 仅为 (2.5±1) Hz，当 X 为平伏键 **77** 时为 (5.5±1) Hz，尽管两者的二面角都接近 60°。在双键上，反式共平面和顺式共平面氢都有影响。在氟乙烯 **78** 中，相对于丙烯 **79** 而言负电性元素氟使得顺式和反式的耦合常数均大幅降低，而正电性元素则有相反的效果。乙烯锂（**80**，X = Li）的顺式耦合常数甚至比普通的反式耦合常数值还要高，其本身的反式耦合常数值则更高。

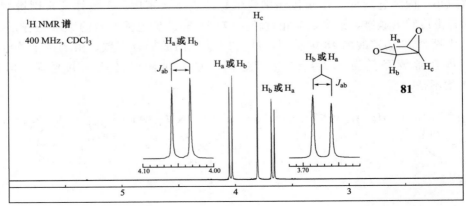

我们可以在图 3.42 中看到一个负电性元素降低耦合常数的极端例子。3,4-环氧四氢呋喃 **81** 有一个对称面，因此只给出了三种共振：甲基氢 H_a 和 H_b（δ 4.04 和 3.68）的 AB 体系（未必是各自的），其耦合常数为 10.4 Hz；次甲基 H_c 的尖锐单峰，化学位移为 δ 3.81。H_a 和 H_c 的二面角接近 90°，所以两者之间没有耦合也很正常。但是，H_b 和 H_c 的二面角在 0°~30° 之间，根据 Karplus 方程我们预期其耦合常数在 6~8 Hz 左右，而事实上耦合的唯一标志是高场信号的微弱宽峰。最主要的影响是与 H_b 呈反式的环氧的氧原子，同时角张力也对耦合的消失有贡献。

图 3.42

角张力：在碎片 **82** 中，轨道重合，因此 ^3J 随 θ 和 θ' 的增大而减小。这种作用在环状烯烃 **83~86** 中的烯烃质子间的**顺式**耦合常数上最为显著。随着环的扩大，耦合常数增大。因此可以通过耦合常数用于在含有双键的环体系中分辨环大小，对应得到三元环到六元环的结果。

$$
\begin{array}{cccc}
0.5\sim2.0\ \text{Hz} & 2.5\sim4.0\ \text{Hz} & 5.1\sim7.0\ \text{Hz} & 8.8\sim10.5\ \text{Hz} \\
\textbf{83} & \textbf{84} & \textbf{85} & \textbf{86}
\end{array}
$$

键长依赖：在其他因素相同的情况下，双键比单键要短，邻位的重叠性更好，耦合常数相对更大。因此，环己二烯 **87** 对于所有相邻的烯烃 C—H 键有相同的二面角；但跨越双键的耦合常数比跨过中间单键的还要大。开链二烯如丁二烯 **88** 主要以 s-trans 构象存在，并且中间体的耦合常数要更大，但没有双键的反式耦合常数那样大。

$$
\begin{array}{ccc}
\textbf{87} & \textbf{88} & \textbf{89}
\end{array}
$$

芳香化合物的碳碳键长在通常的单键和双键之间。结果是邻位耦合常数通常会比顺式烯烃耦合的耦合常数小：苯环大约为 7~8 Hz 而环己烯为 8.8~10.5 Hz。我们可以看到芳香化合物的一些代表性数据，如图 3.17 所示二苯乙醛 **31** 的谱图，其苯环邻位耦合常数接近于 7 Hz，在图 3.34 中 3-氯吡啶 **60** 邻位耦合常数为 8.3 Hz 和 4.6 Hz，后者相对较小是因为与负电性元素氮相邻。相反，烯烃如图 3.24 中烯丙基溴 **37** 和图 3.29 中丙烯酸甲酯 **42** 的顺式耦合常数分别为 10.0 和 10.8 Hz。多环芳香体系有许多不等的键长，因此有许多不等的耦合常数，如萘 **89**。

本章最后的表 3.29 和 3.30 总结了一些常见的邻位耦合常数。

3.10.2 偕二耦合($^2J_{HH}$)

偕二耦合只有在两个氢连在同一个碳上且有不同的振动频率时才会出现。但是，其耦合常数是可以测定的，甚至在甲烷等分子中，通过引入氘原子，从而测得 HD 的偕二耦合常数。其氢-氘耦合数值与氢-氢耦合的关系式如下：

$$J_{HH} = 6.5 J_{HD} \tag{3.12}$$

该公式可以适用于所有耦合，包括偕二耦合和其他耦合。

相邻 π 键：简单的碳氢化合物的 ^2J 耦合常数，如甲烷 **90**（用部分氘代的甲烷测量）为 −12 Hz。当 C—H 键可以与相邻 π 键重叠时，如甲苯 **91** 和丙酮 **92**，轨道重叠被邻位 π 键促

110

进，耦合常数更负，绝对值更大。当与羰基的 π 键超共轭时对耦合常数的影响要比与简单的 C═C 双键时更为明显。甲苯 **91** 中耦合常数为 -14.3 Hz 而丙酮中为 -14.9 Hz。甲苯和丙酮中的甲基是可以自由旋转的，所测得的耦合常数值是所有相关构象中偕氢耦合的加权平均值。在刚性结构中，尤其是环状体系，当其体系能够保持最优重叠的构象时，一个 C—H 键在 π 键之上，一个在其下方，通常可以达到 -16 或 -18 Hz，在醚 **47** 中偕二耦合常数达到了 -17.7 Hz。如果超共轭重叠是关于夹着亚甲基的两个双键时，耦合常数可以接近 -20 Hz。

90   **91**   **92**

相邻的负电性元素：与作为吸电子基的 π 键相反，与亚甲基直接相连的负电性元素作为一个 π 给体对应 C—H 键，把电子给至其 C—H 键反键轨道 σ^* 上 **93**。耦合常数变得更正，即绝对值变小，如泛解酸内酯 **61**，其偕二耦合常数为 -9.1 Hz。

93   **94**

相反，由于 **92** 中羰基的氧原子使羰基碳的 π 轨道比甲苯 **91** 中对应的碳原子更缺电子，丙酮 **92** 的偕二耦合常数稍大。通过连接耦合质子的键的吸电子性使耦合常数的数值变小的规律在这里仍然适用。因为偕二耦合常数为负数，负电性的氧原子会增大 CH_2CO 基团中的偕二耦合常数的大小，而减小如 CH—CH—O 基团中的正的邻位耦合常数的大小。

角张力：H—C—H 角度的增加使 ^2J 更正，即绝对值更小，如环氧化合物 **43** 中偕二耦合常数在环内为 -2.6 Hz，而环外的侧链亚甲基为 -12.2 Hz。这个影响在端烯 **94** 的亚甲基中更为明显，其角度接近 120°，耦合常数接近 0，丙烯酸甲酯 **42** 中偕二耦合常数仅为 -1.2 Hz。这个耦合还取决于 π 键另一端的取代基的性质，负电性元素如氟会使其更负，而正电性元素如锂会使其更正更大。在表 3.28 中，环烷烃的 ^2J 范围中 H—C—H 键角的影响有所体现。

3.10.3 ^{1}H-^{1}H 远程耦合($^4J_{HH}$, $^5J_{HH}$)

烯丙基、W 形和其他类型的远程耦合的耦合常数在之前已经讨论过，主要的影响因素还是干涉键重叠的程度。耦合常数通常都很小，取代基的影响也不是那么明显。最常见的烯丙基耦合，^4J 为负的，但是随着 C—H 键与 π 键重叠程度的改变从最大值(在 0°，如 **49** 和 **50** 所示)到最小值(在 90°)，该值不断增大至 0，随后得到较小的正数。大多数高烯丙基耦合，^5J 是正的。

3.11 线变宽与环境交换

即使没有自旋-自旋耦合，NMR 谱中信号也不是线状的，它们都具有可观察到的、尽管经常很窄的半峰宽。信号有四个常见的变宽原因：未被分辨的耦合、磁场或多或少不可避免的微小非均一性、有效弛豫和环境交换。

3.11.1 有效弛豫

一个核失去能量从高能级 N_β 状态回到低能级 N_α 状态的过程称为**弛豫**（图 3.1）。失去的能量被传递给称为**点阵**的环境。这样，激发前存在的平衡玻尔兹曼分布就可以通过弛豫恢复。如同激发需要辐射频率与核的自然频率相匹配一样，弛豫也需要局部磁场的波动，其分频具有核的自然频率。如果含有这些核的分子在溶液里以接近于核自然频率的速度翻腾（20～750 MHz，取决于核和场的强度），即可以实现。那么，分子翻腾速率为大约 10^8 s^{-1} 时就会促进有效弛豫。这个效应的由来可以通过一个 ^{13}C 核被 ^1H 弛豫的模型来了解（图 3.43）。在图 3.43(a)中，C—H 键的取向与外加磁场 B_0 平行，图中显示 ^{13}C 和 ^1H 的核磁体在这个场之下倾向于采取的取向（能量最低的排列方式），与 ^1H 核磁体相关的磁力线由点线表示，这表明它在 ^{13}C 核的地方加强了外加磁场。当分子在溶液中旋转时，如果使包含有这个C—H 键的分子旋转 $90°$，这时新的键向量的取向如图 3.43(b)所示。与这个核相关的想象中的"磁棒"现在还是指向 B_0 的方向，但是现在 ^1H 核产生的磁力线在 ^{13}C 核处与外加磁场 B_0 相反。因此，当分子在溶液中旋转时，^{13}C 核处的磁场随着这个旋转的频率而波动。如果这个频率中的分频与 ^{13}C 的共振频率接近，那么这个磁场波动就为 ^1H 弛豫 ^{13}C 提供了一个有效的机制。同样道理，一个分子中在空间上相互接近的质子之间也可以相互弛豫，称为**偶极弛豫**。

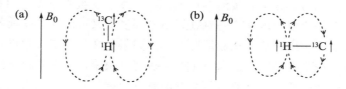

图 3.43

通过偶极弛豫使另一个核弛豫的效率也取决于 r^{-6}，其中 r 是核之间的距离。所以距离较近的 ^1H 核加之相对较慢的翻转而促进弛豫。

有效弛豫对于核磁共振光谱外形的影响是使线变宽，这是海森堡不确定性原理造成的。如果某一状态有寿命 τ_m，那么其能量的不确定性由下式给出：

$$\delta E = h/(2\pi\tau_m) \tag{3.13}$$

由于弛豫速率为 τ_m^{-1}，所以它愈大，δE 就愈大。然而，由普朗克定律 $\Delta E = h\nu$ 可知，能量上的不确定是频率上不确定的充分条件。因此，弛豫愈快，线就愈宽。在分子量只有数百的小分子中，其翻转的频率接近于 10^{11} s^{-1}，这对于引起有效的弛豫来说是太快了，因而NMR 线通常会很尖锐。然而，对于较大的分子，比如分子量是 1000 或者更大，则翻转的频率大约是 10^9 s^{-1} 或者更小（精确的值也取决于溶剂的粘度），NMR 谱线会变宽。进一步地，分子量越大，谱线越宽。

3.11.2 环境交换

对于连接在氧、氮或硫原子上的质子，它的信号的化学位移和形态都是难以预测的。我们在 3.4.2 节中已经看到了氢键程度对它们的化学位移的影响。我们也看到，尽管当时没有讨论，羧酸 **32**（图 3.18）中的羟基氢给出了相当宽的信号峰，已醇 **38**（图 3.25）和泛解酸内酯 **61**（图 3.35）这两种醇给出了宽峰。已醇 **38** 中的羟基氢与与其相邻的亚甲基氢耦合，使之裂分成四重峰。但是在泛解酸内酯中没有出现这个现象，H_c 依旧给出单峰。这种不一致现象产生的原因是，连接在氧、氮、硫上的质子可以与其他 OH、NH 或 SH 基团进行质子交换，或是在相同的分子之间，或是与同样含有可交换的活泼氢的溶剂之间。核磁共振波谱中这些信号的形态受到质子交换速率的影响，也就是说，会受到浓度、温度、溶剂性质以及是否存在酸碱催化剂等因素的影响。当样品浓度很低、格外纯净，或溶剂是 d_6-DMSO 时，交换速率较低，可以观察到 OH、NH 或 SH 质子的耦合。

　　进一步地，如果对于一个醇，例如已醇，其质子交换速率明显快于亚甲基三重峰的三条线之间的频率差（在此情况下是 6 Hz），接收器检测到的羟基质子就只能处于亚甲基质子三种可能核磁排布产生的三种磁微环境的平均之下，给出一个单峰。在非常纯的样品并且是 d_6-DMSO 做溶剂的情况下，质子交换的速率常数低于 6 s^{-1}，此时耦合是可见的；DMSO 中已醇的亚甲基氢信号呈四重峰，OH 氢则给出三重峰；在泛解酸内酯中 H_c 和 OH 基团组成 AX 体系。由于越来越多地采用非常稀的溶液进行 NMR 分析，OH 氢的耦合也越来越可见。同样，胺中的 NH 氢以及 SH 氢的耦合也只有在特殊情况下才可以见到。然而，与酰胺 NH 基团相邻的 CH 基团通常显示出耦合（$J = 5 \sim 9$ Hz），即使在酰胺 NH 呈现宽峰时同样如此，在这种情况下，NH 信号变宽的首要原因不是交换引起的变宽，而是 ^{14}N 核的四级矩造成的 NH 氢的快速弛豫而导致的。OH、NH 及 SH 基团的信号都可以通过加 D_2O 振荡的方式去除（参见 3.4.2 节），除了酰胺的 NH 基团，其质子交换在 pH 2～4 的条件下比较慢。

　　相似地，如果在一个分子内部有一对处于不同环境而又可以互相交换的质子的话，它们给出的信号将被交换速率所影响。在极端情况下，如果交换的速率非常慢，质子会给出各自分开的信号；而在另一个极端时，如果质子的交换速率很快，它们只会给出一条线。在两个极端中间的情况，当交换的速率常数与两个峰的频率差相当时，我们看到变宽的线。在宏观条件下也有类似情况：电影胶片慢放时我们可以看到两个不同环境中的景物，而快速播放的电影胶片则使我们看到的景物处于时间上平均的位置。让我们想象两个分别处于不同环境而又可缓慢进行交换的质子给出的信号，并想象温度在上升。最初我们会看到两个独立的信号 [图 3.44(a)]，然后变宽和平展[图 3.44(b)和(c)]，接着相互接合[图 3.44(d)]，融合成一个峰之后再变尖锐[图 3.44(e)和(f)]，最后变成一个单独的窄线。

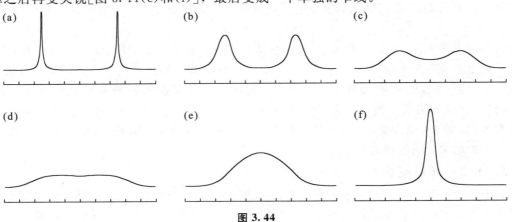

图 3.44

当处于两种环境状态的分布是均等的，并且核没有耦合的时候，在使两个峰相互接合的温度[图 3.44(d)]下的交换速率常数(s^{-1})由下式给出：

$$k = \frac{\pi \Delta \nu}{\sqrt{2}} = 2.221 \Delta \nu \tag{3.14}$$

其中 $\Delta \nu$ 是最初两尖峰之间的频率差。因此，NMR 谱可以用来测量速率常数，只要这些事件发生的速率是适当的，得到的速率常数常笼统地称为 **NMR 时标**。

例如，二甲基甲酰胺 **95** 的 ^{1}H NMR 谱，在室温下测量时在 δ 3.0 和 2.84 显示两个尖锐的 N-甲基基团的单峰。这是因为氮原子孤对电子和羰基 π 键之间的 π 交叠(**95** 中的箭头)减缓了这个键的旋转。然而，当加热时，两个峰变宽并且融合，如图 3.44 所示。

$$\delta 3.0 \longrightarrow Me \quad \overset{H}{\underset{N}{\text{N}}} \quad O$$

$$\delta 2.84 \longrightarrow Me$$

95

在 60 MHz 的老仪器上测得其接合温度(T_c)为 337 K，通过这个观测我们可以用下式计算该温度下旋转的活化自由能：

$$\Delta G^{\ddagger} = RT_c \left(23 + \ln \frac{T_c}{\Delta \nu} \right) \tag{3.15}$$

其中 T_c 为热力学温度，R 是摩尔气体常数。对于这个分子，活化能是 74 kJ·mol^{-1}。然而讽刺的是，在今天进行这个实验反而更加困难，因为在 400 MHz 的仪器上，接合温度会达到将近 360 K，不方便进行实验。

3.12 改善 NMR 谱

3.12.1 改变磁场的效应

核磁共振波谱仪可以有不同的磁场，常用的有 200、250、300、400 和 500 MHz 以及一些其他频率的仪器(数字表示的是质子的共振频率)，并且逐步引入更高场的仪器。高场仪器有一些巨大的优点，所以尽管超导电路和支持维护的成本较高，仍然被广泛迅速地使用。当磁场改变时共振频率也改变，但化学位移值 δ 并不变。这意味着，比如 $\delta = 2$ 和 $\delta = 3$ 的差别在 200 MHz 仪器上是 200 Hz，而在 400 MHz 仪器上是 400 Hz(记住 δ 用 ppm 表示)。耦合常数不随磁场改变，但是它们在谱图上的形状会变。例如一对耦合常数为 18 Hz 的双峰在 60 MHz 仪器的谱图中占据了 δ 上 1 ppm 区域的 30%，而在 400 MHz 仪器中只占 1 ppm 的 4.5%。这意味着，在低场核磁仪上测得的重叠的多重峰在高场仪器上很可能不重叠，即多重峰有效地变窄了。在高场仪器上测得的谱更有可能是一级谱图，信号更容易辨认，并且未被分辨的信号也会从亚甲基信封中被辨认出来(当一个分子中含有几个相似的亚甲基时，一个宽的、强度较大而且完全无法分辨的信息会出现在 δ 1～2 之间，它被称为亚甲基信封)。这种效果可以是很显著的，比如从阿司匹林 **96** 在两台不同仪器上打出的谱图(图 3.45)可看出。

图 3.45(b)显示的是用 60 MHz 老仪器测得的芳香区域，四个不同的质子均相互耦合，

产生一个除了 H_a 之外用一级近似无法分析的谱。图 3.45(a)显示了在 400 MHz 仪器谱图上的相同部分，这时信号清楚地分开并且很容易分析。由此很明显地可以看出，为什么旧的 60 MHz 仪器在今天已经完全被高场强仪器所替代。

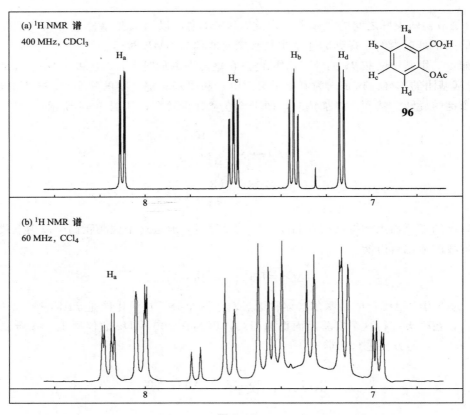

图 3.45

高场强仪器的第二个优点是它们具有更大的灵敏性，因为在高场强中，两个自旋状态之间的能量差变大了，处于不同自旋状态 N_α 和 N_β 的核的数目的差异更大了。随着工程师们可以设计和制造越来越高场强的仪器，测量所需要的量也可以越来越小，这对于 ^{13}C NMR 而言至关重要，因为低灵敏度和低自然同位素丰度一直掣肘其应用。

高场强仪器带来的第三个区别是 NMR 时间量程的改变，但不完全是优势，可以用核磁谱来研究的动态过程的速率范围发生了变化。

3.12.2　位移试剂

图 3.25 示意正己醇 **38** 的谱图，六个相似环境的质子信号重叠在 δ 1.35～1.18 之间的亚甲基信封，即使在 400 MHz 谱中也不能辨识信号的多样性。对于大分子来说，信号经常重叠是更严重的问题，导致有用的信号被隐藏。加入位移试剂可以使这种情况发生显著改变。位移试剂通常是一种稀土金属的 β-二羰基络合物，最为普通的是 Eu(dpm)₃ **97**、Eu(fod)₃ **98**（M = Eu）和 Pr(fod)₃ **99**（M = Pr）。这些络合物是温和的路易斯酸，它们本身会吸引碱性部位，比如羟基和羰基。它们也是顺磁性的，所以能够大幅地改变它们附近环

境的磁场。结果是有机化合物中与碱性中心相近的质子的信号会移动。使用下面两种铕试剂时化学位移向低场迁移，但是使用镨试剂时化学位移向高场迁移。当角度改变时，化学位移变化会随着与金属中心距离的立方的倒数减小。因此，正己醇的谱图会随着 Eu(dpm)$_3$ 的加入而区分开来，在核磁谱图上，可以明显地观察到三个亚甲基为两组五重峰和一组六重峰。

| **97** Eu(dpm)₃ | **98** M = Eu 或 Pr | **99** |

由于在核磁检测时间内，路易斯盐会快速地形成与分解，我们检测到的是未络合的醇与路易斯盐的权重平均，因此并不需要加入等摩尔量的化学位移试剂。但顺磁盐作为化学位移试剂加入的代价会使多重峰的谱线变宽，尽管这对于 100 MHz 或者更低场强核磁仪器来说，信号峰的多重峰还是很清楚的。不幸的是，变宽程度是仪器场强的平方的函数，谱线变宽会使多重峰变得模糊，因此位移试剂对于更高场强的仪器来说用途要相对小一些。

化学位移试剂仍然可用来测量未完全拆分的对映异构体的比例。测定对映异构体比例的传统方法是测量旋光度。但是当某种构型的杂质化合物比其对映异构体比旋光度更大时，就会给测量带来很大的误差。而且这种方法只有在其中一种纯净的对映体的旋光度是已知的情况下才能使用。如果手性化合物存在碱性中心，并且化学位移试剂是一个完全拆分的纯手性化合物，如樟脑衍生物 **99**，那么待研究的对映异构体和手性位移试剂之间存在不同络合常数，并且在络合状态下形成非对映异构体，其核磁信号产生区别。当这种区别足够明显，能够分别准确积分时，这两种对映体的比例就可以通过积分获得。

3.12.3 溶剂效应

溶剂也是一种位移试剂，尽管通常我们不这样称呼。当用极性大的溶剂（如 d_6-DMSO）或者芳香性溶剂（如 d_6-苯或者 d_5-吡啶）代替极性小的溶剂（如氘代氯仿），个别信号峰的化学位移会发生变化，这样就可能避免多重峰的重叠。这种溶剂导致的化学位移变化是由于溶质-溶剂相互作用导致的，虽然这种变化通常是难以预测的（对于 d_6-苯可以粗略地预测）。尽管如此，这种方法仍具有很好的实际应用价值。

光学纯的手性溶剂经常用来测定一对未完全拆分的对映异构体的比例。弱酸性溶剂如氟化醇类化合物 **100** 可以用来测定碱性物质，如胺和手性胺。实际应用中更广泛的是利用能够与两个对映异构体都形成共价作用的手性助剂，通过 NMR 谱来测量非对映异构体的比例。最常用的手性助剂是 Mosher 酸 **101**。由它产生的酯或酰胺在 ^{1}H NMR 谱中甲氧基化学信号非常尖锐并且区分度大，在 ^{19}F NMR 中三氟甲基也很明显。同时由于形成的非对映异构体非常相似，我们甚至可以在碳谱中进行积分，来确定对映体的比例。

3.13　自　旋　去　耦

3.13.1　简单自旋去耦

在前几节中，我们讨论了一个邻位有质子的质子是如何产生多重峰、各种多重峰如何识别以及耦合常数测定的方法。然而对于目前遇到的一些更加复杂的分子，我们希望能够将那些不明显的自旋体系进行配对并且延伸。质子产生信号的多重度以及化学位移往往是显而易见的，但它与其他质子的耦合常数有时难以确定。例如，我们可以根据耦合常数对丙酸乙酯 **33**（图 3.23）的核磁信号进行配对，但不能根据耦合常数对乙酰丁二酸二乙酯 **47**（图 3.31）的四重峰和三重峰进行配对，因为两个乙氧基的耦合常数是一样的。幸运的是，我们可以利用**自旋去耦**技术明确地解决这一问题。

如果在采集一个信号的过程中，质子(或者其他磁性核)周围的核在迅速地变换其自旋状态，那么观察到的结果是它在所有状态影响下的平均值。例如化合物泛解酸内酯 **61**（图 3.35)中羟基质子由于化学交换发生去耦，这种化学交换速率比耦合常数更大。我们还可以用邻近核的共振频率照射它们，同样可以实现去耦，通过该手段可以实现质子去耦的 ^{13}C 谱测试。在那些谱图中去耦是没有选择性的，但是也有可能实现选择性去耦。

我们再来看一下乙酰丁二酸二乙酯 **47** 的谱图中的两个三重峰和四重峰（图 3.31 的非干扰谱在图 3.46 重复)。如果我们测出处在低场的四重峰的共振频率 ν_1，然后在核磁测试时精确地用该频率的波辐射样品，那么该亚甲基的自旋状态会迅速发生改变。我们就会观察到原来的四重峰变成一个变形的单峰(在单峰左右 0.08 ppm 处分别有边带，如图 3.46 左侧放大部分所示)。原本亚甲基对邻位甲基的耦合被"关闭"，甲基的共振频率仍是 ν_2，但由原来三重峰变为单峰(如图 3.46 右侧放大部分所示)。这样我们就可以准确地判断出亚甲基低场的四重峰与甲基低场的三重峰是相关联的。用频率为 ν_1 的波辐射对其他信号基本没有干扰(例如，图 3.46 中放大部分的信号来自于其他的亚甲基、H_a 和其他的甲基)，因为与其他质子没有明显的耦合作用。但这个方法存在一个局限性：要研究的信号峰在化学位移上必须有足够大的差别。对于所示酯化合物 **47**，我们研究的 ν_1 和 ν_2 差别很大时没有问题，但处在低场的四重峰与其他亚甲基处于高场的四重峰差别较小。幸运的是，我们还可以利用这个较小的差别做实验。但对于更加接近的两组三重峰，几乎不能采用这种方法。对于这种方法，当辐射的核是同一种(例如^{1}H)时，该方法称为**均核去耦**；当辐射的核是不同种时，称为**异核去耦**。

这种方法适用于各种多重峰研究。例如对于 dd 峰，当辐射其中一个质子的共振频率时，dd 峰变为双峰。当一些耦合关系不确定时经常用到此方法。对于一些更加复杂的分子，也可以陆续用各自的频率去分别辐射各个质子，来观察哪些峰发生去耦。这样能够得到分子中不同质子的各种耦合关系。目前更为普遍的是通过 COSY 谱图来获得详细的耦合关系（详见 3.19 节）。

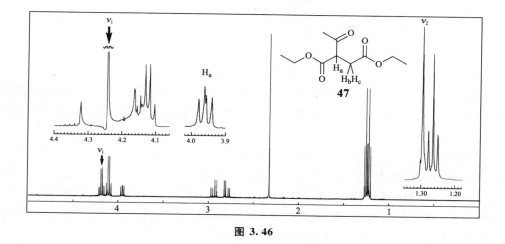

图 3.46

3.13.2　差谱去耦

利用选择性的去耦方法可以寻找到隐藏的信号。图 3.47(c)显示了甾体化合物 **102** 谱图中亚甲基窄的一部分区域($\delta 1.14 \sim 0.9$)。这个信号包含了四个质子形成的多重峰，其中包括 $H_{7\alpha}$。当我们辐射比图 3.47(c)的信号更低场的 $H_{6\alpha}$ 信号时，$H_{7\alpha}$ 部分去耦，得到新的谱图 3.47(b)。新的多重峰同之前一样难以分析，但是由于这些谱图都是以数字化形式存在于计算机中，我们可以从去耦谱图(b)减去原先的谱图(c)，结果得到谱图 3.47(a)。幸运的是，其他的三个质子没有和 $H_{6\alpha}$ 耦合，因此去耦对它们没有影响，扣除可以将它们从信号中除去，仅留下 $H_{7\alpha}$ 的信号。谱图 3.47(a)中既包含了耦合的，也包含了去耦的。原始耦合的信号向下为 dq 峰，而部分去耦的信号向上为四重峰。显然，$H_{7\alpha}$ 与 $H_{6\beta}$、$H_{8\beta}$、$H_{7\beta}$ 存在相同大小的耦合，形成一个四重峰，耦合常数是 13 Hz；同时又与 $H_{6\alpha}$ 耦合，使得四重峰每条谱线变成双峰，耦合常数是 4.3 Hz。

120

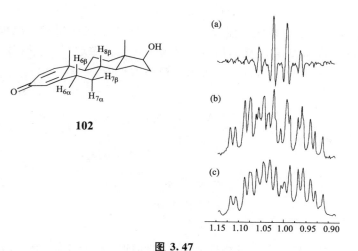

图 3.47

（经允许复制于：J. K. M. Sanders and B. K. Hunter，*Modern NMR Spectroscopy*，OUP，Oxford，1987.）

3.14　核 Overhauser 效应

3.14.1　起源

磁性核之间的相互作用通过化学键导致自旋-自旋耦合作用的发生。这种信息是通过电子相互作用传递的，正如我们从耦合常数与相互作用的键的几何排布之间的依存关系所看到的。

磁性核也可以通过空间发生相互作用，但这种作用并不导致耦合。这种作用体现在当某个核被其共振频率辐射时，另一个核的信号强度会变得比通常更强或更弱。这种作用称为核 Overhauser 效应（NOE 或 nOe）。NOE 只有在短距离（通常 0.2～0.4 nm，即 2～4 Å）内才能被观察到，它的大小与核之间距离的六次方的倒数成正比。这是因为这种相互作用的强弱取决于所观察到的核被照射核弛豫的情况（3.10 节）。

两个核 A 和 X 相互弛豫，但并不耦合，它们的相互作用可以产生四个分布能级[图 3.38(b)]。我们将忽略耦合的复杂情况，因为耦合和 NOE 是分开的，并不会相互干扰。NOE 作用是通过空间传递的，无论是否存在耦合，核都会显示 NOE 效应。

121　　图 3.48 重复了图 3.38(b) 的论证。一对箭头用来描述在外加磁场中 A 核和 X 核的取向。A 核的跃迁用 W_{A1} 和 W_{A2} 表示，X 核的跃迁用 W_{X1} 和 W_{X2} 表示。如果样品是在 X 核的共振频率处辐射，那么 W_{X1} 和 W_{X2} 这两种跃迁就会快速进行。能级(1)或者(2)会随着能级(3)或者(4)的分布水平减小而增多，对应地，能级(1)和(3)的分布水平一致，(2)和(4)的分布水平一致。这时 A 信号的强度没有发生变化，这是因为 A 信号是由(1)向(2)和(3)向(4)跃迁产生的，前者增加而后者对应减少，而这两种跃迁之和是固定的。A 信号强度取决于能级(1)、(3)与(2)、(4)分布水平之差，而这并未改变。然而，还有两种弛豫方式 W_2、W_0，它们不会产生可观测信号，但是会改变四种能级的分布水平。W_2 是一种差别较大的能级之间的双量子过程（两个核的自旋都改变）。对于分子量在 100～400 之间的分子，这种弛豫途径会被频率更高的分子翻转所激发。这种效应导致的结果是能级(4)的分布水平增多，同时能级(1)分布水平相应减小。因此，能级(1)和(3)分布水平之和相对于能级(2)和(4)的分布水平之和是减小的，进而使得 A 核的信号强度增加。当弛豫过程 W_2 相对于过程 W_0 占主导地位时，核 A 的信号强度就会增强，这种效应被称为正的 NOE 效应。

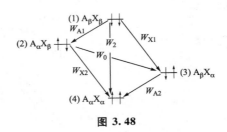

图 3.48

与之不同的是，W_0 是一个能量相近的能级之间的零量子过程（自旋仍未改变），对分子量大于 1000 的大分子，运动弛豫过程被大分子较慢的（较低频率）翻转所激发，影响的结果是增加了能级(3)的分布水平而能级(2)相应减小。能级(1)和(3)的分布水平之和相对于能级

(2)和(4)是增加了,因此 A 核信号强度减小——负的 NOE 效应,在分子量处于上述两种情况之间的分子将会显示弱的或者不显示 NOE 效应。

归纳起来,对于分子量小于 300 的小分子,在 NMR 中最为常用的溶剂的粘度条件下,分子翻转的速率接近于 $10^{10}\sim10^{11}$ s^{-1},NOE 效应是一种增强作用。在较大的分子(即分子量大于 1000,或者甚至在相对粘度较大的溶剂如 DMSO 中分子量大于 600)中,NOE 对应于所观察到的信号的减小。前者称为正的 NOE 效应,而后者则被称为负的 NOE 效应。

在 ^{13}C 谱中,在质子频率照射能够产生的最大 NOE 效应可以高达 200%。这个数量级的 NOE 信号通常出现在质子去耦谱中与质子直接相连的 ^{13}C 的信号中,有助于提高本身很微弱的信号的强度。在 ^{1}H 谱中,最大的信号增强程度通常是原信号的 50%,但通常的范围是 1%~20%。如果被观察的质子被辐射之外的质子所弛豫,NOE 效应会进一步减小。对于一个甲基,由于每个质子的弛豫会被邻近的两个质子所加速,因此邻近的质子被辐射时常常只会显示很小的 NOE 效应。所以次甲基的 NOE 效应最容易检测到。可以通过辐射开与关时信号的积分,再求得这个差值的方法来测量 NOE 效应。这种方法只有在 NOE 效应大于 10% 时才具有较好的准确性,并且它们只能从次甲基(有时是亚甲基)的信号中观察到。尽管如此,NOE 效应可以用来检测在空间上那些相互接近的基团,为立体化学研究提供有用的信息。不过,该方法渐渐被 NOE 差谱以及 NOESY 谱代替(将在下一小节和 3.19 节分别介绍)。

3.14.2 NOE 差谱

NOE 效应更容易用这样的方法检测:在计算机中从被辐射的谱图中减去正常的谱图信号,然后得到两谱图的差。所有未影响的信号会简单地消失,而显示出增强的部分,再加上在辐射频率处的一个强信号。图 3.49 下方显示了羟基吲哚 **103** 复杂的氢谱,上面附的谱图是样品在粗的箭头指示的频率处辐射之后的差谱。这个频率是质子 H_{7a} 的共振频率,它在空间上与 H_{7b} 以及相邻苯环上的 $H_{5'}$ 相近。只有这两个质子的信号出现在差谱中,说明分子的立体构型是化合物 **103** 所示那样,而不是其螺羟基吲哚环向上的异构体。对后者进行类似实验时,差谱的芳香区域没有出现信号。在差谱中 H_{7b} 的信号仍然显示与 H_{7a} 的耦合(图 3.49),这是因为用来产生 NOE 的信号在采集之前被加上,但是在采集过程中被关闭,所以耦合并未受影响。

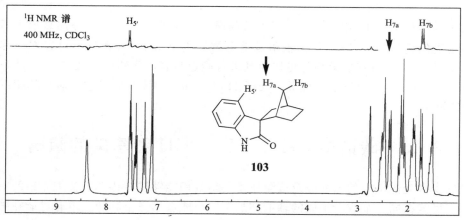

图 3.49

当前应用 NOE 差谱很容易检测到 1%，甚至更少的增强。因此甲基的 NOE 可以非常普遍地被检测到。结果常常是可能在两个方向上检测到 NOE 效应，比如不仅可以从一个甲基对一个邻近的次甲基，也可以反过来从次甲基对这个甲基，该过程对于我们确定基团之间是否相互接近而提高了可靠性。另外，我们可以检测到更远距离的 NOE 效应，从而得到更多结构上的信息。

NOE 差谱也可以像去耦差谱那样用来从多个信号中找到某特定的信号。谱图 3.50 下方显示的是 6-甲基黄体酮 **104** 的亚甲基区域，图中上方显示的是用 C-19 甲基共振频率辐射以后产生的差谱。

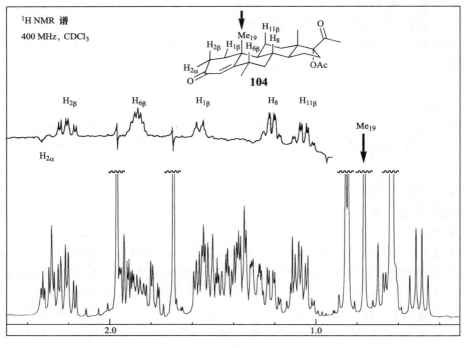

图 3.50

（经允许复制于：J. K. M. Sanders and B. K. Hunter, *Modern NMR Spectroscopy*, OUP, Oxford, 1987.）

差谱中的信号是由 19-甲基周围分子上端的质子产生的，每一个信号都显示为适当的多重峰。在常规的谱图中，只有 $H_{2\beta}$ 能被清楚地分辨，由于从 NOE 差谱中可以看出其在空间上靠近 C-19 甲基，这样我们就更加可以对其进行确定归属。此外，$H_{2\alpha}$ 的信号有明显的负的 NOE 效应。这种现象是普遍的，即某个质子 $H_{2\beta}$ 显示正的 NOE 时，它会对与其相近的质子传递 NOE 效应。

3.15   碳谱中 CH_3、CH_2、CH 和季碳的归属

傅里叶变换光谱学中的脉冲以及探测技术使得我们能够进行比 3.1 节中介绍的更为精密的实验。有可能在同一个或者不同的轴上施加第二个或者第三个脉冲，也有可能在脉冲之间等待不同的时间长度。脉冲可以是 $\pi/4$ 脉冲、π 脉冲或者其他任何角度，比如图 3.2 中所显

示的 π/2 脉冲。在本章不详述脉冲序列以及它们对于核磁体旋进的影响，本章末尾引用的文献对此均有介绍。在这里我们只是简单地用这些实验的结果，阐释它们并且简洁地解释一些最常见的现象，这样我们就可以识别它们，并且知道根据它们能得到什么样的信息。

在结构鉴定中，区分出 CH_3、CH_2、CH 以及无氢原子相连的碳（通常笼统地称为四级碳，尽管这个术语严格上是指该碳原子与四个碳取代基相连）具有重要的意义。尽管这可以通过碳谱中偏共振去耦的方法区分（3.5 节），但一个更有效的方法是利用多个脉冲序列来实现。最直接的脉冲序列方法可以得到 APT（附加质子实验）谱图，在该谱图中，CH_3、CH 给出的信号是某一方向，而 CH_2 以及全取代碳原子给出的信号是相反的另一方向。图 3.51 显示的是 3，5-二甲基苄基-甲氧基乙酸酯 1 的 APT 谱图，可以将其与通常的质子去耦碳谱（图 3.5）对比。在 APT 谱图中，与偶数个氢原子相连的碳原子给出正向信号，与奇数个氢原子相连的碳原子给出反向信号。在 APT 谱图中，正反方向通常并不能直接确定，但我们可以根据氘代氯仿推断出来：由于氘代氯仿中碳原子不连有氢原子，因此与该碳原子一个方向的信号都是 CH_2 或者全取代碳产生的。尽管 APT 谱图不能进一步区分出 CH_3、CH 或者 CH_2 和全取代碳，但是通常可以通过其他途径进行区分。比如 CH_3、CH 之间的化学位移通常相差较大，CH_2 和全取代碳的信号强度有明显的差别。APT 谱图不能很好地区分出端炔与内炔 C 的区别。这是因为 APT 中信号的方向取决于 C-H 耦合常数（当存在时）的大小。在 APT 脉冲序列中，如果延迟时间是为了优化四面体与三角形 C-H 耦合，那么炔基碳 CH 及 C 的信号就具有较大的不确定性。

125

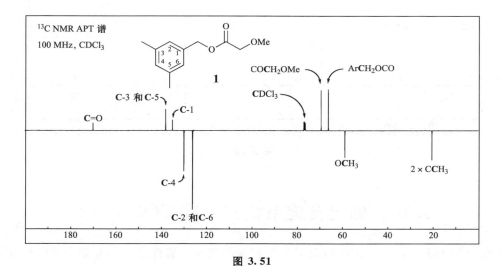

图 3.51

然而，在 APT 谱图中经常出现难以确定的情况。一种更加可靠的多脉冲序列方法是 DEPT（无畸变极化转移增强）。在这个序列中，通过三种不同角度的脉冲，进而影响质子对碳原子的转移极化作用，从而得到三张谱图。图 3.52 显示的是酯类化合物 1 在 45°、90°和 135°下得到的三张谱图。DEPT-45°谱图 3.52（a）中显示的是正向的 CH_3、CH_2、CH 产生的信号，换言之，为除了全取代碳之外所有的碳原子。DEPT-90°谱图 3.52（b）中显示的仅是 CH 产生的信号，或者那些强度特别大的来自其他碳原子的信号，这是由于脉冲序列中在选择参数时常见的不完美选择造成的弱的信号。DEPT-135°谱图 3.52（c）中显示的是正向的

126 CH 和 CH₃ 产生的信号以及反向的 CH₂ 信号。这样，我们就可以通过谱图 3.52(b)确定 CH 产生的信号，进而通过谱图 3.52(c)确定 CH₂ 产生的信号。在图 3.52(a)中出现而没有在图 3.52(b)和(c)中显示的信号来源于 CH₃，在谱图 3.5 中出现而在谱图 3.52 中未出现的那些剩余的信号来源于全取代的碳。由于我们已得到足够的信息，因此不需要进一步分析谱图。此外，我们可以通过谱图之间叠加以及相减等方式，实现单个谱图单一性显示 CH₃、CH₂ 或 CH 的信号，有时 DEPT 谱图就是以这种形式呈现。

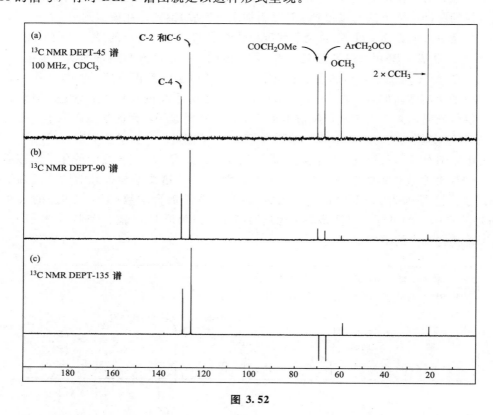

图 3.52

3.16　确定自旋系统：一维 TOCSY 谱

酮化合物 **105** 中，C-1、C-2 以及 C-6 上相连的氢原子彼此之间相互耦合，C-4、C-5 以及 C-7 上相连的氢原子也是如此。对于这两个系统，在其部分结构 **106** 中，亚甲基上的非对映异位的质子 H$_A$ 和 H$_B$ 会产生 dd 峰，甲基上的氢会产生 d 峰，CH 产生的信号是 ddq 峰。然而中间的羰基隔离了这两个系统，使得彼此不会产生相互的耦合。化合物 **105** 中的**自旋系统**，包含两个 AA′MX₃ 体系 **106**、一个 AA′BB′芳环体系以及苄位 C-8 质子的 AB 体系，并且这些体系彼此都隔离开了。图 3.53 是化合物 **105** 的完整谱图，谱图中所有信号都能较好地分辨，但只有芳环 C-10 和 C-11 上的 H、C-8 上非对映异位的 H 以及甲氧基的 H 可以根据化学位移很好地归属。此外，化学位移为 δ 2.45 的氢可以相当肯定地确定为羟基的 H，这是因为它的宽度。

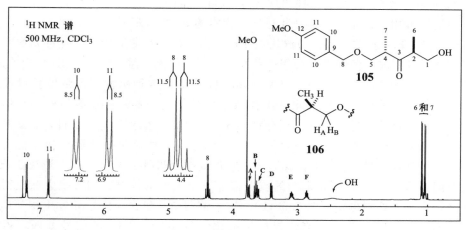

图 3.53

　　除去上述的氢原子信号，还剩下甲基 C-6 和 C-7 相连的氢产生的两组 d 峰、两种 CH 产生的复杂的多重峰 **E** 和 **F**，以及亚甲基上的氢产生的四组 dd 峰 **A～D**。我们不清楚哪些信号峰组成两个 AA′MX₃ 体系以及如何区分这两个体系。我们可以参照信号峰的耦合常数，放大图 3.54 详细总结了这些信号的耦合情况。当我们求耦合常数时，必须牢记这些数据都是基于原先的谱图，因此这些数据并不是完全合理。因为存在两个问题：首先，在测量上存在一定误差；其次，相互耦合的两个氢原子之间的化学差异的大小与它们之间的耦合常数大小是一个量级的（都用 Hz 测量），因此我们测得的裂分可能与真实的耦合常数不同。

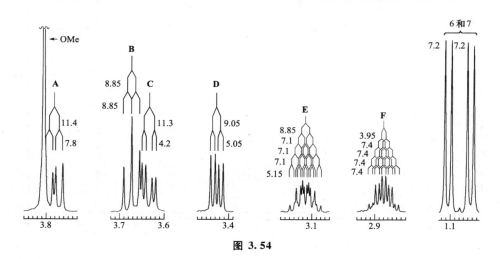

图 3.54

　　事实上，测得的耦合常数接近但确实并不完全相符。例如，对于信号 **A**，测得的耦合常数是 11.4 和 7.8 Hz，这些数据与信号 **C** 中较大裂分的 11.3 Hz 和信号 **F** 中较大裂分的 7.4 Hz 都最相近，但是又不完全相同。与之类似，信号 **F** 可以看做 dq 峰，其耦合常数 3.95 Hz 与信号 **C** 中 4.2 Hz 相近，另外的 7.4 Hz 肯定是其中一个甲基造成的（二者都裂分为 7.2 Hz，通过甲基的直接测量）。这样我们可以比较肯定地确定一些信息：信号 **A**、**C**、**F** 组成

一个 **AA′M** 体系。类似地，根据相似的耦合常数可以推断信号 **B**、**D**、**E** 是另外一个 AA′M 体系，其中信号 **B** 由于两个裂分值很相近导致原本的 dd 峰呈现为 t 峰。

尽管信号 **A~F** 的多重度都较易辨认，并且与化学结构都能对应，但这种归属是不完整的。为了完整这种归属，我们可以使用一种脉冲序列，得到一维 TOCSY 谱（全相关谱），也被称为 HOHAHA 谱（Homonuclear HArtmann-HAhn）。这种脉冲序列被单独设计用来区分分子中每一个自旋体系。这就要求一个体系中的某个信号要足够远离另外一个体系的信号，这样才能够选择性地进行辐射。化合物 **105** 中 CH 信号就符合这个条件，自旋系统中每个皆是如此。脉冲序列首先辐射化学位移为 δ 3.12 的 **E**，然后是一个混合相位使得每一个与之耦合的质子都提升到 N_β 水平。我们称这些直接耦合的质子为"set T"。取决于该混合相位的持续时间，所有与"set T"相耦合的质子都会发生类似的提升。FID 就会在获得的相位中收集起来，进一步处理得到谱图 3.55(b)，这个谱图中只包含与信号 **E** 发生相互耦合的信号以及信号 **E** 本身。与之类似，当选择性辐射化学位移为 δ 2.88 的信号 **F** 时，得到谱图 3.55(c)，其中只包含与信号 **F** 相耦合的信号以及信号 **F** 本身。现在我们就可以确定信号 **B**、**D**、**E** 以及处在高场的甲基双峰是一个 $AA'MX_3$ 体系。信号 **A**、**C**、**F** 以及处在低场的甲基双峰是另外一个 $AA'MX_3$ 体系。

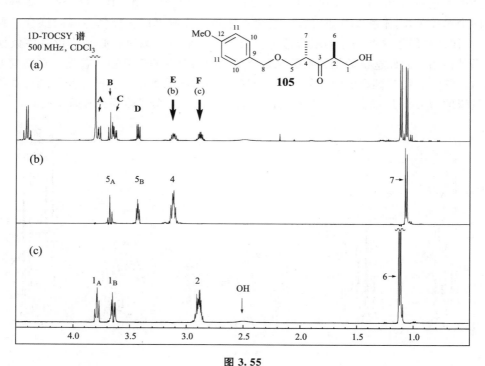

图 3. 55

在这个特殊的例子中，羟基的信号出现在谱图 3.55(c) 中但没有出现在图 3.55(b) 中。这表明，信号 **A**、**C**、**F** 以及处在低场的甲基双峰是 C-1、C-2 以及 C-6 上的氢原子产生的。那么，信号 **B**、**D**、**E** 以及处在高场的甲基双峰就是 C-4、C-5 以及 C-7 上的氢原子产生的。如果分子中与 C-1 相连的氧原子并不连有氢原子，根据之前的方法我们还不能够确定哪一边的结构与哪一组信号相对应。要想得到这些信息，我们需要 HMBC 谱图，这在后面的章节有介绍，可以来确认谱图 3.55 中信号的归属。

一维 TOCSY 谱图不仅可以用来归属不同自旋体系，还可以有效地从混合物谱图中得到相应的信号。一维 TOCSY 谱图可以用来从混合物中得到至少部分某个组分的谱图。与之类似，那些会覆盖我们感兴趣信号的信号，只要它并不与我们感兴趣的体系发生耦合，通过这个方法可以使它消失。因此，在谱图 3.55(c) 中没有甲氧基的信号，这样我们可以清楚地看到 H-1$_A$ 产生的 dd 峰 A，而这个信号在原先谱图中是被甲氧基信号部分覆盖的。

3.17　把化学位移和耦合分别显示在不同的轴上

常规的 NMR 谱图被称为一维谱，因为它只有一维频率。化学位移和耦合被显示在相同的轴上，强度被显示在第二个维度上。对于较大的分子，这会导致很复杂的波谱。会出现许多重叠的多重峰，即使高场强以及借助于化学位移试剂都无济于事。例如图 3.50 显示的是 6-甲基黄体酮 **104** 的常规 400 MHz 谱的高场区域，它有 24 种不同的质子，大多数都是亚甲基。应用一种特殊的脉冲序列，有可能将采集的信息在两个维度上显示出来：化学位移在常规的轴上，而耦合信息在一个从常规谱图后面延伸的新的轴上。这被称为二维 J-分解谱图。图 3.56 显示了甾体化合物 **104** 的前方视图，图上有 22 个信号（和一些噪声），每一个对应不同化学环境 δ 2.5~0.5 的质子（H$_4$ 和 H$_{16\beta}$ 位于低场）。除了因为这些信号仅仅是每一个多重线最高部分的投影而具有不同的强度外，这是一个所有质子-质子耦合均被去除的氢谱。

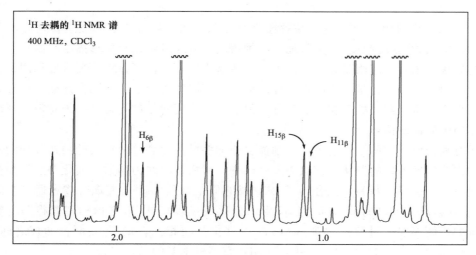

图 3.56

（经允许复制于：J. K. M. Sanders and B. K. Hunter, *Modern NMR Spectroscopy*, OUP, Oxford, 1987.）

这些"单峰"的多重度包含在正交的 J 轴上，它朝着纸平面的面内方向。如果化合物 **104** 中的这 24 种质子产生的信号都按点区分开，那么每个质子的多重度就可以看出来了。图 3.57 显示的是从图 3.56 中选出的三个信号，可以明显地看出原本在图 3.50 中难以分辨的信号现在可以清晰地分辨出来，并且其裂分情况都很清楚。这是我们第一个二维核磁谱图的例子：一个维度上是化学位移值，另外一个维度上是耦合信息（二维是因为没有考虑强度，

130　否则应当是三维）。还有许多别的脉冲序列能够得到不同的二维核磁谱图，这样可以帮助我们得到更多的信息。这一章接下来会介绍一些最常用的二维核磁实验。二维核磁通常需要较长的数据采集时间，需要更大量的样品（表 3.46）。因此，二维核磁技术通常用于分析那些信号很多的复杂的大分子量化合物。

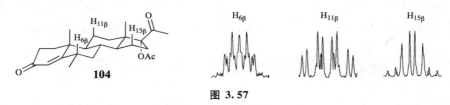

图 **3.57**

（经允许复制于：J. K. M. Sanders and B. K. Hunter, *Modern NMR Spectroscopy*, OUP, Oxford, 1987.）

3.18　二维核磁

　　在 3.13 节中我们已经看到，一整套质子差谱去耦实验会产生许多有关一个分子中各种 CH_3、CH_2 和 CH 基团相互连接的信息，类似地在 3.14 节中，一整套的差谱 NOE 实验能够确定一个分子中的许多空间关系。这些一维核磁现在仍被广泛应用，因为它们具有快速、所需样少等特点，通常可以给出足够的结构信息。然而，现在也发展了一些新的技术，来实现在单个实验中确定所有耦合信息或者空间关系等。这些新的技术就是我们下面要介绍的二维核磁实验。

　　在 3.17 节，我们引入了在化学位移相垂直的轴上描绘耦合常数的概念，这样产生了一个二维的谱图（忽略强度维度）。类似地，二维谱图可以通过将化学位移描绘在两个相互垂直的轴上的办法产生。当应用多脉冲序列得到这些谱之后，它们可以用等高线堆积图的方法来显示。图的两边是表示化学位移的轴，峰的强度用等高线表示，就如同在地图上用等高线来描述山的高度。这里需要处理相位的问题，但是等高线用的是信号强度的绝对值，忽略了在多脉冲序列中的输出信号。

　　在所有我们要介绍的二维谱图中，都需要施加多脉冲序列，使在实验最初部分的磁化按照特别的方式（"准备好的"）从平衡状态发生改变，然后以时间为函数（"演化"）发生演变，而自旋被允许相互影响的行为（"混合"，例如根据它们是否是自旋-自旋耦合或者通过空间的相互弛豫）。在多脉冲实验的最后部分，产生的磁化通过收集 FIDs 来检测（"获得"）。实验是这样安排的，使得在一种脉冲序列（COSY）中磁化是在相互自旋耦合的核之间转移，而在另一种脉冲序列（NOESY）中磁化是在相互有偶极弛豫的核之间转移。

131

3.19　COSY 谱

　　在一个谱图中显示所有自旋-自旋耦合质子的二维实验被称为一个 COSY 谱（相关谱）。下文的图 3.60 显示的是 α, β-不饱和酯类化合物 **107** 的 COSY 谱。在这之前先看一下一维谱图 3.58 和 3.59，从这些谱图中我们能够确定哪些结构信息。

　　在放大的谱图 3.58 中，所有信号峰都是清晰可见的。但是 C-8 和 C-9 上的氢的归属不

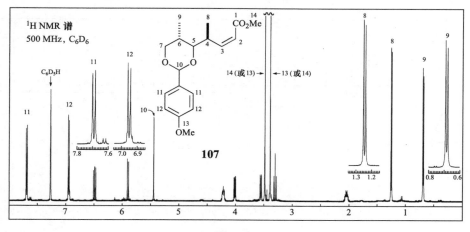

图 3.58

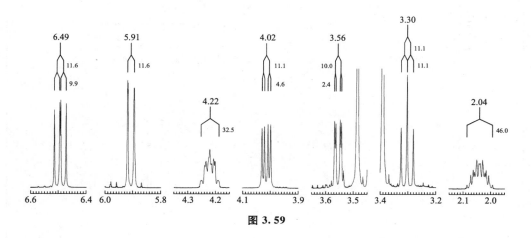

图 3.59

确定。谱图 3.59 显示了剩余信号峰的多重度。根据化学位移以及耦合情况，我们可以确定 C-3 上的质子给出的信号是处于低场的 dd 峰 δ 6.49，C-2 上的质子给出的信号是处于高场的 d 峰 δ 5.91。剩余的信号峰就不容易进行归属了。次甲基在 δ 4.22 和 2.04 的多重峰信号不能进行一级分析，因此难以确定信号相对应的结构以及与它们耦合的质子。但是它们信号裂分的复杂情况表明与许多质子存在耦合作用。我们可以初步推断低场位于 δ 4.22 的多重峰是与烯丙位次甲基 C-4 相连的 H 产生的，高场位于 δ 2.04 的多重峰是与次甲基 C-6 相连的 H 产生的。

132

　　在 δ 3.2～4.1 之间的三个信号峰对应的是 C-7 上连接的两个化学不等价的亚甲基质子以及 C-5 上次甲基连接的质子。为了进行准确的归属，我们详细看一下 COSY 谱图 3.60。

　　在 COSY 谱图中，两根一样的化学位移轴被正交标记，一维谱图是从正方形的对角线左下角看到右上角。为了解谱的方便，垂直的两个化学位移轴上都是一维的谱图，与对角线上谱图一致。所有相互之间有自旋-自旋耦合的峰被交叉峰显示，它对称地位于对角线两边。因此，交叉信号峰 7α-7β 做出一个正方形，表明化学位移 δ 3.30 的 7α 与化学位移 δ 4.02 的

133

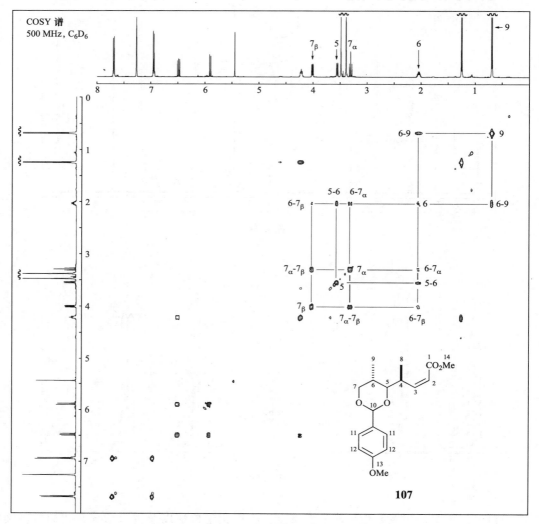

图 3.60

7β 之间存在耦合；交叉信号峰 6-7α 以及 6-7β 表明，化学位移为 δ 2.04 的 C-6 连接的质子与化学位移为 δ 3.30 和 4.02 的 7α 和 7β 之间存在耦合。与之类似的是，交叉信号峰 6～9 表明，次甲基 C-6 上的质子与化学位移为 δ 0.68 的甲基 C-9 上的质子之间存在耦合作用。用这种分析方法，我们可以确定位于 δ 2.04 高场的多重峰是 C-6 上的质子产生的，高场 δ 0.68 的 d 峰是甲基 C-9 上的质子产生的。继续分析，根据 5-6 之间的耦合情况，我们可以确定位于 δ 3.56 的 dd 峰是 C-5 上的质子产生的，并且与 C-6 上的质子存在耦合作用。我们能够分析的耦合情况总结在图 3.61(a) 中。其中 7α 和 C-6 上氢之间存在 11.1 Hz 的裂分，C-5 上的氢与 C-6 上氢之间存在 10 Hz 的裂分，这表明它们处在椅式构象的直立键位置。谱图 3.59 中位于 δ 2.04 的多重峰裂分总和(近似耦合常数)是 46.1 Hz，这与谱图 3.59 中峰的宽度是相符的。

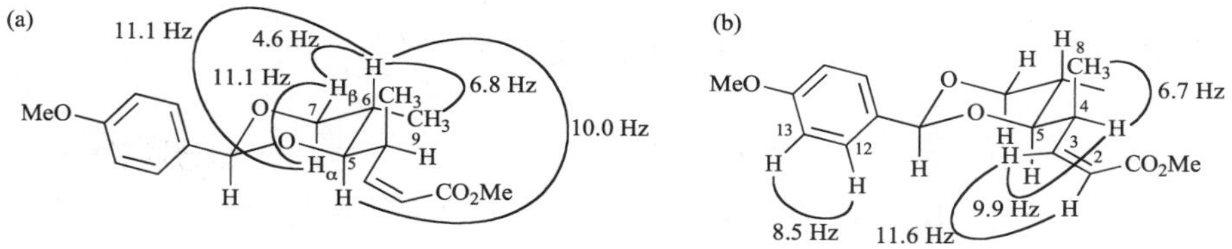

图 3.61

为了使谱图简明，在谱图 3.60 中其他的交叉峰并没有标记，方框也没有画出来。但我们可以看出，芳环 C-11 和 C-12 上的质子之间存在相互耦合作用，烯基 C-2 和 C-3 上的质子之间存在相互耦合作用。后者处于低场的 dd 峰与位于 δ 4.22 的 C-4 上的氢之间存在交叉峰。反过来，C-4 上的氢还与位于 δ 1.25 的甲基 C-8 上的氢之间存在交叉峰。这些耦合作用总结在图 3.61(b) 中。但是处于 δ 4.22 和 3.56 的信号消失了，即相邻的 C-4 与 C-5 上氢之间应该产生的耦合对应的交叉峰消失了。（实际谱图中应当产生交叉峰的位置邻近的小峰并不规则，应该是杂质中存在的交叉峰，微弱的峰详见图 3.60 的对角线、谱图 3.58 以及 3.59。）

不存在交叉峰并不代表信号峰之间不存在耦合作用，只是表明耦合常数很小。因此 C-4 与 C-5 上的氢之间交叉峰消失，是因为源于 δ 3.56 的 C-5 上的氢耦合常数很小，为 2.4 Hz，我们没有办法将其配对。C-4 上 δ 4.22 的多重峰的氢肯定对 C-5 上的氢存在耦合作用，假如我们根据谱图 3.59 计算所有对 δ 4.22 处的 C-4 上氢的耦合常数，加上 2.4 Hz，就得到我们计算得到的 32.4 Hz，这与谱图 3.59 上信号峰的总宽度是相近的。另外，能够检测到的弱的耦合作用是烯丙位 C-4 与 C-2 上质子之间的耦合作用。位于 δ 5.91 的 C-2 上的氢的信号耦合情况是清晰可辨的，但是同样没有交叉峰。通过选择一个较低的切缝平面来给出等高线，或者通过在脉冲序列中引入附加的延迟，长距离耦合可以在 COSY 谱图中容易地显示出来，在这种长距离 COSY 或者延迟的 COSY 谱中附加的延迟应当具有 $J/2$ 的数量级。这样得到的更加复杂、更多噪声的谱图可以呈现长距离的耦合作用。无论研究什么问题，为了使得交叉峰不与噪声混淆，用来定义等高线的平面必须仔细地选择。

当两个（或更多）信号的化学位移非常相近时，在一维谱图中辐射其中一个信号的频率，另外一个信号不可避免地受到影响，这样我们难以确定二者是否存在耦合作用。COSY 谱图就不是这么局限：只要两个信号能较好地分辨，交叉峰就是可见的。但存在一个问题：对角线上的信号过强时会掩盖与之相邻的交叉峰。但我们可以通过改变脉冲序列、降低对角线信号强度，来实现耦合情况的分辨。

交叉峰本身含有耦合常数，但并不含有所有的多重性。对角线上位于 δ 3.30 的 7$_a$ 是一个三重峰，但在交叉峰上在任一方向并没有三重峰的中间线。这是因为交叉峰中两个峰的方向是相反的，在中间的节点上一个为正一个为负。五重峰同样存在类似情况即丢失中间线，但对于双重峰以及四重峰保持不变。在常规的 COSY 谱图应用中人们并不关注交叉峰的形状，但是这包含重要的信息。COSY 实验是最常用的二维核磁技术，是很多实验室的日常工作。

3.20　NOESY 谱

在一个单一实验中记录下一个分子中所有质子-质子 NOE 效应的二维谱被称为 NOESY 谱。表面上看它像是一个质子-质子 COSY 谱，每一个垂直的轴是质子的化学位移，而通常谱出现在对角线上。然而，它们之间重要的区别在于，在 NOESY 谱中交叉峰指出的是空间上相互接近的质子，就像一维 NOE 差谱那样检测的是空间相互作用。因此，NOESY 谱图提供了关于分子几何构象的重要信息。

一个小分子（大约 $100\sim400$ D）的正的 NOE 增加相当弱，通常用 NOE 差谱来研究更为方便（3.13 节）。但也可以利用 NOESY 谱来研究简单分子，下面就以之前在 COSY 谱中相同的 α，β-不饱和酯 **107** 为例说明。图 3.62 展示的就是化合物 **107** 的 NOESY 谱，其中含有一些杂峰。根据以下几点来甄别交叉峰以及杂峰：在一维谱图中没有相应的信号峰；交叉峰对于从左下到右上的对角线的镜面点处，没有一对峰的伴随出现。例如，对角线上位于 δ 4.4 以及 δ 4.7 的信号峰，甲基信号的化学位移（水平刻度）δ 1.25、3.38、3.5 处的垂直线"交叉峰"应当在解谱时忽略。我们看到，NOESY 谱可以高效地帮助我们确定分子的立体化学，特别是在 COSY 谱中难以确定的 C-10 的构型。

同碳或者多数邻碳耦合的质子都会最终采取优势构象在空间上接近，而在 NOESY 谱中给出交叉峰。图 3.62 中额外的交叉峰给我们提供了更多的信息。因此这个例子中，根据标记的 5-10、7_a-10 以及 $5-7_a$ 的交叉峰我们可以推断这三个质子在空间上是接近的，因为它们都处于直立键。4-9 以及 6-8 交叉峰强度大，3-4 交叉峰强度小并且没有 4-6 交叉峰，这表明分子优势构象是图 3.63(a)所示的那样。

图 3.63(b)显示的是其他一些 NOE 信息。根据图中虚线所示的 12-13 交叉峰我们可以推断这些甲氧基中 δ 3.49 是酯基信号，δ 3.39 是醚的信号。酯基上的甲基与分子中其他部分的取向应该是能量更低的关于 C—O 单键的 s-trans 结构，如图 3.63(b)和(c)显示的那样，没有表现出 NOE。芳环上氢的归属可靠性强，因为它具有特定的化学位移值以及 10-11 交叉峰。我们也可以通过 2-3 交叉峰确认烯烃质子是**顺式**构型，因为**反式**构型中两个氢原子距离很远，不会有 NOE 效应。

对于中等分子量的分子，核 Overhauser 效应更弱，甚至对于特定分子量、粘度的分子，没有这种效应。这个问题可以在一定程度上通过另外一种脉冲序列 ROESY 谱（旋转坐标系 NOE 谱）解决。表面上看 ROESY 谱图与 NOESY 谱图类似，不同点在于它的对角线信号以及交叉峰是不同的，但这并不影响解谱。

对于更大的分子（在非粘性溶剂中 1000 D 或者更大的分子，在粘性溶剂如 d_6-DMSO 中分子量大于 500 D 的分子），常常会产生更强的 NOE 交叉信号，因而给出更多有关结构几何构象的信息。NOE 是由于质子的相互偶极弛豫（3.10 节和 3.13 节），而且由于这个效应与产生交叉峰的两个质子之间距离的六次方成反比，NOE 交叉峰的强度随着质子核间距离的增加而迅速减小（但也受到其他变量影响）。对于大分子，一个有用的指南是：大的交叉峰 $r = 0.2\sim0.25$ nm，中等交叉峰 $r = 0.2\sim0.3$ nm，小的交叉峰 $r = 0.2\sim0.5$ nm。在一些小的蛋白质三维结构确定中，NOESY 谱发挥着重要作用。

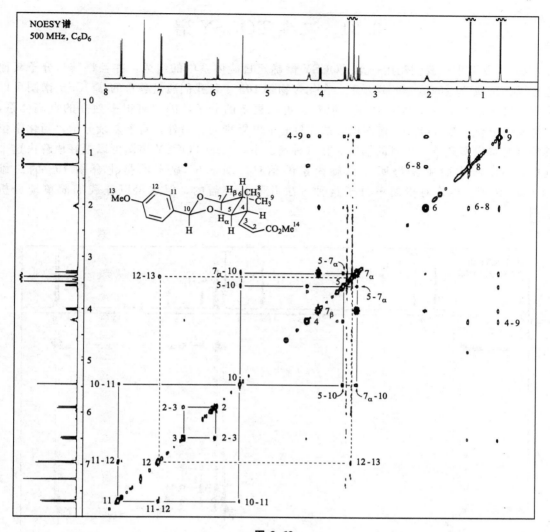

图 3.62

图 3.63

3.21　二维 TOCSY 谱

在 3.16 节中，我们利用一维 TOCSY 谱确定自旋体系中的组成，并且将其与分子其他组分以及杂质产生的信号区分开来。在化合物酮 **105** 中，我们通过各自的 TOCSY 谱图可以容易地区分出两个 AA'MX₃ 体系。但对于更加复杂的分子，因它有很多独立的自旋体系，这样逐个分析一维 TOCSY 谱图的方法无疑是非常繁琐的。另外，对于复杂分子，当化学位移相近时难以实现单一信号的辐射。在这种情况下，二维 TOCSY 谱图可以很好地解决这个问题，在单次实验中获得所有自旋体系的信息。图 3.64 显示的是化合物 **105** 的二维 TOCSY 谱图。尽管对于简单分子这种方法并不是必需的，但这可以让我们简单地分析谱图。

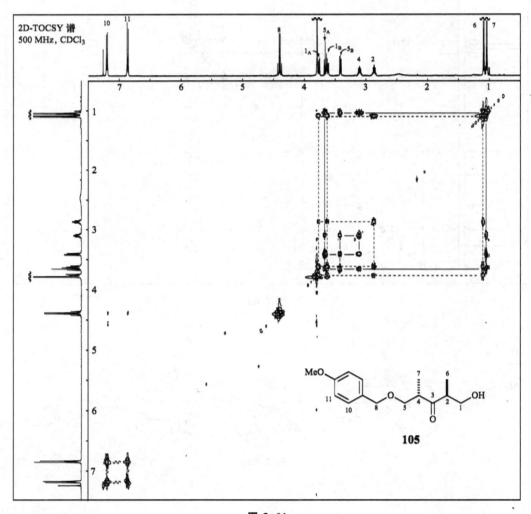

图 3.64

137

通常正常的谱图显示在对角线上，相同自旋体系的质子形成交叉峰。因此，C-4、C-5 和 C-7 组成一个自旋体系（交叉峰表示在实线方框内），C-1、C-2 和 C-6 组成另外一个自旋体系（交叉峰表示在虚线方框内）。两条线接近但可以明显区分。芳环上 C-10 和 C-11 的质子组成第三个自旋体系（波浪线表示出交叉峰）。在该分子的 COSY 谱图中，可以发现 C-1 和 C-2 以及 C-2 和 C-6 之间的交叉峰；在 TOCSY 谱图中，C-1 和 C-6 之间也存在交叉峰。这种方法的优越性在于可以用来解析重叠的信号。比如我们假设一个 AMX 体系中的 M 响应与另外一个 A'M'X' 体系中的 M' 响应发生重叠。那么，通过 COSY 谱图中的交叉峰我们就难以判断 A 是否与 X 或 X' 是一个体系，而在相应的 TOCSY 谱图中 A 与 X 以及 A' 与 X' 的关系是清楚的。

138

TOSCY 谱图在多肽以及蛋白质结构鉴定中起着重要作用。酰胺中的 NH 基团的质子与胺类化合物的 NH 质子不同，通常与 α 位 CH 存在耦合作用，因此呈现属于每个氨基酸片段的自旋体系，并且羰基隔离了不同的自旋体系。NH 的化学信号都具有较好的分布，这是因为它会形成不同程度的氢键作用，使得在化学位移的轴上分离较好。通常可以利用 TOCSY 谱图来分析这些结构：首先利用二维 TOCSY 谱图获得整体的结构信息，然后选择性进行一维 TOCSY 实验，如同图 3.55 所示的那样，得到耦合信息以及多重度裂分情况，从而帮助我们鉴定单个氨基酸单元的结构。

多肽和蛋白质都具有一定水溶性，因此有必要把水的信号去除掉。使用氘代水并不能解决这个问题，因为氘代水会与氨基 NH 发生氢氘交换。水的信号可以通过在 TOCSY 谱图收集之前将其信号预饱和来抑制，但这样得到的谱图在 4~5 ppm 区域处存在一定的变形。

结合有限的化学信息以及通过 FIB 或 ESI 质谱得到的分子量信息（第 4 章），我们可以利用 COSY、NOESY 以及 TOCSY 谱图来确定寡肽、寡糖和较小的蛋白质的结构以及三维细节。COSY、NOESY 以及 TOCSY 谱图的结合使用并不能像单晶测试那样提供足够精确的数据和结构信息，但是这种方法的优点在于测试样品为溶液（该状态下生物学最常用），不需要将样品培养单晶。

3.22 ^{1}H-^{13}C COSY 谱

目前我们介绍过的二维谱图都是关于氢和氢之间的关系。二维谱也可以研究氢原子与其他核之间的关系，其中 ^{1}H-^{13}C COSY 谱最为重要。如果氢谱能与碳谱联系在一起，那么我们可以更方便地进行氢谱以及碳谱的归属。此外，碳谱可以帮助分析重叠严重的氢谱。

3.22.1   异核多重量子相关谱（HMQC 谱）

^{1}H-^{13}C COSY 谱用一个脉冲序列使得这种相关成为可能，这个序列在核自旋的"准备"之后，脉冲序列中的延迟时间设定为 $J/2$，其中 J 为一个键 ^{1}H-^{13}C 耦合常数的值（通常范围是 100~200 Hz，见表 3.14）。用这种方法，实现 ^{13}C 和与之相连的质子直接相关。这通常称为 HMQC 谱图，下面是关于酮 **105** 的例子（图 3.65），上方的水平轴是其氢谱，左手边的纵轴是其碳谱。

对角线上没有谱图，这是因为 HMQC 谱图中氢谱与碳谱的相关，并且对角线不是一条直线。谱图中的峰表示碳氢之间的一键相关，因此不与质子相连的 C-3（δ 217.4）、C-9（δ 129.8）以及 C-12（δ 159.3）并没有交叉峰。位于 x 轴 δ 7.21 的低场芳香氢是在两个等价的

139

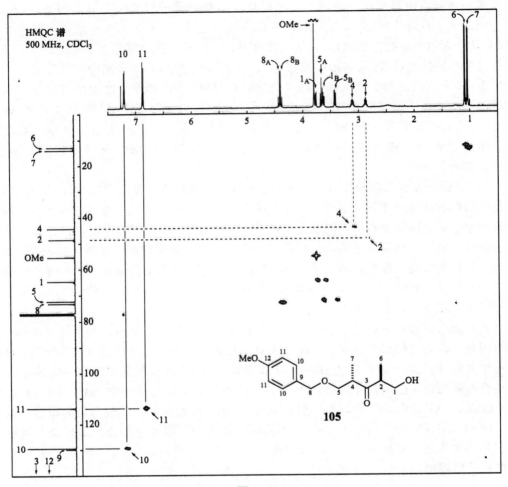

图 3.65

碳原子 C-10 上，与位于 y 轴 δ 129.3 的低场碳相关；高场 C-11 处的芳香氢 δ 6.74 与碳谱上 δ 113.8 的高场 C-11 相关，如图 3.65 的两组水平和垂直实线所示。但是由于氢谱与碳谱不会在对角线上形成新的谱图，因此我们不能确定低场的氢肯定会与低场的碳发生作用。例如图 3.65 中虚线标记的 C-4 上的低场次甲基氢 δ 3.12 与碳谱上高场的碳 δ 44.2 相关，高场 C-2 上的次甲基氢 δ 2.88 与碳谱上低场的碳 δ 48.5 相关。类似地，氢谱上 C-6 和 C-7 上的甲基氢的信号与碳谱也不是一个顺序。利用 ChemNMR 程序预测的谱图化学位移往往是正确的，但也有例外的情况。对于 C-2 以及 C-4 的氢谱以及碳谱大小的预测都是正确的，但对于 C-5 和 C-8，氢谱的大小是正确的，碳谱预测的顺序是颠倒的。另外 C-6 和 C-7 上的氢的化学位移预测为相同。以上得到的经验是如果想准确地归属碳谱，需要进行 HMQC 实验，而仅仅凭借软件预测是不可靠的。另外一种脉冲序列称为 HSQC，得到类似的二维谱图，解读也是类似的，但它在水平方向上不显示质子-质子耦合情况。HSQC 可以用来分析复杂谱图，尤其适用于信号峰发生重叠、交叉峰很小等情况。

3.22.2 异核多重键相关谱（HMBC 谱）

二次 ¹H-¹³C COSY 脉冲序列也可以产生一个称为 HMBC 的二维谱，其中一个轴是¹³C 化学位移，另外一个轴是¹H 化学位移。然而，在这个序列中，在"准备"好核以后，这个脉冲序列中的时间延迟被设定为 $J/2$，其中 J 在 10 Hz 范围，即延迟大约是 50 ms。由于许多¹H—C—¹³C $^2J_{CH}$（二键）和¹H—C—C—¹³C $^3J_{CH}$（三键）的耦合常数相当接近，其数值都是在 2～20 Hz 的范围（3.5 节），这样¹³C 化学位移与那些和它们**相距 2～3 个化学键**的质子的化学位移相关。遗憾的是，二键和三键的耦合常数的数值相当接近，因此这两组数据无法从 HMBC 谱图中分辨。尽管如此，这项技术仍十分重要，因为这种方法可以将所有的自旋系统联系在一起。用这种方法可以推测出分子骨架的整体连接方式。为了更好地看出该方法的优越性，我们以化合物酮 **105** 的 HMBC 谱图（图 3.66）为例，其中一些二键和三键耦合信息在括号中介绍。

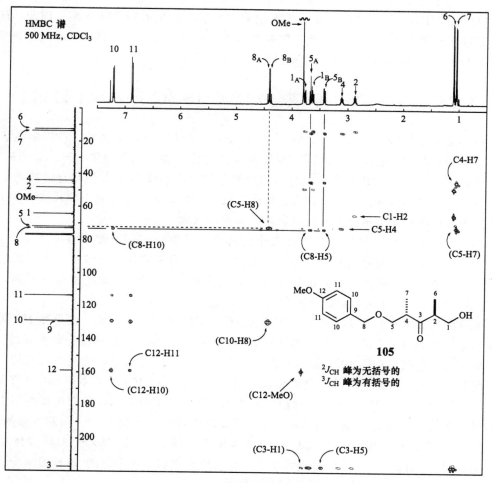

图 3.66

图 3.66 中几乎所有的信号峰，无论标出还是未标出的，都与化合物 **105** 预期的二键和三键耦合相符，但也有一些单键耦合产生的弱的信号，与其 HMQC 谱图相符。这种现象在 HMBC 中是常见的。水平轴和竖直轴相对应的是标记出的关键信号峰（C8-H5）。谱图显示出化学位移为 δ 73.1 的 C-8 与化学位移为 δ 3.78 和 3.69 的 H-5 之间相距两个或者三个化学键。这个信息实际上是通过三个化学键传递的，并且在结构上确定了芳环上的质子自旋体系与氧原子右侧的结构信息。**因此，这种方法可以确定氧原子两端的化学关系，从而在未知的情况下更好地鉴定分子的骨架结构。** 等价地，虚线标记处的未分辨开的 C5-H8，在另外一个方向表明这种相同的联系。

HMBC 谱图让我们认识到全取代的 C-3、C-9 以及 C-12 与分子内其他部分的联系。C-12 产生的弱的信号峰 δ 159.3（原本与 C-9 只是在化学位移值上有一点区别）与 C-10 和 C-11 上相连的氢，最引人关注的是与甲氧基 δ 3.79 存在 HMBC 关联。另外芳环上没有氢相连的 C-9 位于 δ 129.8，与甲氧基之间不存在关联。标记的信号峰（C3-H1）、（C3-H5）、（C3-H4）以及（C3-H2）能够将羰基两端联系起来，并进一步拓展到羰基两端。**因此，HMBC 不仅可以联系杂原子两端，也可以联系羰基两端。** 标记的信号峰（C8-H10）以及（C10-H8）表示 C-8 与 C-10 之间存在相隔三个化学键的耦合作用。

3.23 测量 ^{13}C-^{1}H 耦合常数（HSQC-HECADE 谱）

异核单量子相关谱（HSQC-HECADE 谱）比上面介绍的 2D 谱更精准。在许多例子中可用来确定比如具有两个立体中心之间含亚甲基的开链化合物的相关构象。HSQC-HECADE 谱可以用来测量 ^{13}C-^{1}H 的耦合常数，包括归属和鉴别哪个质子以多大的耦合常数与哪个碳原子进行多大常数的耦合。由于耦合常数取决于键之间的二面角，因此 HSQC-HECADE 谱可以给出关于构象的相关信息，并且可以反过来推断构型。

在 3.5 节中我们已经知道，当没有质子去耦时，^{13}C 谱可以用来测量 $^1J_{CH}$、$^2J_{CH}$、$^3J_{CH}$，然而当遇到较酯 **1** 更为复杂的化合物时，则很难通过 ^{13}C 谱来测量耦合常数，也很难去辨别质子是否发生 ^2J 或 ^3J 耦合。开链化合物由于构象很难预测，NOE 效应也很难检测，利用 NMR 来确定相应的立体化学则是很困难的工作。

下面我们用二醇化合物 **109** 来阐述 HSQC-HECADE 谱的解析方法。化合物 **109** 可以通过丙炔基亲核试剂对消旋的二醛化合物 **108** 亲核进攻，并对四种产物进行分离而得到。这些产物中的两种，包括异构体 **109**，每一个都具有自己的一套耦合信号而确定中心对称。问题是要判断具体的每一个都是什么。我们可以看到，二醇化合物 **109** 的 C-4 和 C-6 具有反式的构型。COSY 谱和 HMQC 谱可以得到相邻二氢和偕二氢的耦合常数，从而可以对每个中心对称的异构体的信号进行归属。HSQC-HECADE 谱则可以给出所有的 $^2J_{CH}$ 和 $^3J_{CH}$ 的数值，从而可以用来确定 C-4 和 C-6 的相对立体化学构型。图 3.67 是 **109** 反式异构体的部分 HSQC-HECADE 谱图。它类似于 HMQC 谱，每一个点代表了图上方的 ^{1}H 谱图对应的各质子和左边的 ^{13}C 谱图对应的各碳原子的耦合情况。

我们先来看一下 C-6（δ 81.05）和 dd 裂分的 H-6（δ 3.96）之间的这些交叉峰。在 HMQC 谱中，只有一个单峰表示该质子和碳原子是相连的，但在 HSQC-HECADE 谱中则是一对峰（图 3.67），耦合常数在两个坐标轴上都是 142 Hz，对应这两个原子之间的 $^1J_{CH}$ 耦

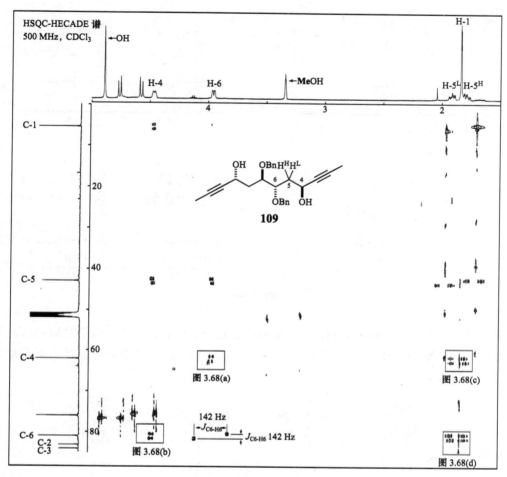

图 3.67

合常数。这些不是结构鉴定的有用信息，但是可以大概描述 HSQC-HECADE 谱的解读方法。更为详细的谱图解析会在图 3.68 中详细阐述。

$^{3}J_{CH}$ 值的测量和 $^{1}J_{CH}$ 类似，对应于图 3.68（a）和 3.68（b）。C-4 和 H-6 的耦合常数 $^{3}J_{C4-H6}$ 为 3.3 Hz，C-6 和 H-4 的耦合常数 $^{3}J_{C6-H4}$ 为 2.8 Hz，对应于图中的水平方向的数值，这些数值一般只有在整数位上具有一定的精确度。当 $^{3}J_{CH}$ 耦合常数数值在 0~8 Hz 范围内时，表明碳原子和质子处于邻交叉构象而不是反式共平面构象。在确定了 C-6 与 H-4 处于邻交叉构象后，我们仍不能确定 C-4 和 C-6 两个立体化学中心之间处于反式还是顺式，因此 C-4 和 C-5 之间的 C—C 键具有下面 110 和 111 或者 112 和 113 的构象的任意权重。类似

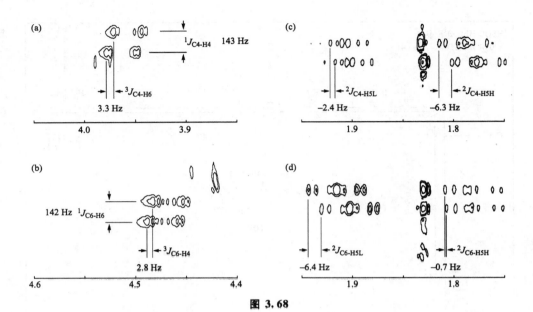

图 3.68

地，化学键 C5—C6 具有 **114** 和 **115** 的构象的任意权重。C-4 和 C-6 上质子与碳的 $^1J_{CH}$ 耦合常数分别为 143 和 142 Hz，对应图 3.68(a) 和 (b) 在竖直方向上的数值，但是它们在结构解析中是用不到的。

$$110 \qquad 111 \qquad 112 \qquad 113$$

$$114 \qquad 115$$

144　　　下一步我们要确定亚甲基 C-5 上两个质子的归属，标有 H-5^L 的质子对应于低场 δ 1.91 的信号，标有 H-5^H 的质子对应于高场 δ 1.79 的信号。3.3 Hz 的邻二氢耦合常数对应于 H-6 和 H-5^H 的耦合，9.3 Hz 的邻二氢耦合常数对应于 H-6 和 H-5^L 的耦合，也是 H-4 和 H-5^H 的耦合，4.0 Hz 的邻二氢耦合常数对应 H-4 和 H-5^L 的耦合。这些数值的大小遵守 Karplus 规律，表明 H-5^L 与 H-6 主要处于反式构象，并与 H-4 处于邻交叉构象，相应的 H-5^H 与 H-4 主要处于反式构象，并与 H-6 处于邻交叉构象。这就说明，**110~115** 可以进一步作如下更详细的可能的标记（**110a~115a**）。

　　为了从多种可能的结构中最终确定化合物的构型，我们需要了解 $^2J_{CH}$ 耦合常数，图 3.68(c) 和 (d) 提供了相应的信息。$^2J_{CH}$ 的方向正好与 $^1J_{CH}$ 和 $^3J_{CH}$ 相反，因为前者的数值是负数。对于低场质子 H-5^L，它和 C-4 的耦合常数 $^2J_{CH}$ 为 -2 Hz，和 C-6 的耦合常数是 -6 Hz，

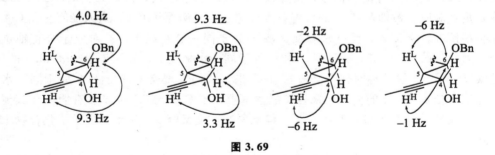

110a　　　**111a**　　　**112a**　　　**113a**

114a　　　**115a**

而对于高场质子 H-5^H 来说，它的耦合常数分别是 -6 和 -1 Hz。这些数值不像 $^3J_{CH}$ 那样，没有 Karplus 规律，它们取决于碳原子和质子与其他取代基的相对位置，尤其是当其中有负电性取代基时。对于它们构象关系的确定往往要用到大量的经验数据，比如在本例中，**111a**、**112a** 和 **114a** 中的关系，羟基和质子处于反式位置时，往往有较小的 $^2J_{CH}$ 耦合常数。该经验关系与之前的先例更加兼容。类似于例子 **110a**～**115a**，全面构象解析的通常策略可以参考 Murata 等人的论文（N. Matsumori, D. Kaneno, M. Murata, H. Nakamura and K. Tachibana, *J. Org. Chem.*, 1999, 64, 866～876）。从本例解析的结果可以清楚地看到，构象 **114a** 表示的构象关系比 **113a** 和 **115a** 更为可取，即在 **109** 中，H^H 是朝向读者的氢原子，H^L 是背向读者的氢原子。再者，**111a** 则比 **112a** 更为可取。结合 **111a** 和 **114a** 的信息，表明 C-4 和 C-6 之间是反式的相互关系。进一步地，我们可以把 **109** 分子最正确的一半的构象表示在图 3.69 中，并在上面标出它的相关耦合信息；另一半中心对称的分子的构象与它成完全的镜像关系。

145

图 3.69

3.24　确定^{13}C-^{13}C 连接（INADEQUATE 谱）

在 3.21 和 3.22 节里，我们介绍了如何通过 1～3 个化学键使 ^{13}C 与 ^{1}H 关联，但是直接显示 ^{13}C 和 ^{13}C 连接方式也是很有用的技术。一种叫做 INADEQUATE（低丰度核双量子相关）的脉冲序列也可以做到这一点，但是却存在灵敏度方面的问题。因为 ^{13}C 的自然丰度仅接近 1‰，其信号强度本质上比较弱，所以发现一个 ^{13}C 与另一个 ^{13}C 相连接的概率只有万分之一。除非分子中富含 ^{13}C 同位素，INADEQUATE 谱只有在浓溶液且样品量很大的情况下才能被检测出来，或者检测时间很长。所以它并不是一种常规的检测手段。但是随着仪器设备灵敏度的增加，它将逐渐变成重要而有用的检测手段。

图 3.70 是一种醛基酯化合物 **116** 的 INADEQUATE 谱图，谱图的横纵坐标为常规的 ^{13}C NMR 谱图。该谱图需要 250 mg 的样品，使用低温探头和 500 MHz 的核磁谱仪经过 48 小时的数据采集而得到。另外，也经常用到一种更加先进的 INADEQUATE 检测策略，来使谱图看上去更像一个 COSY 谱图，也更容易去解读。

COSY 谱图可显示 $^2J_{HH}$、$^3J_{HH}$ 和 $^4J_{HH}$ 耦合作用，对角线是质子 NMR 谱图，交叉峰关于对角线镜面对称。INADEQUATE 谱图显示了 $^1J_{CC}$ 耦合，对角线上既不是完全的 ^{13}C 谱图，交叉峰也没有对称地分布在对角线两侧。在酯化合物 **116** 中，有三个碳原子的峰出现在对角线上，在图上标注为 α、β 和 γ，相应的信号分别对应碳原子 C-9、C-1 和 C-2′。这些碳原子都各自处在某条链的末端，这可能是这些碳原子的信号出现在对角线上的原因。

146　　　这类谱图的解析最好从一个可以明确归属的信号峰开始，比如 C-1 原子即酯羰基的碳原子的信号峰，该碳原子的化学位移一般在 δ 170.8，处于典型的低场。从 C-1 开始，它的信号峰与图 3.70 中标注为 a 的交叉峰在左侧纵轴 C-1 所对应的同一水平线上，并处于水平横轴化学位移 δ 41.1 的信号之下。这说明 C-2 所对应的是 δ 41.1 的信号。交叉峰 a，反过来和图中标注为 b 的交叉峰处于同一竖直线上（虚线），b 交叉峰与纵轴化学位移 δ 74.3 的信号位于同一水平线上，说明 δ 74.3 一定对应于 C-3 原子。继续找后面的归属，我们可以在谱图高场端的放大图——图 3.71 中进行。

147　　　用上述方法继续分析图 3.71，从交叉峰 b 开始，它和交叉峰 c 处在同一水平线上，交叉峰 c 对应横坐标信号 δ 30.1，对应于 C-4 原子。交叉峰 c 和交叉峰 d 处在同一竖直虚线上，可以找到 C-5 与 C-4 连接，C-5 对应于纵轴化学位移 δ 22.9 的信号。从 d 出发，没有明显的连接方式，我们推测 d 和信号 e 相连接，e 和 d 非常靠近，因此我们看不到精细结构。交叉峰 e 垂直对应于横轴 δ 30.7 的位置，因此它一定是碳原子 C-6，毫无疑问它和 C-4 的化学位移会很接近。交叉峰 e 反过来和交叉峰 f 处于同一竖直线上，f 对应于竖直轴 δ 73.1 的信号，因此是碳原子 C-7。交叉峰 f 和 g 处于同一水平线上，对应于横轴 δ 49.5 的信号，因此是碳原子 C-8。最后再回到全谱图 3.70 上来。我们发现交叉峰 g 和 h 处于同一水平线上，对应于横轴 δ 201.1 的信号，来自于醛羰基碳原子 C-9。交叉峰 x 没有明显和其他交叉峰相连，应该是对应乙酯基 C-1′ 和 C-2′。综上所述，交叉峰 a～h 和 x 表示了化合物 **117** 的连接方式。

148　　　注意，当我们确定每一个连接方式后，通过 90°改变寻找方向来找到下一个交叉峰。同样，也可以从醛羰基碳原子出发，沿着分子链的连接方式一直找到 C-1 原子，而非使用图 3.70 和 3.71 的方式。

图 3.71 里，所有的交叉峰都是二重峰，这是因为检测到的信号都是从一个 ^{13}C 原子仅仅连接到另一个 ^{13}C 原子。分子内任何一个 ^{13}C 原子同时连接在两个 ^{13}C 原子的可能性是万分之一再乘以 1%。二重峰分开的距离对应耦合常数 $^1J_{CC}$。在本例中，所有的典型的耦合常数都在 30～40 Hz 范围内，但在有些例子中，可以达到 70 Hz。

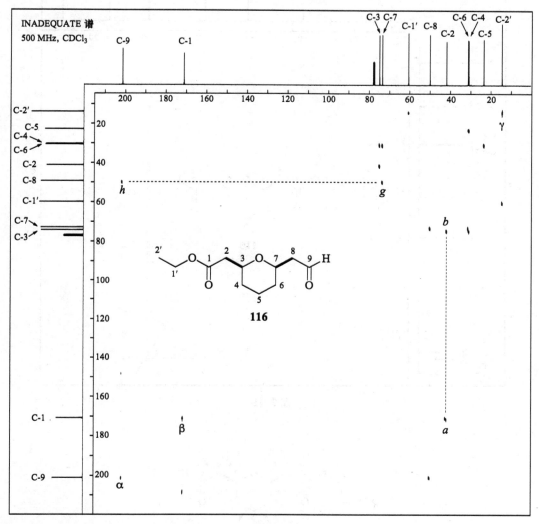

图 3.70

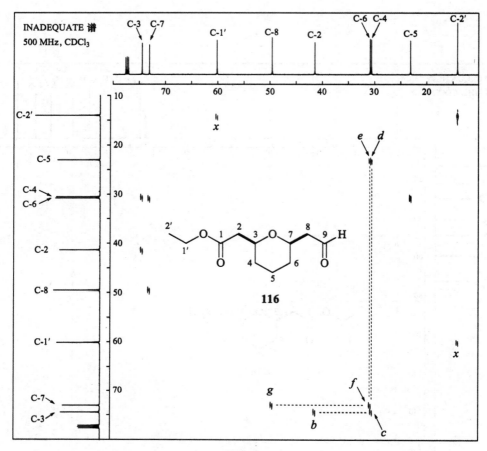

图 3.71

117

3.25　三维和四维核磁

　　当 NMR 光谱信号被扩展到第二维时（见 3.17 节），谱图信息的分散将得到改进。很显然，通过得到三维（甚至四维）NMR 谱来将这个概念进行扩展是很有用处的。而实际上这样的谱图是可以得到的，虽然我们在这里仅仅是有限地介绍这部分内容，而不是将其作为专门的课题。三维和四维谱图在确定像多肽、蛋白质和长度不大的 DNA 双螺旋链等重要大分子的三维结构方面具有强大的威力。该研究领域在结构生物学中是非常重要的，但在此仅简短地进行概括。

　　让我们先考虑一个确定小蛋白质三维结构的问题，它一般会由 100 个左右的氨基酸序列组成。该蛋白质的一小部分 **118** 会含有任意排列的丙氨酸和丝氨酸，并且它们不一定是相邻的。

118

　　第一步是确定每个氨基酸的质子自旋体系，这在原则上可以用二维 TOSCY 谱来实现（见 3.20 节），但实际上大分子有太多的质子信号重叠在一起。比如蛋白质的丙氨酸 NH 残基和丝氨酸的 NH 残基，不管它们是否相邻都会有相同的质子化学位移，所以在 TOCSY 谱中，这两种氨基酸的质子自旋体系都会在 NH 限定的化学位移直线上有交叉峰，如图 3.72（a）所示。出现这种问题是因为这两种 NH 都有相同的质子化学位移。可通过在以 ^{15}N 富集的硝酸铵（^{15}NH$_4$ ^{15}NO$_3$）作为氮源的环境中进行该蛋白质的生物合成来避免这种问题。合成的蛋白质为 ^{15}N 的富集类似物，我们可以得到它的三维 TOCSY 谱图，在该谱图中，各二维 TOCSY 谱图会在一个第三维方向上被分开。每一个二维 TOCSY 谱都处于 ^{1}H/^{1}H 轴所常规定义的平面之中，这些平面则依据每一个氨基酸 ^{15}N 的化学位移被分开。如果丙氨酸的 N 原子和丝氨酸的 N 原子有不同的化学位移，那么这两个平面会像图 3.72（b）所表现的那样，两种氨基酸的 TOCSY 信号将被分在不同的平面里。正如这种技术的名字——3D ^{15}N-TOCSY-HMQC 的含义一样，这些三维谱可以看做二维 TOCSY 谱图和第三维的 HMQC 谱图的组合，不同之处在于这里的异核组分为 ^{15}N 而不是 ^{13}C。

149

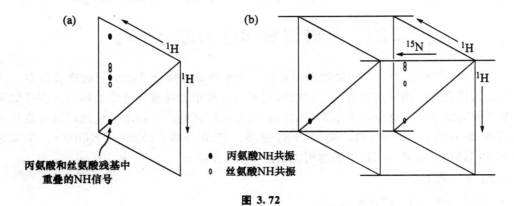

　　（a）　　　　　　　　　　　　　　　　（b）

丙氨酸和丝氨酸残基中
重叠的NH信号

● 丙氨酸NH共振
○ 丝氨酸NH共振

图 3.72

　　一旦蛋白质中的氨基酸自旋体系被归属，我们必须再分析所有被归属的质子间可能的NOE 效应。实现这种任务的三维技术是 3D ^{15}N-NOESY-HMQC 波谱。在这个三维波谱中，图 3.72（b）曾显示 TOCSY 交叉峰的平面现在变成了 NOESY 交叉峰平面。因此，只要每一个氨基酸的 NH 质子共振被一个唯一的 ^{15}NH 和 NH 化学位移组合所限定，所有在空间上与这个特定氨基酸 NH 质子相近的各质子就可以被指认。这对于指认哪些质子是在蛋白质 α-螺旋部分，哪些是在 β-折叠部分非常有用。在 α-螺旋 **119** 中，第 i 个氨基酸的 NH 将会对第 $(i + 1)$ 个氨基酸的 NH 产生 NOE 效应，而在 β-折叠 **120** 中，第 i 个氨基酸的 α-CH 将会对第 $(i + 1)$ 个氨基酸的 NH 产生 NOE 效应。利用这些 NOE 效应，以及其他方法（这里不详述），可以得到溶液中这些二级结构的进一步信息。

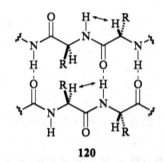

119

α-螺旋构象中的两种氨基酸：可以观测到 NH$_i$ 和 NH$_{i+1}$ 的 NOE 效应

120

β-折叠构象：氢键用虚线标出。可以观测到 α-CH$_i$ 和 NH$_{i+1}$ 的 NOE 效应

　　最后，可以用另一种三维核磁波谱技术来检测其他的空间相互作用，并得到 3D TOCSY-NOESY 谱图。在该谱图中有一系列的二维 TOCSY 谱图，每个二维谱都会收集与每一个可单独指认的质子相关联的 NOESY 效应。比如，缬氨酸和亮氨酸的非对映异位的甲基倾向于给出可辨识的尖锐双峰，并会通过和其他残基作用而在空间上保持在某一位置。因此，一系列三维谱可以从各氨基酸组分中检测信号，得到这些尽管在直线距离上相互远离的氨基酸残基是如何在折叠结构中相互靠近的。只要有足够大的 NOE 效应及足够好的 ^{15} NH 和 NH 信号的分离，我们就可以得到一个蛋白质的全折叠结构，并能够和通过 X 射线晶体学技术得到的信息达到精密的接近。通过这种核磁技术得到的信息比大多数 X 射线结构更具优势，它可以给出分子所有氢原子的位置，并适用于溶液中的结构检测。

3.26　光谱解析和结构鉴定指南

　　一个简单的 ^{1}H 或者 ^{13}C NMR 谱图带有包括化学位移和耦合常数在内的许多信息，这些信息在未知化合物结构鉴定或者反应产物结构确认过程中会花费你许多的精力。但是如果这些简单谱图的信息并不充分，本章介绍的一种或几种特殊的脉冲技术应该就可以提供几乎所需要的全部信息。APT 波谱、简单自旋去耦、差谱去耦、COSY、NOESY、TOCSY、HMQC 和 HMBC 波谱，都是完善解析方法的重要工具。

3.26.1　碳谱

　　(1) 检查溶剂产生的峰（表 3.26）。

　　(2) 如果从高分辨质谱得到了分子式（第 4 章），检查碳信号的数目是否与高分辨质谱得到的分子式一致。如果碳信号的数目大于分子式中碳原子的数目，应注意有的信号可能是样品中微量杂质产生的强度相当的信号。如果碳信号的数目小于分子式中碳原子的数目，要注意寻找未连接质子的碳产生的弱信号，并且要考虑到分子中存在的对称性可能使得一些信号发生重叠。

（3）用 APT 谱（或者 DEPT，如果有必要的话）来决定 CH_3、CH_2、CH 和全取代碳的相对数目。

（4）估计羰基和其他 sp^2、sp^3 碳的相对数目，并注意后者是否在一个脂肪的或者负电性环境中。

3.26.2 氢谱

（1）检查溶剂产生的峰（表 3.26）。

（2）寻找有可能是一个质子产生的信号（或者退一步，两个或者三个质子的信号）。通过对其进行积分，可以估计谱图中每个信号的质子数和谱图整体包含的质子数，并要检查得到的结论是否与其他的证据相符，比如通过质谱得到的分子式，或者更好地，从精确的质量测定所得到的证据。

（3）检查可以与氘发生交换的质子（比如 NH 或 OH）。这些信号可能会比较宽，或者受温度、pH 影响很大。在进行分析时也可以尝试来确定这些可能的共振信号是否会在加入 D_2O 振荡后消失。

（4）估计在脂肪环境、负电性环境和 sp^2 环境中的质子数目，在碰到脂肪环境时，往往是一级、二级或者三级甲基基团给出的信号。并注意，乙烯甲基质子的共振往往比三级甲基质子要宽一点。

（5）要分析任何明确了的耦合模式，并利用耦合常数的大小来进行分析。如果需要，可以做一些特定的去耦实验，或者测试 COSY 谱。这时候往往是最繁琐也是最"愉快的"解析结构信息的阶段，对各种耦合模式的熟练掌握会很有帮助。

（6）如果需要了解质子间的空间位置关系的信息（包括构型和构象信息），要充分利用 Karplus 方程和 NOE 效应。

（7）有一个"非侵害性地"确定一个分子中羟基质子数目（以及它们的多重性）的方法是，在弱酸性条件（pH 约在 2～4）下的 d_6-DMSO 溶剂中测谱。这时溶剂通常会有微量的水，它会在 δ 3.4 ppm 处共振。首先常规的谱（A）被记录下来并保存在谱仪的计算机中，然后第二个谱（B）也类似地被保存，但是在记录这个谱时同时用水的信号照射。在后一张谱中，OH 质子已经通过水信号饱和转移的方式除去，因此，很容易得到的差谱（A−B）就只包含水的峰和各种 OH 的峰（在"中性 pH"下，OH 之间以及与水之间的交换速率较慢）。注意，使用 DMSO 的缺点在于它在实验后难以从样品中完全除掉。

3.26.3 异核相关

（1）如有必要，用一维或者二维 TOCSY 谱来确定自旋系统。

（2）用 HMQC 来对碳和质子的归属进行关联（^1H-^{13}C COSY，见 3.22.1 节）。

（3）与从（2）得到的信息相结合，用 HMBC（远程 ^1H-^{13}C COSY，见 3.22.2 节）来将判明的 CH_3、CH_2 和 CH 基团与季碳和羰基碳连接起来。

（4）作为最后一步，虽然不必要，但如果有足够多的样品，可以通过 INADEQUATE 谱来确定碳原子的连接方式。

3.27 网 络

互联网是一个在随着链接和协议的变化正不断演化的系统。不可避免地，下面这些信息并不是很完善，有的内容可能已不能再使用，但是也可给读者一定的指导。一些网址站点需要特殊的操作系统并且或许只能在有限范围内的浏览器上浏览，有的则需要在使用前付费、注册或者下载相应程序。

152

- 对于互联网上的核磁谱图数据，可以参考麻省理工学院、滑铁卢大学、德克萨斯州立大学或者其他一些有代表性的网站。它们一般只能用来内部浏览，但是也可以提供相关知识和信息。

　　http：//libraries. mit. edu/guides/subjects/chemistry/spectra _ resource. htm

　　http：//lib. uwaterloo. ca/discipline/chem/spectral _ data. html

　　http：//www. lib. utexas. edu/chem/info/spectra. html

互联网上关于 ^{1}H 和 ^{13}C 的 NMR 数据资源是非常巨大的。有一些资源(比如 CDS、Bio-Rad、ACD、Sigma-Aldrich、ChemGate)包括大多数或者全部的谱学方法，并且已经在红外光谱一章中有所提及。许多网站尤其是一些可以被谷歌搜索到的网站会带有测量和解析 NMR 光谱的商业机构的广告。

- 下面的网址带有可以处理、可视化、归属和预测 NMR 数据的软件：

　　http：//www. netsci. org/resource/Software/Struct/nmr. html

它包括如下的应用程序：ACD/NMR、SpecManager、Acron NMR、Aurelia、Azarea、Felix (Accelrys)、Gifa、gNMR、HyperNMR、JspecView、KnowItAll(Sadtler)、MestRe-C 1. 0、NMR Refine(Accelrys)、Perch、UXNMR (Bruker)。

- 下面的网址列出了 IR、NMR、MS 的数据库：

　　http：//www. lohninger. com/spectroscopy/dball. html

- 日本有机化合物光谱数据库(SDBS)：

　　http：//www. aist. go. jp/RIODB/SDBS/cgi-bin/cre _ index. cgi

可以免费进入 IR、Raman、^{1}H 和 ^{13}C NMR 和 MS 数据库。

- 通过许多德国的服务器可以进入 NMRShiftDB 的设施：

　　http：//nmrshiftdb. ice. mpg. de/

可以搜索超过 20 000 个 ^{1}H 和 ^{13}C NMR 谱，谱图的数量以及对谱图的预测能力都在持续增加。

- 由 Bio-Rad 实验室管理的 Sadtler 数据库有众多纯有机化合物和商业化合物的超过 360 000 个 ^{13}C、30 000 个 ^{1}H 的 NMR 谱图。

　　http：//www. bio-rad. com/

并且跟踪 Sadtler、KnowItAll 和 NMR 的索引。

- 通过 Wiley-VCH 网站可以进入 SpecInfo 数据库：

　　http：//www3. interscience. wiley. com/cgi-bin/mrwhome/109609148/HOME

和 ChemGate 数据库，它含有 70 万个 IR、NMR、MS 谱图：

　　http：//chemgate. emolecules. com

- ChemDraw 软件，包括有化学位移预测功能的 ChemNMR，由 Cambridge Soft 提供：www. Cambridgesoft. com/

3.28 参考文献

NMR 工作原理

A. E. Derome, *Modern NMR Techniques*, Pergamon, Oxford, 1987.

R. R. Ernst, G. Bodenhausen and A. Wokaun, *Principles of Nuclear Magnetic Resonance in One and Two Dimensions*, OUP, Oxford, 1987.

J. K. M Sanders and B. K. Hunter, *Modern NMR Spectroscopy: A Guide for Chemists*, 2nd Ed., OUP, Oxford, 1993.

P. J. Hore, *Nuclear Magnetic Resonance*, OUP, Oxford, 1995.

P. Hore and J. Jones, *NMR: The Toolkit*, OUP, Oxford, 2000.

D. M. Grant and R. K. Harris (Eds.), *Encyclopedia of Nuclear Magnetic Resonance*, 8 Vols., Wiley-VCH, Weinheim, 1996.

R. Freeman, *A Handbook of Nuclear Magnetic Resonance*, Longman, 2nd Ed., 1997.

J. Keeler, *Understanding NMR Spectroscopy*, Wiley, Chichester, 2005.

结构鉴定

R. J. Abraham, J. Fisher and P. Loftus, *Introduction to NMR Spectroscopy*, Wiley, New, York, 1988.

J. K. M. Sanders, E. C. Constable and B. K. Hunter, *Modern NMR Spectroscopy: A Workbook of Chemical Problems*, 2nd Ed., OUP, Oxford, 1993.

S. Berger and S. Braun, 200 *and More NMR Experiments: A Practical Course*, Wiley-VCH, Weinheim, 2004.

E. Breitmaier, *Structure Elucidation by NMR in Organic Chemistry*, Wiley, New York, 1993.

J. W. Akitt and B. E. Mann, *NMR and Chemistry*, 4th Ed.; CRC Press, Boca Raton, 2000.

T. N. Mitchell and B. Costisella, *NMR—From Spectra to Structures*, Springer, Heidelberg, 2004.

H. Friebolin, *Basic One- and Two-Dimensional NMR Spectroscopy*, 4th Ed., Wiley-VCH, Weinheim, 2005.

数据

C. J. Pouchert, *The Aldrich Library of ^{13}C and ^1H FT NMR Spectra*, 3 Vols., Aldrich Chemical Company Inc., 1993; also available on CD.

E. Pretsch, P. Buhlmann and C. Affolter, *Tables of Spectral Data for Structure Determination of Organic Compounds*, 3rd English Ed., Springer, Berlin, 2000.

T. J. Bruno and P. D. N. Svoronos, *CRC Handbook of Fundamental Spectroscopic Correlation Charts*, CRC Press, Boca Raton, 2006.

专业 NMR 知识

K. Wüthrich, *NMR of Proteins and Nucleic Acids*, Wiley, New York, 1986.

G. C. K. Roberts (Ed.), *NMR of Macromolecules*, OUP, Oxford, 1993.

W. R. Croasmun and R. M. K. Carlson (Eds.), *Two-dimensional NMR Spectroscopy—Applications for Chemists and Biochemists*, 2nd Ed., VCH, Weinheim, 1994.

H. Oschkinat, T. Müller and T. Dieckmann, *Protein structure determination with threeand four-dimensional NMR spectroscopy*, in *Angew. Chem.*, *Int. Ed. Engl.*, 1994, 33, 277-293.

J. A. Iggo, *NMR Spectroscopy in Inorganic Chemistry*, OUP, Oxford, 2000.

D. Neuhaus and M. P. Williamson, *The Nuclear Overhauser Effect*, 2nd Ed., Wiley-VCH, New

York, 2000.

J. Jimenez-Barbero, and T. Peters (Eds.), *NMR Spectroscopy of Glyconconjugates*, Wiley, New York, 2002.

Q. T. Pham, R. Pétiaud, H. Waton and M.-F. Llauro-Darricades, *Proton and Carbon NMR Spectra of Polymers*, Wiley, XXX, 2002.

M. Knaupp, M. Bühl and V. G. Malkin (Eds.), *Calculation of NMR and EPR Parameters*, Wiley, New York, 2004.

154

3.29 数 据 表

表 3.4 一些磁性核的参数

同位素	9.396 T 下 NMR 频率/MHz	自然丰度/(%)	相对灵敏度	自旋 I
^{1}H	400.00	99.98	1.00	1/2
^{2}H	61.40	0.015	0.00965	1
^{3}H	426.80	0	1.21	1/2
^{7}Li	155.44	92.58	0.293	3/2
^{11}B	128.32	80.42	0.165	3/2
^{13}C	100.56	1.11	0.0159	1/2
^{14}N	28.92	99.63	0.00101	1
^{15}N	40.52	0.37	0.00104	−1/2
^{17}O	54.24	0.037	0.0291	−5/2
^{19}F	376.32	100	0.833	1/2
^{23}Na	105.80	100	0.0925	3/2
^{27}Al	104.24	100	0.206	5/2
^{29}Si	79.44	4.70	0.00784	−1/2
^{31}P	161.92	100	0.0663	1/2
^{35}Cl	39.20	75.53	0.0047	3/2
^{39}K	18.68	93.10	0.000508	3/2
^{41}K	10.24	6.88	0.000084	3/2
^{51}V	105.12	99.76	0.382	7/2
^{53}Cr	22.60	9.55	0.000903	3/2
^{55}Mn	98.64	100	0.175	5/2
^{57}Fe	12.92	2.19	0.000034	1/2
^{59}Co	94.44	100	0.277	7/2
^{65}Cu	113.60	30.91	0.114	3/2
^{79}Br	100.20	50.54	0.0786	3/2
^{81}Br	108.00	49.46	0.0985	3/2
^{85}Rb	38.60	72.15	0.0105	5/2
^{113}Cd	88.72	12.26	0.0109	1/2
^{119}Sn	149.08	8.58	0.0518	−1/2
^{133}Cs	52.48	100	0.0474	7/2
^{195}Pt	86.00	33.80	0.00994	1/2
^{207}Pb	83.68	22.60	0.00916	1/2

注：在自旋一列中，负号表示磁旋比 γ，即磁矩为负数。

表 3.5　一些烷烃的^{13}C 化学位移（ppm）

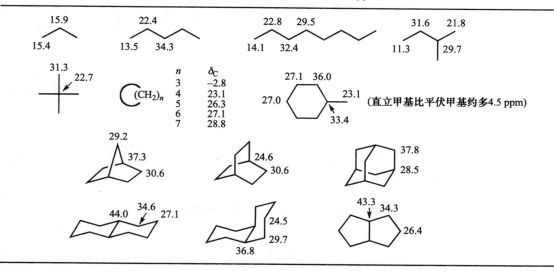

估算脂肪链中的^{13}C 化学位移：

$$\delta_C = -2.13 + \sum z + \sum S + \sum K \tag{3.16}$$

其中-2.13 为甲烷^{13}C 的化学位移，z 是取代基常数（见表 3.6），S 是"立体"校正系数（见表 3.7），K 是 γ 取代基的构象增值（见表 3.8）。

表 3.6　公式（3.16）中的取代基常数 z

取代基		z			
		α	β	γ	δ
H	H—	0	0	0	0
C	alkyl—	9.1	9.4	−2.5	0.3
	—C=C—	19.5	6.9	−2.1	0.4
	—C≡C—	4.4	5.6	−3.4	−0.6
	Ph—	22.1	9.3	−2.6	0.3
	OHC—	29.9	−0.6	−2.7	0.0
	—CO—	22.5	3.0	−3.0	0.0
	—O₂C—	22.6	2.0	−2.8	0.0
	N≡C—	3.1	2.4	−3.3	−0.5
N	R₂N—	28.3	11.3	−5.1	0.0
	O₂N—	61.6	3.1	−4.6	−1.0
O	—O—	49.0	10.1	−6.2	0.0
	—COO—	56.5	6.5	−6.0	0.0
Hal	F—	70.1	7.8	−6.8	0.0
	Cl—	31.0	10.0	−5.1	−0.5
	Br—	18.9	11.0	−3.8	−0.7
	I—	−7.2	10.9	−1.5	−0.9
S	—S—	10.6	11.4	−3.6	−0.4
	—SO—	31.1	9.0	−3.5	0.0

156

表 3.7　公式(3.16)中的"立体"校正系数 S

观测的^{13}C 原子	直接与观测碳原子相连接的非氢取代基数			
	1	2	3	4
一级碳	0.0	0.0	−1.1	−3.4
二级碳	0.0	0.0	−2.5	−7.5
三级碳	0.0	−3.7	−9.5	−15.0
四级碳	−1.5	−8.4	−15.0	−25.0

注：除了 CO_2H、CO_2R 和 NO_2 基团被当做一级碳外（列 1），Ph、CHO、$CONH_2$、CH_2OH 和 CH_2NH_2 基团被看做二级（列 2），而 COR 基团被看做三级（列 3）。

表 3.8　公式(3.16)中的 γ 取代基的构象校正 K

ϕ	0°	60°	120°	180°	自由旋转
K	−4	−1	0	+2	0

公式(3.16)的应用实例：

取代丙二酸酯在化学位移为 13.81、14.10、22.4、28.5、29.5、52.03、61.12 和 169.32 处有^{13}C信号。

$$e \quad d \quad c \quad b \quad a \quad CO_2Et$$
$$CO_2Et$$

（1）考虑次甲基碳 a：

基本值	−2.3	（甲烷）
1α 烷基	9.1	（碳 b）
2β 烷基	9.4	（碳 c）
3γ 烷基	−7.5	（碳 d 和 OEt 基团的两个乙基）
3δ 烷基	0.9	（甲基和 OEt 基团的两个甲基）
2α-CO_2R 基	45.2	
S	−3.7	（碳 a 是和两个 CO_2Et 基团相连的三级碳，看做一级）
K	0	（自由旋转的开链化合物）
计算的化学位移	51.5	观察值为 52.03

归属这个信号并不困难，因为它是唯一的次甲基，所以很容易判别。然而，化学位移在 22.4、28.5 和 29.5 的亚甲基的归属却不能很有把握。

（2）碳 b 的相应计算如下：

基本值	−2.3	（甲烷）
2α 烷基	18.2	［碳 c 和 $(EtO_2C)_2CH$］
1β 烷基	9.4	（碳 d）
2β-CO_2R 基	4.0	
1γ 烷基	−2.5	（甲基）
2δ 烷基	0.6	（OEt 基团的 CH_2 基团）
2β 取代基	4.0	
S	−2.5	（碳 b 为和一个碳相连的二级碳，即碳 a，这个碳有三个非氢的基团）
计算的化学位移	28.9	

（3）对碳原子 c 和 d 进行类似的计算，可分别得到的计算值为 29.1 和 22.8。虽然不能完全确定，但是可以将化学位移为 22.4、28.5 和 29.5 的信号分别归属为 d、b 和 c。如果有可以预测化学位移的软件程序，就可以做得更好一些。ChemDraw 软件中的 ChemNMR程序，利用类似于公式（3.16）的程序以及表 3.6～3.8 的相关数据可以给出：

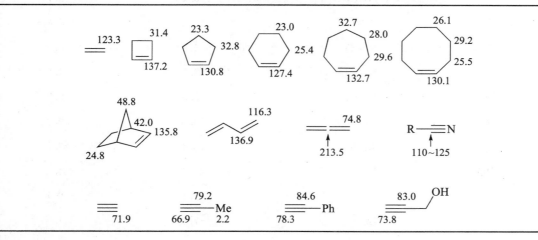

表 3.9 一些烯烃、炔烃和腈类化合物中的 ^{13}C 化学位移（ppm）

估算取代烯烃的 ^{13}C 化学位移：

$$\delta_C = 123.3 + \sum z_1 + \sum z_2 + \sum S \qquad (3.17)$$

其中，123.3 为乙烯的 ^{13}C 化学位移，z_1 和 z_2 是取代基常数（表 3.10），而 S 是烷基取代基的"立体"校正：

对于一对顺式取代基	$S = -1.1$
对于一对 C-1 上的同碳取代基	$S = -4.8$
对于一对 C-2 上的同碳取代基	$S = 2.5$

表 3.10　公式 (3.17) 的取代基常数 z

	取代基 R	z_1	z_2
H	H—	0	0
C	Me—	10.6	−7.9
	Et—	15.5	−9.7
	Pr^n—	14.0	−8.2
	Pr^i—	20.4	−11.5
	Bu^t—	25.3	−13.3
	$ClCH_2$—	10.2	−6.0
	$HOCH_2$—	14.2	−8.4
	Me_3SiCH_2—	12.5	−12.5
	$CH_2=CH$—	13.6	−7.0
	Ph—	12.5	−11.0
	OHC—	13.1	12.7
	RCO—	15.0	5.8
	RO_2C—	6.3	7.0
	$N\equiv C$—	−15.1	14.2
N	RAcN—	6.5	−29.2
O	RO—	29.0	−39.0
	AcO—	18.4	−26.7
Hal	F—	24.9	−34.3
	Cl—	2.6	−6.1
	Br—	−7.9	−1.4
	I—	−38.1	7.0
Si	Me_3Si—	16.9	16.1
P	$Ph_2P(=O)$—	8.0	11.0
S	RS—	18.0	−16.0

公式(3.17)的应用举例:

a	基础值	123.3	*b*	基础值	123.3
	1-甲基	10.6		2 × 1-甲基	21.2
	2 × 2-甲基	−15.8		2-甲基	−7.9
	一对顺式取代基	−1.1		一对顺式取代基	−1.1
	C-2 上的一对同碳取代基	2.5		C-1 上的一对同碳取代基	−4.8
	计算值	119.5		计算值	130.7
	观测值	118.5		观测值	131.8
	ChemNMR 计算值	118.6		ChemNMR 计算值	132.8

表 3.11　一些芳烃的^{13}C 化学位移(ppm)

160　　　　估算取代苯环的^{13}C 化学位移：

$$\delta_C = 128.5 + \sum z_i \tag{3.18}$$

表 3.12　公式(3.18)中的取代基常数 z_i

	取代基 R	z_1	z_2	z_3	z_4
H	H—	0	0	0	0
C	Me—	9.3	0.6	0.0	−3.1
	Et—	15.7	−0.6	−0.1	−2.8
	Pr^n—	14.2	−0.2	−0.2	−2.8
	Pr^i—	20.1	−2.0	0.0	−2.5
	Bu^t—	22.1	−3.4	−0.4	−3.1
	ClCH$_2$—	9.1	0.0	0.2	−0.2
	HOCH$_2$—	13.0	−1.4	0.0	−1.2
	CH$_2$=CH—	7.6	−1.8	−1.8	−3.5
	Ph—	13.0	−1.1	0.5	−1.0
	HC≡C—	−6.1	3.8	0.4	−0.2
	OHC—	9.0	1.2	1.2	6.0
	MeCO—	9.3	0.2	0.2	4.2
	RO$_2$C—	2.1	1.2	0.0	4.4
	N≡C—	−16.0	3.5	0.7	4.3
N	H$_2$N—	19.2	−12.4	1.3	−9.5
	Me$_2$N—	22.4	−15.7	0.8	−11.8
	AcNH—	11.1	−16.5	0.5	−9.6
	O$_2$N—	19.6	−5.3	0.8	6.0
O	HO—	26.9	−12.7	1.4	−7.3
	MeO—	30.2	−14.7	0.9	−8.1
	AcO—	23.0	−6.4	1.3	−2.3
Hal	F—	35.1	−14.3	0.9	−4.4
	Cl—	6.4	0.2	1.0	−2.0
	Br—	−5.4	3.3	2.2	−1.0
	I—	−32.3	9.9	2.6	−0.4
Si	Me$_3$Si—	13.4	4.4	−1.1	−1.1
P	Ph$_2$P—	8.7	5.1	−0.1	0.0
S	MeS—	9.9	−2.0	0.1	−3.7

表 3.13 一些羰基碳的 ^{13}C 化学位移(ppm)

R^1—C(=O)—R^2	δ_C	R^1—C(=O)—R^2	δ_C
Me— —H	199.7	Me— —OH	178.1
Et— —H	206.0	Et— —OH	180.4
Pr^i— —H	204.0	Pr^i— —OH	184.1
		Bu^t— —OH	185.9
CH$_2$=CH— —H	192.4	CH$_2$=CH— —OH	171.7
Ph— —H	192.0	Ph— —OH	172.6
Me— —Me	206.0	Me— —OMe	170.7
Et— —Me	207.6	Et— —OMe	173.3
Pr^i— —Me	211.8	Pr^i— —OMe	175.7
Bu^t— —Me	213.5	Bu^t— —OMe	178.9
ClCH$_2$— —Me	200.7	CH$_2$=CH— —OMe	165.5
Cl$_2$CH— —Me	193.6	Ph— —OMe	166.8
Cl$_3$C— —Me	186.3		
CH$_2$=CH— —Me	197.2	—(CH$_2$)$_3$O—	177.9
Ph— —Me	197.6	—(CH$_2$)$_4$O—	175.2
		Me— —NH$_2$	172.7
—(CH$_2$)$_3$—	208.2	CH$_2$=CH— —NH$_2$	168.3
—(CH$_2$)$_4$—	213.9	Ph— —NH$_2$	169.7
—(CH$_2$)$_5$—	208.8	—(CH$_2$)$_3$NH—	179.4
—(CH$_2$)$_6$—	211.7	—(CH$_2$)$_4$NH—	173.0
		Me— —OAc	167.3
		Ph— —OAc	162.8
(cyclopent-2-enone)	209.0	Me— —Cl	168.6
		CH$_2$=CH— —Cl	165.6
		Ph— —Cl	168.0
(cyclohex-2-enone)	198.0	Me— —SiMe$_3$	247.6
		Ph— —SiMe$_3$	237.9
		Me— —SiPh$_3$	240.1

162

表 3.14 $^{13}C\text{-}^1H$ 耦合常数 ^1J

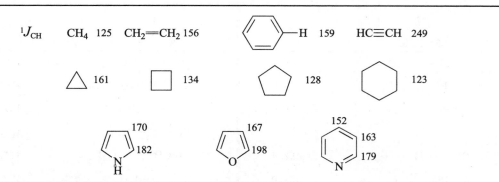

估算烷烃的 $^1J_{CH}$：

$$R^1R^2R^3C\text{—}H \qquad\qquad ^1J_{CH}=125+\sum z_i \qquad\qquad (3.19)$$

表 3.15   公式(3.19)中的取代基常数 z_i

	取代基 R^i	z		取代基 R^i	z
H	H—	0	**N**	H_2N—	8
				Me_2N—	6
C	Me—	1			
	Bu^t—	-3	**O**	HO—	18
	$ClCH_2$—	3			
	$HC\equiv C$—	7	**Hal**	F—	24
	Ph—	1		Cl—	27
	OHC—	2		Br—	27
	MeCO—	-1		I—	26
	HO_2C—	6			
	NC—	11	**S**	MeSO—	13

163

表 3.16 $^{13}C\text{-}^1H$ 耦合常数 ^2J 和 ^3J

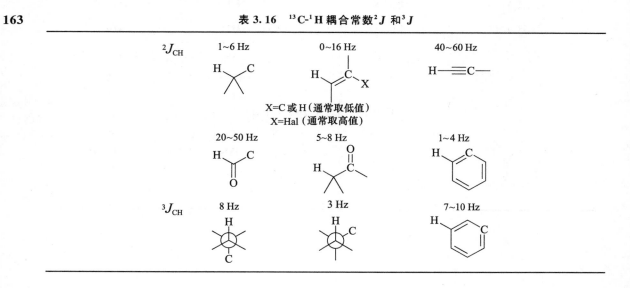

表 3.17 ^{13}C-^{19}F 耦合常数(Hz)

结构	$^1J_{CF}$	结构	$^1J_{CF}$	$^2J_{CF}$	$^3J_{CF}$	$^4J_{CF}$
CH_3F	158	$RCH_2CH_2CH_2F$	165	18	6	<2
CH_2F_2	237	$(RCH_2)_2CHF$	170	20		
CH_3F	274	HO_2CCH_2F	180			
CF_4	257	HO_2CCHF_2	247			
$MeCF_3$	281	HO_2CCF_3	283	45		
CCl_3F	337					
CCl_2F_2	325	⟨苯环⟩—F	245	21	8	3
$CClF_3$	299					
$MeC(=O)F$	353					
$(CF_3)_2O$	265	⟨苯环⟩—CF_3	272	32	4	1
$H_2C=CF_2$	287					

表 3.18 ^{13}C-^{31}P 耦合常数(Hz)

结构	$^1J_{CP}$	$^2J_{CP}$	$^3J_{CP}$	$^4J_{CP}$
$(CH_3CH_2CH_2CH_2)_3P$	14	15	10	0
Me_4P^+	56			
$(CH_3CH_2CH_2CH_2)_3P=O$	66	5	13	0
$(CH_3CH_2CH_2CH_2O)_3P=O$		6	7	0
$CH_3CH_2CH_2CH_2PO(OBu)_2$	11	5	0	0
⟨苯环⟩—PPh_2	12	20	7	0

表 3.19 甲基、亚甲基、次甲基的 ^{1}H 化学位移(ppm)

	甲基质子	δ_H	亚甲基质子	δ_H	次甲基质子	δ_H
C	$R—CH_3$	0.9	$R—CH_2—R$	1.4	$R—CHR_2$	1.5
	$C=C—C—CH_3$	1.1	$C=C—C—CH_2—R$	1.7		
	$O—C—CH_3$	1.3	$O—C—CH_2—R$	1.9	$O—C—CHR_2$	2.0
	$N—C—CH_3$	1.1	$N—C—CH_2—R$	1.4		
	$O_2N—C—CH_3$	1.6	$O_2N—C—CH_2—R$	2.1		
	$C=C—CH_3$	1.6	$C=C—CH_2—R$	2.3		

	甲基质子	δ_H	亚甲基质子	δ_H	次甲基质子	δ_H
	Ar—CH$_3$	2.3	Ar—CH$_2$—R	2.7	Ar—CHR$_2$	3.0
	O=CC=C—CH$_3$	2.0	O=CC=C—CH$_2$—R	2.4		
	O=CC(CH$_3$)=C	1.8	O=CC(CH$_2$—R)=C	2.4		
	C≡C—CH$_3$	1.8	C≡C—CH$_2$—R	2.2	C≡C—CHR$_2$	2.6
	RCO—CH$_3$	2.2	RCO—CH$_2$—R	2.4	RCO—CHR$_2$	2.7
	ArCO—CH$_3$	2.6	ArCO—CH$_2$—R	2.9	ArCO—CHR$_2$	3.3
	ROOC—CH$_3$	2.0	ROOC—CH$_2$—R	2.2	ROOC—CHR$_2$	2.5
	ArOOC—CH$_3$	2.4	ArOOC—CH$_2$—R	2.6		
	N—CO—CH$_3$	2.0	N—CO—CH$_2$—R	2.2	N—CO—CHR$_2$	2.4
	N≡C—CH$_3$	2.0	N≡C—CH$_2$—R	2.3	N≡C—CHR$_2$	2.7
N	N—CH$_3$	2.3	N—CH$_2$—R	2.5	N—CHR$_2$	2.8
	ArN—CH$_3$	3.0	ArN—CH$_2$	3.5		
	RCON—CH$_3$	2.9	RCON—CH$_2$—R	3.2	RCO—N—CHR$_2$	4.0
	N$^+$—CH$_3$	3.3	N$^+$—CH$_2$—R	3.3		
	O$_2$N—CH$_3$	4.3	O$_2$N—CH$_2$—R	4.4	O$_2$N—CHR$_2$	4.7
O	HO—CH	3.4	HO—CH$_2$—R	3.6	HO—CHR$_2$	3.9
	RO—CH$_3$	3.3	RO—CH$_2$—R	3.4	RO—CHR$_2$	3.7
	C=CO—CH$_3$	3.8	C=CO—CH$_2$—R	3.7		
	ArO—CH$_3$	3.8	ArO—CH$_2$—R	4.3	ArO—CHR$_2$	4.5
	RCOO—CH$_3$	3.7	RCOO—CH$_2$—R	4.1	RCOO—CHR$_2$	4.8
			(RO)$_2$CH$_2$	4.8	(RO)$_3$CH	5.2
Hal	F—CH$_3$	4.3	F—CH$_2$—R	4.1	F—CHR$_2$	3.7
	Cl—CH$_3$	3.1	Cl—CH$_2$—R	3.6	Cl—CHR$_2$	4.2
	Br—CH$_3$	2.7	Br—CH$_2$—R	3.5	Br—CHR$_2$	4.3
	I—CH$_3$	2.1	I—CH$_2$—R	3.2	I—CHR$_2$	4.3
S	RS—CH$_3$	2.1	S—CH$_2$—R	2.4	S—CHR$_2$	3.2
	RSO—CH$_3$	2.5	RSO—CH$_2$—R	2.7		
	RSO$_2$—CH$_3$	2.8	RSO$_2$—CH$_2$—R	2.9		
			(RS)$_2$CH$_2$	4.2		
P	R$_2$P—CH$_3$	1.4	R$_2$P—CH$_2$—R	1.6	R$_2$P—CHR$_2$	1.8
Si	R$_3$Si—CH$_3$	0.0	R$_3$Si—CH$_2$—R	0.5	R$_3$Si—CHR$_2$	1.2
Se	RSe—CH$_3$	2.0				

注：R 为烷基取代基。这些数值误差范围在±0.2 ppm 内，其他取代基的电子效应和各向异性电子效应很强的时候除外。τ 是已经不用的标度，它与 δ 之间用简单的方程相联系：$\tau = 10 - \delta$。

估算烷烃的 ¹H 化学位移：

$$R^1R^2R^3C—H \qquad\qquad \delta_H = 1.50 + \sum z_i \qquad\qquad (3.20)$$

表 3.20 公式(3.20)中的取代基常数 z

R^i	z	R^i	z	R^i	z
H—	−0.3	HC≡C—	0.9	MeO—	1.5
Alkyl—	0.0	OHC—	1.2	PhO—	2.3
CH₂=CHCH₂—	0.2	MeCO—	1.2	AcO—	2.7
MeCOCH₂—	0.2	RO₂C—	0.8	Cl—	2.0
HOCH₂—	0.3	NC—	1.2	Br—	1.9
ClCH₂—	0.5	H₂N—	1.0	I—	1.4
CH₂=CH—	0.8	O₂N—	3.0	MeS—	1.0
Ph—	1.3	HO—	1.7	Me₃Si—	0.7

表 3.21 一些脂环类化合物 —CH₂— 和 =CH— 的 ¹H 化学位移(ppm)

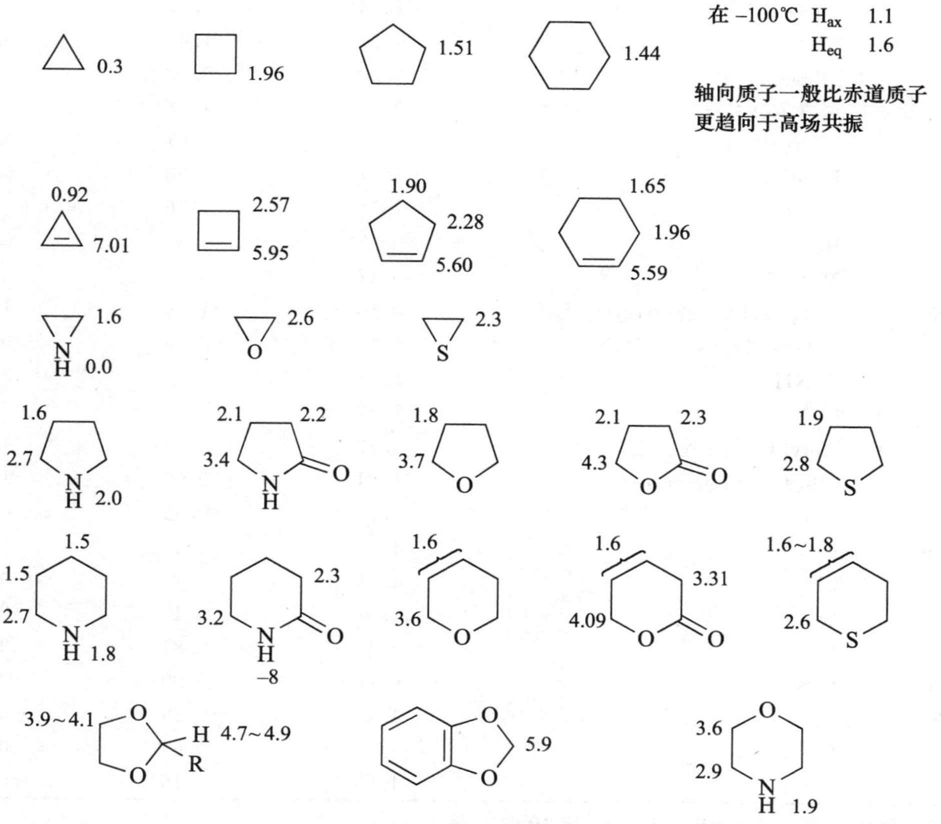

在 −100℃ H_ax 1.1
　　　　　　H_eq 1.6

轴向质子一般比赤道质子
更趋向于高场共振

△ 0.3　　□ 1.96　　⬠ 1.51　　⬡ 1.44

0.92
△ 7.01

2.57
□ 5.95

1.90
⬠ 2.28
5.60

1.65
⬡ 1.96
5.59

△ 1.6 N H 0.0　　△ 2.6 O　　△ 2.3 S

1.6 2.7 N—H 2.0

2.1 2.2 3.4 N—H (五元环酮)

1.8 3.7 O

2.1 2.3 4.3 O=

1.9 2.8 S

1.5 1.5 2.7 N—H 1.8

2.3 3.2 N—H −8 (六元环酮)

1.6 3.6 O

1.6 3.31 4.09 O=

1.6~1.8 2.6 S

3.9~4.1 O / O H 4.7~4.9 R

5.9 (苯并二氧杂环)

3.6 2.9 N—H 1.9 (吗啉)

166　**估算烯烃的 ^{1}H 化学位移：**

$$\delta_H = 5.25 + \sum z_{gem} + \sum z_{cis} + \sum z_{trans} \tag{3.21}$$

表 3.22　公式(3.21)中的取代基常数 z

取代基 R		z_{gem}	z_{cis}	z_{trans}
H	H—	0	0	0
C	Alkyl—	0.45	−0.22	−0.28
	[a]环状 alkyl—	0.69	−0.25	−0.28
	N≡CCH$_2$—或 RCOCH$_2$—	0.69	−0.08	−0.06
	ArCH$_2$—	1.05	−0.29	−0.32
	R$_2$NCH$_2$—	0.58	−0.10	−0.08
	ROCH$_2$—	0.64	−0.10	−0.02
	HalCH$_2$—	0.70	0.11	−0.04
	RSCH$_2$—	0.71	−0.13	−0.22
	孤立 RCH=CH—	1.00	−0.09	−0.23
	[b]共轭 CH=CH—	1.24	0.02	−0.05
	Ar—	1.38	0.36	−0.07
	OHC—	1.02	0.95	1.17
	孤立 RCO—	1.10	1.12	0.87
	[b]共轭 RCO—	1.06	0.91	0.74
	孤立 HO$_2$C—	0.97	1.41	0.71
	[b]共轭 HO$_2$C—	0.80	0.98	0.32
	孤立 RO$_2$C—	0.80	1.18	0.55
	[b]共轭 RO$_2$C—	0.78	1.01	0.46
	R$_2$NCO—	1.37	0.98	0.46
	ClCO—	1.11	1.46	1.01
	RC≡C—	0.47	0.38	0.12
	N≡C—	0.27	0.75	0.55
N	(Alkyl)HN—或(Alkyl)$_2$N—	0.80	−1.26	−1.21
	[b](共轭 alkyl 或 aryl)$_2$N—	1.17	−0.53	−0.99
	AcNH—	2.08	−0.57	−0.72
	O$_2$N—	1.87	1.30	0.62
O	Alkyl O—	1.22	−1.07	−1.21
	[b]共轭 alkyl 或 aryl O—	1.21	−0.60	−1.00
	AcO—	2.11	−0.35	−0.64
Hal	F—	1.54	−0.40	−1.02
	Cl—	1.08	0.18	0.13
	Br—	1.07	0.45	0.55
	I—	1.14	0.81	0.88
Si	R$_3$Si—	0.90	0.90	0.60
S	RS—	1.11	−0.29	−0.13
	RSO—	1.27	0.67	0.41
	RSO$_2$—	1.55	1.16	0.93

[a] 当双键和烷基是五元或六元环的部分时，用"环烷基"值。

[b] 当双键或者取代基进一步共轭时，用"共轭"值。

表 3.23　与多重键相连的质子的¹H 化学位移(ppm)

结构	δ_H	结构	δ_H
RCHO	9.4～10.0	$R_2C{=}CHR$	4.5～6.0
ArCHO	9.7～10.5	$R_2C{=}CH{-}COR$	5.8～6.7
ROCHO	8.0～8.2	$RHC{=}CR{-}COR$	6.5～8.0
R_2NCHO	8.0～8.2	$RHC{=}CR{-}OR$	4.0～5.0
$RC{\equiv}CH$	1.8～3.1	$R_2C{=}CH{-}OR$	6.0～8.1
$R_2C{=}C{=}CHR$	4.0～5.0	$RHC{=}CR{-}NR_2$	3.7～5.0
Ar**H**	6.0～9.0	$R_2C{=}CH{-}NR_2$	5.7～8.0

表 3.24　不饱和环状体系质子(一般与双键相连)
的¹H 化学位移(ppm)(简单的环状烯烃见表 3.21)

168　　　估算取代苯环的 ^1H 化学位移：

$$\delta_H = 7.27 + \sum z_i \qquad (3.22)$$

表 3.25　公式(3.22)中的取代基常数 z_i

	取代基 R	z_o	z_m	z_p
H	H—	0	0	0
C	Me—	−0.20	−0.12	−0.22
	Et—	−0.14	−0.06	−0.17
	Pr^i—	−0.13	−0.08	−0.18
	Bu^t—	−0.02	−0.08	−0.21
	H_2NCH_2—或 $HOCH_2$—	−0.07	−0.07	−0.07
	$ClCH_2$—	0.00	0.00	0.00
	F_3C—	0.32	0.14	0.20
	Cl_3C—	0.64	0.13	0.10
	$CH_2{=}CH$—	0.06	−0.03	−0.10
	Ph—	0.37	0.20	0.10
	OHC—	0.56	0.22	0.29
	MeCO—	0.62	0.14	0.21
	H_2NCO—	0.61	0.10	0.17
	HO_2C—	0.85	0.18	0.27
	MeO_2C—	0.71	0.10	0.21
	ClCO—	0.84	0.22	0.36
	$HC{\equiv}C$—	0.15	0.02	−0.01
	$N{\equiv}C$—	0.36	0.18	0.28
N	H_2N—	−0.75	−0.25	−0.65
	Me_2N—	−0.66	−0.18	−0.67
	AcNH—	0.12	−0.07	−0.28
	O_2N—	0.95	0.26	0.38
O	HO—	−0.56	−0.12	−0.45
	MeO—	−0.48	−0.09	−0.44
	AcO—	−0.25	0.03	−0.13
Hal	F—	−0.26	0.00	−0.04
	Cl—	0.03	−0.02	−0.09
	Br—	0.18	−0.08	−0.04
	I—	0.39	−0.21	0.00
Si	Me_3Si—	0.22	−0.02	−0.02
	$(MeO)_2P({=}O)$—	0.48	0.16	0.24
S	MeS—	0.37	0.20	0.10

　　注：这些参数为仅简单地在相应单取代苯环上测得的结果；它们并不能准确地用于多取代苯，但估算的化学位移通常较好。当一个取代基受到邻位上另一个和苯环共轭的取代基的影响时，有可能产生误差。

表 3.26 常见氘代溶剂的 ¹H 和 ¹³C 化学位移(ppm)

溶剂	氘代溶剂				未氘代溶剂
	δ_H [a]	多重度 [b]	δ_C	多重度 [b]	δ_C
乙酸	2.05				21.1
	11.5 [c]				178.1
丙酮	2.05	五重峰	29.8	七重峰	30.5
			205.7		205.4
乙腈	1.95	五重峰	1.3	七重峰	1.7
			118.2	多重峰	118.2
苯	7.27		128.0	三重峰	128.5
叔丁醇	1.28 [d]				
二硫化碳					192.8
四氯化碳					96.1
氯仿	7.25		77.0	三重峰	77.2
环己烷	1.40	三重峰	26.3	五重峰	27.6
1,2-二氯乙烷	3.72	宽峰			
二氯甲烷	5.35	三重峰	53.1	五重峰	54.0
N,N-二甲基甲酰胺(DMF)	2.75	五重峰			
二甲亚砜(DMSO)	2.5	五重峰	39.7	七重峰	40.6
DMSO 中的水	3.3 [c]				
二氧六环	3.55	三重峰	66.5	五重峰	67.6
六甲基磷酰胺(HMPA)	2.60	二重峰 [e] 五重峰	35.8	七重峰	36.9
甲醇	3.35	五重峰	49.0	七重峰	49.9
	4.8 [c]				
硝基甲烷	4.33	五重峰	60.5	七重峰	57.1
吡啶	7.0		123.4	三重峰	123.9
	7.35		135.3	三重峰	135.9
	8.5		149.8	三重峰	150.3
四氢呋喃(THF)	1.73	宽峰	25.2	五重峰	26.5
	3.58	宽峰	67.4	五重峰	68.4
甲苯	2.3	五重峰			
	7.2				
三氟乙酸(TFA)	11.3 [c]				115.7 [f]
					163.8 [g]
水	4.7 [c]				

[a] 氘代溶剂中的残余质子;

[b] 除另有说明,均为单峰;

[c] 可变化,取决于溶剂及溶液的浓度;

[d] 常使用 $(CH_3)_3COD$,而不是完全氘代的溶剂;

[e] 和 P 耦合,$J = 9$ Hz;

[f] 和 F 耦合成四重峰,$J = 294$ Hz;

[g] 和 F 耦合成四重峰,$J = 46$ Hz。

170

表 3.27　与非碳原子相连接的质子的 ^1H 化学位移 ^{a}（ppm）

	结构	δ_H		结构	δ_H
NH	RNH$_2$ 和 R$_2$NH	0.5～4.5	**OH**	单体 H$_2$O	≈1.5
	ArNH$_2$ 和 ArNHR	3～6		悬浮 H$_2$O	≈4.7
	RCONH$_2$ 和 RCONHR	5～12		ROH	0.5～4.5
	吡咯 NH	7～12		ArOH	4.5～10
SiH	Me$_3$SiH	4.0		RCO$_2$H	9～15
	Ar$_3$SiH	≈5.5		R$_2$C=NOH	9～12
	(MeO)$_3$SiH	4.11			
	Cl$_2$SiH$_2$	5.40			7～16
	MeOSiH$_3$	4.52			
SnH	R$_3$SnH	≈5.3	**SH**	RSH	1～2
PH	(RO)$_2$P(=O)H	≈6.8 ^{b}		ArSH	3～4

^{a} 这些数值（除了 SiH 和 SnH）对温度、溶剂和浓度都非常敏感，形成的氢键越强，化学位移越移向低场；

^{b} 双重峰，$^1J_{PH}$ 为 140 Hz。

表 3.28　同碳耦合常数 $^2J_{HH}$（Hz）

	$^2J_{HH}$		$^2J_{HH}$
H— —H	−12.4		
R— —R	−8～−18		−21.5
—(CH$_2$)$_2$—	−3～−9		
—(CH$_2$)$_3$—	−11～−17		
—(CH$_2$)$_4$—	−8～−18		
—(CH$_2$)$_5$—	−11～−14		−3～+3
H— —Ph	−14.3		
H— —OH	−10.8		
H— —Cl	−10.8		
—O(CH$_2$)$_2$O—	≈0		−8～−10
—O(CH$_2$)$_3$O—	−5～−6		
H— —CN	−16.2		
H— —COMe	−14.9		

表 3.29 一些脂肪化合物中的邻位耦合常数 $^3J_{HH}$ (Hz)

开链化合物			环状化合物			
结构	$^3J_{HH}$	典型值	结构	几何构型	环大小	$^3J_{HH}$
CH_3—CH_2—	6~8	7	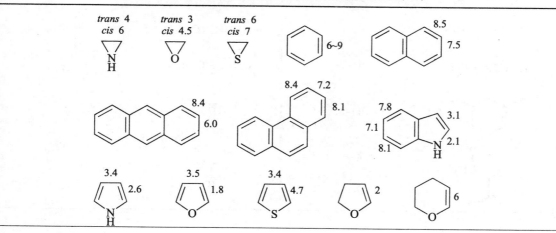	cis	3	7~13
				trans	3	4.0~9.5
CH_3-CH<	5~7	6		cis	4	4.0~12.0
				trans	4	2.0~10.0
—CH_2—CH_2—	5~8	7		cis	5	5.0~10.0
				trans	5	5.0~10.0
>CH-CH<	0~8	7		cis	6	2.0~6.0
				trans	6	8.0~13.0[b]
>=CH—CH<	4~11	6			3	1.8[c]
					4	−0.8[c]
>=CH—CH=<	6~13	11[a]			5	0.5[c]
					6	1.5[c]
>CH·CHO	0~3	2			7	3.7[c]
					8	5.3[c]
>=CH—CHO	5~8	7			3	0.5~2
					4	2.5~4.0
(H,H cis alkene)	0~12	8			5	5~7
					6	8.5~10.5
					7	9~12.5
(H,H trans alkene)	12~18	15			8	10~13
			H^7 H^1 H^{2x} H^{3x} H^{2n} H^{3n}		1~2x	3~4
					1~2n	0~2
					2x~3x	9~10
					2n~3n	6~7
					2x~3n	2~5
					1~7	0~3

a 存在于采取 s-反式构象的双烯中;

b J_{aa}= 8~13, J_{ee}= 2~5;注意 J_{ee} 通常比 J_{aa} 小 1 Hz;

c 未取代的环烯烃数值。

表 3.30 杂环和芳香化合物中的邻位耦合常数 $^3J_{HH}$ (Hz)

172

trans 4
cis 6

trans 3
cis 4.5

trans 6
cis 7

(benzene) 6~9

(naphthalene) 8.5 / 7.5

(anthracene) 8.4 / 6.0

(phenanthrene) 8.4 / 7.2 / 8.1

(indole) 7.8 / 7.1 / 8.1 / 3.1 / 2.1

(pyrrole) 3.4 / 2.6

(furan) 3.5 / 1.8

(thiophene) 3.4 / 4.7

(dihydrofuran) 2

(dihydropyran) 6

吡啶 7.6 / 5.5，哒嗪 8.8 / 5.1，嘧啶 5，吡嗪 8.2 / 1.8，喹啉 8.2 / 8.3 / 6.8 / 8.2 / 4.3

4-吡啶酮 8，二氢吡啶 8.5，二氢吡啶 6.9 / 9.8，4-吡喃酮 9.8 / 6.3，2-吡喃酮 6.3 / 9.4 / 5

表 3.31　帕斯卡三角形给出了自旋量子数 $I = 1/2$ 的 n 个核耦合产生的一级多重峰相关强度比

n	相关强度比
0	1
1	1　1
2	1　2　1
3	1　3　3　1
4	1　4　6　4　1
5	1　5　10　10　5　1
6	1　6　15　20　15　6　1
7	1　7　21　35　35　21　7　1
8	1　8　28　56　70　56　28　8　1

表 3.32　远程耦合常数 $^4J_{HH}$ 和 $^5J_{HH}$ (Hz)

结构	$^4J_{HH}$	结构	$^5J_{HH}$
—CH=C—CH	0～3	CH—C=C—CH	0～2
—CH=C=CH—	4～6	—CH=C=C—CH	2～3
H—C≡C—CH	1～3	CH—C≡C—CH	1～3
(间位芳氢)	1～3	(对位二烯)	8～10
(苄基 CH₂)	0.6～0.9（很小，因为不是"W"形）		

结构	$^4J_{HH}$	结构	$^5J_{HH}$
	1～2		0～1
	7～8		1～1.5
	7a～2n 3～4 2x～6x 1～2		
	信号因 ^4J 耦合而 明显变宽		

表 3.33 一些常见环境中 Eu(dmp)₃ 诱导的质子位移

官能团	化学位移	官能团	化学位移
	ppm/ Eu(dmp)₃ 的摩尔数（每摩尔底物）		ppm/ Eu(dmp)₃ 的摩尔数（每摩尔底物）
RCH₂**NH₂**	≈150	RCH₂**CHO**	11
RCH₂**OH**	≈100	RCH₂OC**H₂**R	10
RC**H₂**NH₂	30～40	RCH₂CO₂C**H₃**	7
RC**H₂**OH	20～25	RC**H₂**CO₂CH₃	6.5
RC**H₂**COR	10～17	RC**H₂**CN	3～7
RC**H₂**CHO	19		

a 位移值对应于标为黑体的质子。

表 3.34 ¹H-¹⁹F 耦合常数（Hz）

结构	J	结构	J
$^2J_{HF}$	45～52	$^4J_{HF}$	0～9[b]
	60～65		2～4

续表

结构	J	结构	J
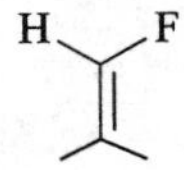	72~90	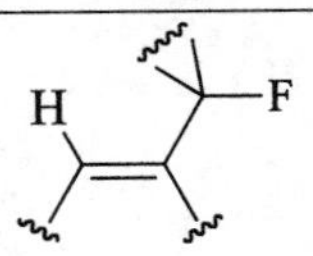	0~6
$^3J_{HF}$　$CH_3—CF$	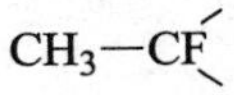 20~24	$^{3~6}J_{HF}$	
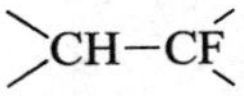 $CH—CF$	0~45^a	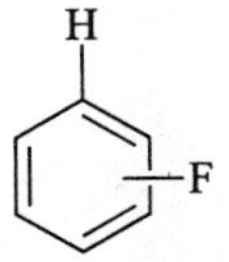	邻位 6~11 间位 3~9 对位 0~4
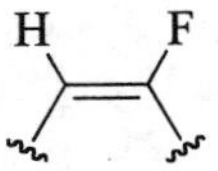	3~20	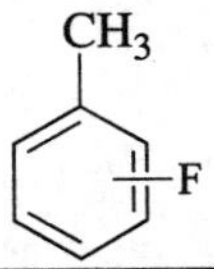	邻位 2.5 间位 1.5 对位 0
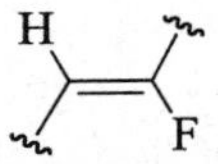	12~53		

a 邻交叉构象为 0~12，反式构象为 10~45；

b 当原子处于 W 构象时取较高一端（≥3.5）。

表 3.35　^{1}H-^{31}P 耦合常数（Hz）

耦合类型	化合物类型		
	膦	磷盐	氧化膦
$^1J_{PH}$	(150) 185~220 (250)	400~900	200~750
$^2J_{PCH}$	(−5) 0~15 (27) 和 46^b	(0) 10~18 和 30^b	5~25 和 40^b
$^3J_{PCCH}$	(10) 13~17 (20)	(0) 10~20 和 57	14~30
$^3J_{PC=CH}$	*trans* (5) 12~41	*trans* 28~50 (80)	
	cis 6~20^c	*cis* 10~20 (35)^c	
		膦	磷酸盐
$^3J_{POCH}$		(0) 5~14 (20)	(0) 5~20 (30)
	所有化合物		
$^4J_{PH}$	0~3 (5)^d		

a 耦合常数经常与磷原子上的取代基有很大关系，因此常常可以观察到上述数据范围外的数值，括号内的数值是至今为止所报道的"极端"值；

b 在 PCH =C 系统中观察到的数值；

c 反式耦合常数通常是顺式耦合常数的 2 倍；

d 在 P—C =C—CH 系统中。

表 3.36　相对于 $Et_2O \cdot BF_3$ 的硼化合物中 ^{11}B 的典型化学位移（ppm）（负值表示高场，正值表示低场）

结构	δ	结构	δ	结构	δ
Me_3B	87	$Me_2B(OMe)$	53	$Me_3B \cdot NMe_3$	0.1
Me_2BF	60	$MeB(OMe)_2$	30	$Me_3B \cdot PMe_3$	12
$MeBF_2$	8	$B(OMe)_3$	18	$H_3B \cdot NMe_3$	-8
BF_3	10	$MeB(NMe_2)_2$	34	$H_3B \cdot SMe_2$	-20
Ph_3B	68	BCl_3	47	BF_4^-	-2
$(CH_2{=}CH)_3B$	56	BBr_3	39		
B_2H_6	17				

更多的 ^{11}B NMR 数据，参考：S. Hermanek, *Chem. Rev.*, 1992, 92, 325；H. Nöth and B. Wrackmeyer, *NMR Basic Principles and Progress*, 1978, 14, 1.

表 3.37　有代表性的一键 ^{11}B 耦合常数（Hz）

结构		J	结构		J
Me_2BF	$^1J_{BF}$	119	Me_3B	$^1J_{CB}$	47
$MeBF_2$	$^1J_{BF}$	76	BH_4^-	$^1J_{BH}$	80
BF_3	$^1J_{BF}$	15	Me_4B^-	$^1J_{CB}$	22
BF_4^-	$^1J_{BF}$	$1{\sim}5^a$			

a 与溶剂和温度有关。

表 3.38　相对于 $MeNO_2$ 的含氮化合物 ^{15}N 的近似化学位移（ppm）（负值表示高场，正值表示低场）

结构	δ	结构	δ	结构	δ
R_3N	-350	$RN{=}C{=}NR$	-250	吡啶	$50{\sim}-50$
R_4N^+	-350	$RC{\equiv}N$	-150	$R_2C{=}NOH$	0
$RNHNH_2$	-350	吡咯	$-100{\sim}-250$	$R_2C{=}NR$	$0{\sim}-50$
$RNCO$	-350	$RCNO$	-180	$RN{=}NR$	200
	-350				
RN_3	-190	$(RCO)_2NR$	-180	$R_2N{-}N{=}O$	200
	-160				
$R_3N^+{-}O^-$	-260	$R{-}\overset{+}{N}{=}{\,}R$ (O^-)	-100	$R{-}N{=}O$	500
$RCONR_2$	-330				

176

表 3.39 相对于 CFCl₃ 的含氟化合物 ¹⁹F 的典型化学位移（ppm）（负值表示高场，正值表示低场）

结构	δ	结构	δ	结构	δ
MeF	−272	$(CF_3)_3N$	−56	HF	40
CF_2H_2	−144	PhF	−116	F_2	429
CHF_3	−79	C_6F_6	−163	BF_3	−131
CF_4	−63	$PhCF_3$	−64	$BF_3 \cdot OEt_2$	−153
EtF	−213	$PhCH_2F$	−207	SiF_4	−163
$c\text{-}C_6F_{12}$	−133	$BrCF_3$	7	Et_2SiF_2	−143
$CH_2{=}CHF$	−114	CF_3CO_2H	−78	PF_3	−34
$CH_2{=}CF_2$	−81	CF_3CO_2Me	−74	PF_5	−72
$CF_2{=}CF_2$	−135	$(CF_3)_2CO$	−85	POF_3	−91
$cis\text{-}CHF{=}CHF$	−165	$F{-}C{\equiv}N$	−156	SF_6	57
$trans\text{-}CHF{=}CHF$	−183	$F{-}C{\equiv}C{-}F$	−95	SO_2F_2	33
$CF_3CF_2CF_2CF_3$	−135	NF_3	145	$PhSO_2F$	65

更多的 ¹⁹F NMR 数据，参考：*Handbook of Basic Tables for Chemical Analysis*, Ed. T. J. Bruno and P. D. N. Svoronos, CRC Press, Boca Raton, 2nd Ed., 2003; J. W. Emsley and L. Phillips, *Progress in NMR Spectroscopy*, 1971, 7, 1; J. W. Emsley, L. Phillips and V. Wray, *Progress in NMR Spectroscopy*, 1976, 10, 83.

表 3.40 ¹⁹F-¹⁹F 的典型耦合常数（Hz）（¹⁹F 对 ¹³C、¹H、¹¹B 的耦合常数参见表 3.17、表 3.34 和表 3.37）

结构		$^2J_{FF}$	结构	$^3J_{FF}$
$(CH_2)_nCF_2$	$n=3$	150	CF_3CF_3	3.5
	$n=4$	200	CF_3CHF_2	3
	$n=5$	240	CF_3CH_2F	16
	$n=6$	228	FCH_2CH_2F	11
(F₃C, F, F, F structure)		270	(trans FCH=CHF)	134
	R, R=H, H	36	(cis FCH=CHF)	19
	R, R=H, F	87	$ClCF_2CF_2C({=}O)F$	5
	R, R=Br, F	75	$ClCF_2CF_2C({=}O)F$	8
	R, R=Br, Cl	30	$CHF_2CHFCHF_2$	13
(R, R, F, F alkene)	R, R=Ph, H	33	CF_3CF_2CHFMe	15
	R, R=$n\text{-}C_6H_{13}$, H	50	$CF_3CF_2CF_2CO_2H$	<1
	R, R=CF_3CH_2O, F	102	CF_3CF_2CHFMe	<1

注：$^4J_{FF}$ 和 $^5J_{FF}$ 通常比 $^3J_{FF}$ 更大，尤其是当 F 原子连接在 sp² 碳上。它们非常易受结构的影响，包括 F 原子间的空间接近程度。

表 3.41 相对于 Me₄Si 的含硅化合物²⁹Si 的典型化学位移（ppm）（负值表示高场，正值表示低场）

结构	δ	结构	δ
Me_4Si	0	Cl_3SiH	-10
$t\text{-}PhCH{=}CHSiMe_3$	-7	$Me_3SiSiMe_3$	-20
Me_3SiH	-17	$PhMe_2\mathbf{Si}SiMe_3$	-19
Me_2SiH_2	-37	$PhMe_2Si\mathbf{Si}Me_3$	-22
$MeSiH_3$	-65	$Me_3\mathbf{Si}Me_2SiSiMe_3$	-16
Me_3SiF	31	$Me_3SiMe_2\mathbf{Si}SiMe_3$	-49
Me_2SiF_2	9	$c\text{-}(Me_2Si)_6$	-42
Me_3SiCl	30	Ph_3SiH	-21
Me_2SiCl_2	32	Ph_2SiH_2	-33
$MeSiCl_3$	12	$PhSiH_3$	-60
Me_3SiBr	26	$PhMe_2SiH$	-17
Me_3SiI	9	Ph_2SiCl_2	6
Me_3SiOMe	17	Ph_3SiLi	-9
$(EtO)_3SiH$	-59	$PhMe_2SiLi$	-29
$(MeO)_4Si$	-78	$(PhMe_2Si)_2CuLi_2$	-24
$Me_3SiOClO_3$	47	$AcNHSiMe_3$	6
$(Me_3Si)_2O$	7	$Me(C{=}NH)OSiMe_3$	18
$c\text{-}(Me_2SiO)_4$	-20	$AcN(SiMe_3)_2$	6

结构	δ
	-60
	32
$Ar_2Si{=}SiAr_2$ $(Ar=2,4,6\text{-}Me_3C_6H_2)$	64
$Ar_3Si^+(C_6F_5)_4B^-$ $(Ar=2,4,6\text{-}Me_3C_6H_2)$	226
5-协同 Si	$-60\sim-160$

结构	δ
	78
	13
	41.5
	-12
6-协同 Si	$-120\sim-220$

更多的²⁹Si NMR 数据，参考：E. A. Williams, *NMR Spectroscopy of Organosilicon Compounds*, Ch. 8 in *The Chemistry of Organosilicon Compounds*, Ed. S. Patai and Z. Rappoport, Wiley, New York, 1989; M. A. Brook, *Silicon in Organic, Organometallic, and Polymer Chemistry*, Wiley, New York, 2000.

178

表 3.42　^{29}Si 对 ^{1}H[a]、^{13}C、^{19}F、^{29}Si、^{31}P 的典型耦合常数(Hz)

结构	$^1J_{SiH}$	结构	$^1J_{SiH}$	结构	$^2J_{SiH}$
SiH_4	202	$MeOSiH_3$	216	R_3SiCH_2R	≈ 10
Me_3SiH	184	$(MeO)_3SiH$	298		$^3J_{SiH}$
Cl_2SiH_2	288			$R_3SiCH_2CH_2R$	$0\sim5$

结构	$^1J_{SiF}$	结构	$^1J_{SiF}$
CCl_3SiF_3	264	$ClCH_2SiF_3$	267

结构	$^1J_{CSi}$	结构	$^1J_{SiSi}$	结构	$^1J_{PSi}$
$(CH_3)_4Si$	50	$Ph_3SiSiMe_3$	87	$(Me_3Si)_3P$	27
		$(Me_3Si)_4Si$	53		

[a] $^1J_{SiH}$可被观测到有两个波段，每一个都在主要质子信号区，类似于^{13}C 边带在^{1}H 谱中的现象，但是要更强一些（^{29}Si 在自然界的丰度为 4.7%）。

表 3.43　相对于 85% H_3PO_4 的含磷化合物^{31}P(Ⅲ)的典型化学位移 (ppm)
(负值表示高场，正值表示低场)

结构	δ	结构	δ	结构	δ
Me_3P	-62	Me_2PH	-99	Me_2PF	186
Et_3P	-20	$MePH_2$	-164	$MePF_2$	245
$n\text{-}Pr_3P$	-33			$(RO)_3P$	$125\sim145$
$i\text{-}Pr_3P$	19			$PHal_3$	$120\sim225$
$t\text{-}Bu_3P$	63				

更多的^{31}P NMR 数据，参考：*CRC Handbook of P-31 NMR Data*，Ed. J. C. Tebby，CRC Press，Boca Raton，1991.

表 3.44　相对于 85% H_3PO_4 的含磷化合物^{31}P(Ⅴ)的典型化学位移 (ppm)
(负值表示高场，正值表示低场)

结构	δ	结构	δ	结构	δ
$Me_3P=O$	36	$Hal_3P=O$	$-80\sim+5$	PCl_5	-80
$Et_3P=O$	48	$(RO)_3P=O$	$-20\sim0$	PCl_4^+	86
$Et_3P=S$	55	$(RO)_3P=S$	$60\sim75$	PCl_6^-	-295
Me_4P^+	24	$Ar_3P=CR_2$	$5\sim25$		

表 3.45 ^{31}P-^{19}F 的典型耦合常数（Hz）

结构	$^1J_{PF}$	结构	$^2J_{PF}$	结构	$^3J_{PF}$
$Alkyl_2PF$	821~1450	R_2PCFR_2	40~149	$CHF_2CH_2PH_2$	8
Ph_2PF	905	CF_3PF_2	87	$CHF_2CH_2PCl_2$	13
$Me_2P(=O)F$	980	$FCH_2CF_2PCl_2$	99		
Me_3PF_2	552				
Ph_3PF_2	660				
PF_6^-	706				

表 3.46 利用 500 MHz NMR 测试分子量在 300 左右的有机化合物时的技术和条件（样品质量也可以少一些，但要相应增加扫描时间）

名称		描述	典型样品量	典型扫描时间
APT	1D ^{13}C	在水平方向一侧绘制 C&CH_2 的 ^{13}C 信号，在另一测绘制 CH&CH_3 信号	30 mg	15 min
DEPT	1D ^{13}C	分别绘制 C、CH、CH_2、CH_3 信号	30 mg	15 min
1D TOCSY (HOHAHA)	1D ^1H-^1H	对每一个 ^1H-^1H 自旋体系分别绘制 ^1H 信号	10 mg	2 min
COSY	2D ^1H-^1H	用交叉峰表示 ^1H-^1H 耦合	10 mg	20 min
NOESY 和 ROESY	2D ^1H-^1H	在空间上用交叉峰表示 ^1H-^1H 耦合，低分子量化合物用 NOESY，高分子量化合物用 ROESY	10 mg	8 h[a]
2D TOCSY	2D ^1H-^1H	用交叉峰表示相同的 ^1H-^1H 自旋体系组成	10 mg	2 h
HMQC	2D ^1H-^{13}C	用交叉峰表示 ^1H-^{13}C 单键连接	10 mg	40 min
HMBC	2D ^1H-^{13}C	用交叉峰表示 ^1H-^{13}C 两个以及三个键的连接	10 mg	2 h
HSQC-HECADE	2D $^{2\&3}J_{CH}$	用交叉峰测量 $^2J_{CH}$ 和 $^3J_{CH}$ 数值	30 mg	8 h[a]
INADEQUATE	2D ^{13}C-^{13}C	用交叉峰表示 ^{13}C-^{13}C 单键连接	500 mg	48 h[a,b]
3D TOCSY	3D ^1H-^1H	用交叉峰表示相同的 ^1H-^1H 自旋体系组成，各自旋体系在不同的平面上	30 mg	24 h[a]

[a] 低温探头检测下进样时间大大缩短；

[b] 低温探头对于得到高质量的谱图非常必要。

第4章 质 谱

4.1 引 言

质谱仪是一种从一个化合物中产生并称量离子的装置，我们希望能够从中获得这个分子的分子量和结构信息。所有质谱仪应用的三项基本功能是：将分子 M 变成气态；从分子中制造离子，例如阳离子（正离子）$M^{•+}$、MH^+ 或者 MNa^+（已经电离的分子除外）；根据质荷比（m/ze）将离子分离。除电喷雾质谱仪（ESI）和激光解析仪（LD）外，多电荷离子一般不会产生。因此，对于其他离子化技术，z 通常取 1；e 为常数（一个电子的电荷），因而 m/z（质荷比）表征了离子的质量。一些用来产生气相离子的装置给予离子足够的振动，能使其以多种方式碎裂，产生新的离子同时伴随着失去一些中性碎片，我们可以通过这些碎片得到结构信息。

设计仪器来检测带电的组分（例如 MH^+ 和与它相关的碎片 A^+、B^+、C^+ 等等），因为只有它们能被分析系统中的电磁场或者静电场加速或者偏转。当一束离子被分离和记录后，输出信号就是质谱。质谱记录了到达探测器的每个离子的丰度（纵坐标）和对应的质荷比（横坐标）。质谱是一系列竞争和连续的单分子反应的结果，它的图样取决于分离的样品分子在气相的化学活性。质谱不是一个基于电磁辐射的光谱学方法，但它可以为有机化学家补充 UV、IR 和 NMR 提供的信息，因而常常可以方便地与它们一起使用。质谱是所有方法中灵敏度最高的，用它做常规检测只需要几微克（μg），对于特定的样品只需要皮克（pg）级别，这就使它在解决很小量样品的问题时显得尤其重要。

有很多仪器可以用来做质谱——它们的区别在于，使用什么方法将分子转化为气相，以及从分子产生离子的方式和解析离子的方法。就笔者的观点，也许最重要的区别在于它们使分子的碎片化程度不同。在本章中，我们将会讲述几种仪器是如何工作并给出分子量和结构信息的。电子轰击是其中一种，它对于较小的和具有挥发性的分子更常用，下文会详细地讨论如何用它确定结构。其他仪器大多数具有较多的特殊用途，我们只作简要介绍。下面首先要介绍的是在气相中产生离子的方法，其次介绍离子根据质荷比被分离的方式，最后会给出一些质谱的实例，通过这些实例阐述一些常见的产生离子和解析过程的结合（选择的依据是被分析化合物的类型）。

4.2 由易挥发分子产生离子

4.2.1 电子轰击(EI)

具有一定挥发性的有机分子使用这一离子化方法进行分析。这些分子的分子量最大一般在 400 D，但是对于葡萄糖这样带有很多羟基的分子，尽管它的分子量相对很小，但是挥发性太低。样品经过简单的加热即进入电离室（图 4.1）。通道中一般保持很低的压力，通常 $\leqslant$ 10^{-4} N/m²（$\leqslant 10^{-6}$ mmHg），以避免分子间的相互碰撞。或者，更常用的方法是在一个长探头的瓷质顶端放上样品，然后插入离子源当中。当低压稳定之后，将瓷质顶端加热到 200～300 ℃使分子脱离表面进入电离室。大多数有机分子在这一温度下是稳定的，不会发生相互碰撞。

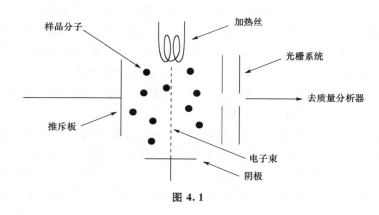

图 4.1

同时，在电离室内电子在加热的灯丝上被激发出来吸引到阳极上，通常要经过 70 eV 的电势差($1 \text{ eV} \approx 23 \text{ kcal mol}^{-1} \approx 96 \text{ kJ mol}^{-1}$)。一个 70 eV 的电子具有足够的能量将与之相撞的分子上的电子解离下来；这种电子的解离和分子的电离能(IP)有关，通常在 7～10 eV。自由基正离子($M^{\bullet+}$)正是通过这样的过程形成的。

$$M + e \longrightarrow M^{\bullet+} + 2e$$

电离室的一端装有带正电荷的推斥板，它与带正电荷的自由基正离子相推斥并使之经过一段裂缝进入质量分析器，碎片在那里产生并根据质荷比分离开。

通过捕获电子产生自由基负离子不容易发生，因为轰击出的高能电子有很大的平动能量以至于很难捕获。带有 70 eV 的电子不能将它的能量完全释放给相互作用的分子。样品除了需要 7～10 eV 能量来电离外，额外的 0～6 eV 作为内能再转移给产生的离子。因为分子内最强的单键具有大约 4 eV 的能量，而大多数键能远低于此，所以在大多数电子轰击谱中这些能量足以使分子产生大量碎片。

4.2.2　化学电离(CI)

在大量的质谱应用中，通常一个最重要的需求是获得分子量，如果分子的称量足够精确，就可以获得分子式。在这些例子中，作用在分子上的能量应该小于电子轰击，并且产生的分子离子应该是稳定的。化学电离源(CI)满足这些标准，同时经过简单的加热就可以使分子转化成气态。

在化学电离源中，通常是甲烷或者更常见的氨气作为气体试剂，在大约 10^2 N m^{-2} 的压力下通入离子室。使气体(以甲烷为例)离子化需要的能量高达 300 eV，从而产生 $CH_4^{\bullet+}$(方法同样是采用热灯丝上产生的电子)。在 CI 的操作压力下，这个离子可以与自身的中性粒子碰撞，该粒子比样品分子的浓度大很多。主要发生的双分子反应是

$$CH_4^{\bullet+} + CH_4 \longrightarrow CH_5^+ + CH_3\bullet$$

如果样品分子挥发进来，CH_5^+(可以看成被 CH_4 溶剂化的 H^+)作为一个强酸，将样品质子化：

$$M + CH_5^+ \longrightarrow MH^+ + CH_4$$

这样在正离子 CI 谱中，所观察到的是样品分子质子化后的分子量，其 m/z 要比样品的真实数值大 1 个单位。在氨气的 CI 谱中，质子化样品的试剂离子是 NH_4^+。因为 NH_4^+ 键连一个质子的强度远大于 CH_5^+，所以在向分子 M 转移质子时释放的能量是更低的。有一些分子的碱性不够，不能被 NH_4^+ 质子化，在这种情况下就要使用 CH_5^+ 对其进行质子化。与之相反，如果 NH_4^+ 可以影响质子转移，那么 MH^+ 的内能和分子的碎裂程度就会更低，因此质谱上 MH^+ 的信息就会更丰富。所以用 NH_3 的 CI 谱是测量挥发性物质分子量的一个好方法，但是它产生的碎片却比较少。在 CI 质谱中离子带有偶数个电子，也正因为如此，和 EI 相比它们带有更低的内能，也更不容易发生碎裂。

183　　　虽然电子轰击不能产生好的负离子光谱，但化学电离源对具有接受电子性质的分子（例如三氟乙酸、醌类和硝基化合物）可得到好的负离子 CI 谱。因为在 CI 源中的碰撞可将轰击电子最初的巨大动能降到较低的数值，这样电子可以被捕获而产生自由基阴离子。另外，在 CI 源中有可能产生一些诸如 CH_3O^- 的试剂离子，它可以作为一个布朗斯特碱从样品分子中夺走一个质子：

$$M + CH_3O^- \longrightarrow (M - H)^- + CH_3OH$$

图 4.2 是 CI 源程序图。通过降低上方的探头，例如气线或是带有一个瓷质顶端的探头，样品就可以直接引入。或者是间接地提升下方的探头引入，样品则由 GC-MS 输出。离子室中有小孔可以使得电子束直接穿过。离子室可以整体从真空舱中间取出，试剂气体的输入被切断进而真空度增加，如此同样的装置可以用于使用 EI 谱。无论是在 CI 还是 EI 的模式中，通往分析器的路径都会被抽气至低压来减少进一步的碰撞。

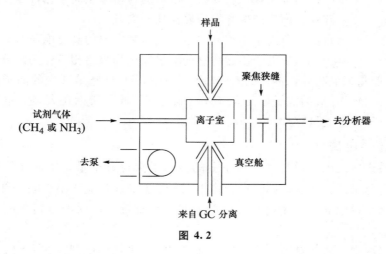

图 4.2

4.3　由难挥发的分子产生离子

有几种与 CI 质谱和 EI 质谱截然不同的方法，可以同时克服将挥发性样品带入气态和带电状态两个问题。它们是：快速离子轰击（FIB，通常也被称为二级液体离子质谱或 LSIMS）、激光解吸（LD）和电喷雾电离（ESI）。LD 和 ESI 已经成功应用于分子量较大的极性分子的测定，例如 100 000 D，在某些例子中达到了 1 000 000 D。在 FIB 和 LD 中，给样品一个很大的能量脉冲，使得相当一部分样品以向外的模式发生平动。微弱的分子间的键能例如氢键，可以将被分析物和与它们邻近的分子在固态或溶液中键连，它们优先于强共价键断裂，同时样品脱离原有的环境进入气相。在 ESI 中，待分析的大分子是在强电场的作用下被蒸发的大分子溶液"带入"到气态中。

4.3.1 快离子轰击(FIB 或 LSIMS)

在 FIB 解吸中，能量由一束具有高平动能的离子束(通常是 Cs^+)提供，一般可以达到数千 eV。在较早的方法也就是快原子轰击(FAB)中，一束原子代替了电子，但是原子现在已很少使用(FIB 有时仍被称为 FAB)。典型的情况是几微克的样品溶于数微升的低挥发性基质甘油[$CH_2(OH)CH(OH)CH_2OH$]中。图 4.3 为 FIB 程序图。

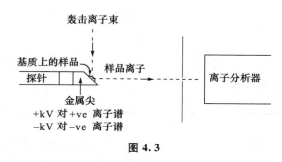

图 4.3

当 Cs^+ 轰击样品溶液时，样品通常通过动量转移以离子的形式发生解吸。正因为二次离子从液体基质中解吸出来，所以用 LSIMS 命名这项技术。中性分子 M 同样可以解吸，但因为使用快速电子轰击解吸的极性分子通常具有一定的酸性(如—CO_2H)或碱性(如—NH_2)，所以对应的离子(—CO_2^- 或 —NH_3^+)也可以解吸。离子源中的电场可以保证足够的离子转移到分析器中。

离子束只能穿透基质大约 10 nm，这有助于在边缘的样品不如基质更加亲水，所以样品可以在表面浓缩。另一方面，样品在溶液中可以避免结块。因为这两点，需要找到一个适合样品的基质区间，例如硫代甘油-二聚甘油(体积比 1：1)混合物、三缩四乙二醇[$HO(CH_2CH_2O)_4H$]和低聚 1,4-丁二醇[$HO(CH_2CH_2CH_2CH_2O)_nH$]，它们都比甘油的疏水性更高。

4.3.2 激光解吸(LD)和基质辅助激光解吸(MALDI)

这一电离方法使用激光将一个大的能量脉冲传递给样品，样品随之在 10^{-12} s 量级的时间内离开它原本的固体或者液体环境。这一时间太短，所以不能得到能量的平衡分布。尽管使用了大量能量，仍可以减少或避免热降解。有效和可控地将能量转移到样品上需要分子在激光波长范围内的共振吸收，比如可以导致电离的紫外光或者可以激发振动的红外光。典型状态下，激光脉冲应用的时间范围是 1~100 ns。

该技术常用于一些大分子，例如多肽、蛋白质、寡核苷酸和低聚糖，采用的是基质辅助激光解吸(MALDI)。使用这一方法时，选用可以强吸收激光的液体或固体基质，将低浓度的样品嵌入其中(摩尔比从 1：100 到 1：50 000)。表 4.1 列出了一些合适的基质。除了这些之外，α-氰基-4-羟基肉桂酸（一种紫外吸收基质）是最常用于分析多肽的——因为质谱在蛋白质（多肽衍生物）分析中的重要性而迅速发展的一个领域。

表 4.1　基质辅助 LDMS 中的基质

基质	形态	可用波长
烟酸	固体	266 nm, 2.94 μm, 10.6 μm
2,5-羟基苯甲酸	固体	266 nm, 337 nm, 355 nm, 2.79 μm, 2.94 μm, 10.6 μm
芥子酸	固体	266 nm, 337 nm, 355 nm, 2.79 μm, 2.94 μm, 10.6 μm
琥珀酸	固体	2.94 μm, 10.6 μm
甘油	液体	2.79 μm, 2.94 μm, 10.6 μm
尿素	固体	2.79 μm, 2.94 μm, 10.6 μm
三羟甲基氨基甲烷（Tris）缓冲液（pH 7.3）	固体	2.79 μm, 2.94 μm, 10.6 μm

基质吸收的能量间接地传递给样品，这样可以减少样品的分解。选择基质的原则是要和样品有类似的溶解性质，这样有利于样品的分散。更大分子量的低聚物"团块"以"$2M^+$""$3M^+$"的形式产生，但是如果基质选择合适，这些成分通常较少。

4.3.3　电喷雾电离（ESI）

"电喷雾"是指在毛细管的末端和与其相距 0.3～2 cm 的圆筒形电极间施加 3～6 kV 电势差（图 4.4），毛细管中的小液体流（通常 1～10 μL/min）在这样的条件下，离开毛细管时不是液滴，而是形成喷雾或者细雾的状态。这种电喷雾是在接近大气压的条件下形成的。喷雾由高度带电的小液滴组成，液滴带的可能是正电荷或负电荷，取决于施加给毛细管的电压的符号。ESI 因为可以直接分析 HPLC 的流动相而特别有用。

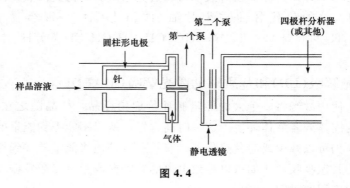

图 4.4

使用"保护"气或是"雾化"气可以促进样品溶液从毛细管有效喷雾。溶解在喷雾中的样品分子是由小液滴蒸发出溶剂而释放，蒸发是将一段干燥的气体在进入毛细管前通过喷雾完成的。因为液滴带有多个电荷，而且通过蒸发尺寸会变小，所以在相斥的库仑力的作用下脱溶剂化会加快。这些作用力最终能克服液滴的粘着力，产生不与溶剂作用的分子离子 MH^+〔或是$(M—H^+)^-$〕。合适的电场携带着带电粒子通过毛细管最终进入离子分析器。一个典型的液滴会带有大量的样品分子，并且电荷之间的排斥力可以促进它们的分离，这样可以避免检测到聚合物。ESI 中使用的溶剂通常是水/甲醇的混合物，而在使用正离子的时候会加入痕量挥发性的有机酸（例如甲酸）。ESI 从大的极性分子中产生分子离子，是高灵敏度的有用的技术。

4.4　离　子　分　析

　　当离子进入气相之后，它们就会被推进离子检测器，在那里根据它们的质量，或者更精确地说是根据它们的质荷比来完成分离。本节讲述一些主要的离子分析方法，其中一些方法能够达到中等的质量分辨率（1/10 000），另一些则可以高达 10^6 的分辨率。

4.4.1　磁质谱仪

　　如果我们仅仅是想分离相对较小的分子，例如从质荷比 211 的分子中分离出质荷比为 210 的，这些数值代表了那些原子量加和达到 210 和 211 的各自的单电子碎片，仅使用一个强磁场使这些离子发生偏转是足够的，如图 4.5 所示，但没有那里表示的静电区域。由下式可知，在一个扇形磁场中，质量大的离子比质量小的离子偏转更少。

$$\frac{m}{z} = \frac{B^2 r^2}{2V} \tag{4.1}$$

式中 B 表示磁场强度；r 为离子做圆周运动的半径；V 是离子离开离子源的加速电压，这决定了它们进入检测器时的速度。

　　在图 4.5 中，扇形磁场的磁极放置在纸面下方。对于给定的 B 和 V 值，离子飞行的不同路径的半径 r 取决于每一个质荷比。通过扫描磁场 B，给定 r 和 V 值时，公式(4.1)可以满足各种质荷比的离子。

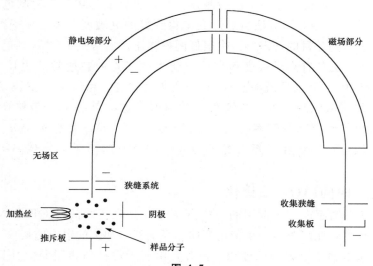

图 4.5

187　　　质量范围≤1000 D的磁分析仪应该与电子轰击源或者化学电离源配合使用(图4.5),因为这些离子化方法仅限于分子量在这一范围内的分子。较大的质量范围(高达4000 D)适用于FIB离子化方法。它的基质的低聚物在质子化后[(glycerol)$_n$H$^+$, m/z (92n+1)]通常和样品离子一起解吸,可以用于质谱的校准。

4.4.2　联合磁场静电质谱仪——高分辨质谱(HRMS)

更高的质量分辨率是将离子束在进入扇形磁场之前通过静电分析仪获得的(图4.5)。在这种双焦质谱仪中,离子质量的检测精度可以达到1 ppm。然而精确质量的测量需要使用狭窄的源出口和收集狭缝,这样则会伴随着灵敏度下降。

当分子离子(M$^{\bullet+}$或MH$^+$)被检测到,高分辨率使得确定分子化学式变得可能。具有相同表观累积质量的离子真实质量并不相同,因为每种同位素的真实质量不同。因此,尽管CO、N$_2$、CH$_2$=CH$_2$具有相同的近似分子量28,它们的真实质量并不相同。按照惯例[12]C的准确原子量是12,那么CO是27.9949,N$_2$是28.0061,CH$_2$=CH$_2$是28.0313。对于质荷比m/z最高为100 D的离子,高分辨的质量分析器可以达到1 ppm的精度,这就可以轻易分辨出这些数值的区别。不仅如此,尽管伴随着质量的变大准确度会降低,但是想要确定分子量高达1000 D的多数有机物的准确分子式仍然是有可能的。

188
4.4.3　离子回旋共振(ICR)质谱仪

在这种分析方法中,被分析的离子以低平动能注入一个ICR池。在池中,一个均一的磁场B将强迫离子在垂直磁场方向上做圆周运动。对于单电荷离子,它的频率ω_c(每秒转圆周的次数)由下式给出:

$$\omega_c = \frac{eB}{m} \tag{4.2}$$

如果垂直于B加上一个频率为ω_1的交变电场,离子在$\omega_c = \omega_1$时将会吸收能量。因此可通过锁定B,扫描ω_1,使得不同质量的离子相继满足上面的方程,获得ICR质谱。离子共振吸收的能量用NMR仪类似的振荡检测器测量,更好的是用脉冲射频电场使频率展开,而质谱可通过傅里叶变换(FT)方法得到。为了得到好的灵敏度,离子在毫秒与秒范围内必须保持共振。为了达到此目的,需要一个很低的操作压,通常是10^{-6} N m^{-2}。

这种FT-ICR方法具有高灵敏度和高分辨能力的优点:在通常的边长为5 cm的立方体的FTMS分析池中,可以最低检测到10个离子的程度。由于FTMS离子检测是非破坏性的,因而信号检测从原理上可以持续很长的时间,这样就提高了最终所得质谱的信噪比。小的离子可以得到超高分辨率(例如:对于$m/z = 100$,可达$m/\Delta m = 1\,000\,000$),但分辨能力随着质量增加线性下降。对于$m/z = 10\,000$的离子,分辨率将会降为$m/\Delta m = 10\,000$。

4.4.4　飞行时间(TOF)质谱仪

对于MALDI质谱而言,最常用的分析方法之一是飞行时间(TOF)。MALDI-TOF仪器是流线型台式仪器,比那些离子束使用弯曲路径的双重加工的扇形磁场仪还小。飞行时间分析仪的高分辨率得益于反射器的使用,此外,由于无需扫描谱图而使其具有很高的灵敏度。因为扫描带来的问题是,在离子产生的很长一段时间内无法对其进行记录。通常情况下,从MALDI产生的电荷数为z的离子通过电势差V进行加速,从而获取平动能zeV。飞

行时间 t 和通过未加电场的管路到达检测器的距离 d 的关系可以由下式给出：

$$t^2 = \frac{m}{z}\left(\frac{d^2}{2Ve}\right) \tag{4.3}$$

简单起见，所有单电荷的离子都会获得平动能 eV。对于给定的仪器，公式(4.3)括号中的参数都是常数，质量为 m 的离子到达探测器的时间和 $\sqrt{m}$ 是成比例的。因此，那些质量最大的离子用最小的速度并在最长的时间内通过给定的距离。因为质量分析需要准确的测量时间，所以离子必须以脉冲的形式产生。

189

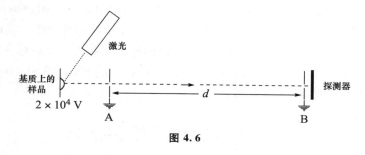

图 4.6

由激光束产生的离子被样品板和狭缝 A 之间的电势差加速，随即进入 A 和 B 之间无场的飞行管。通常两个相继的质量峰到达的时差 $\leqslant 10^{-7}$ s，因而要用快电子来区别相继的峰。但是，激光脉冲所花的时间与两个相继的质量峰到达的时间之差可以很小。

4.4.5 四极杆质谱仪

四极杆质量过滤器中的电极安排如图 4.7 所示。对于普通商业可得的仪器，典型的情况是，加在四根平行的相反的杆之间的电压 U 在 500～2000 V 之间，射频电势 V 在 -3000 ～ $+3000$ V 之间，每根电极的长度为 0.1～0.3 m。离子沿 z 轴方向发射，并在这一方向上保持匀速。它们运动的波形在杆上波动电势的控制下沿 x 和 y 轴方向（相互正交，与 z 轴也是如此），这样在任一给定的条件下，只有一种质荷比的离子能够到达检测器，其他的都被杆捕获。所有离子都可以相继通过固定 U/V 比例、改变 U 和 V 值而被检测器捕获，或者改变射频电势 V 被捕获。

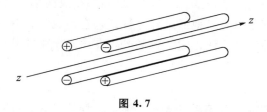

图 4.7

四级杆质量分析器可以检测质荷比达到 1000 的离子，甚至在牺牲一些分辨率的情况下通过简单的操作达到质荷比 4000。它们体积很小，在和 GC 或 HPLC 联用时尤其有用（扇形磁场仪在这方面也做得不错）。离子源连接的仪器产生多电荷离子时（ESI 和 MALDI），它们的质量范围可以达到 $z\times4000$ D，这就使它们在分析生源性分子时变得非常有用。

190

4.4.6 离子阱质谱仪

离子阱质量分析器可以使用电极捕获小量的气体离子。它们的优点是相对紧凑，并且可以高灵敏度地捕获和保留离子。在现代质量分析器中最常见的两种类型的离子阱是四级杆离子阱和静电场轨道阱（Orbitrap）技术（2005 年采用）。

在四级杆离子阱中，捕获区域周围的三根电极上加上一定的电压，经过一定时间产生的离子在分析器内被捕获。通过逐渐改变电极上的电压，这些离子随即被发射到（根据它们的质荷比）一个合适的电子多重检测器中。

在 Orbitrap 质量分析器中，离子被捕获是因为它们与中心电极的静电吸引力和围绕中心电极做轨道运动的离子产生的离心力平衡。在 FT-ICR 质量分析器中，质谱是经过傅里叶变换之后得到的。Orbitrap 的分辨能力随着质荷比的增加而降低，但是对于那些和蛋白组学相关的大分子，它仍然能够达到小于 2 ppm 的分辨能力。因此，当 Orbitrap 和 ESI 配合使用时，在蛋白质分析上非常重要（见后文）。

4.5　质谱提供的结构信息

4.5.1　同位素丰度

在本章最后的表 4.4 中列出了有机化合物质谱中一些重要同位素的质量和自然丰度。由于 ^{13}C 的自然丰度为 1.1%，因此所有含有碳原子的单电荷离子在质谱中都会有一个（M+1）的峰。对于含有 n 个碳原子的离子来说，同位素峰的丰度是只含有 ^{12}C 化合物峰的 $n \times 1.1\%$ 倍。因此，壬烷的分子离子（$C_9H_{20}^{+\cdot}$）在 m/z 129（比分子离子的质量数大 1）处有一个大约为 m/z 128 峰的丰度的 10%（9×1.1%）的同位素峰。显然，含有更多碳原子的大分子化合物会得到更明显的（$M^{+\cdot}+1$）的峰。在小分子化合物中同时含有两个 ^{13}C 的可能性很小，因此（$M^{+\cdot}+2$）峰的丰度也很小。相反，在很大的分子中，（$M^{+\cdot}+2$）甚至是（$M^{+\cdot}+3$）、（$M^{+\cdot}+4$）的峰会变得很重要（在之后会详细说明）。

尽管碘和氟都只含有一种天然同位素，氯含有大致比例为 3:1 的 ^{35}Cl 和 ^{37}Cl，溴含有大致比例为 1:1 的 ^{79}Br 和 ^{81}Br。因此，含有不同数目 Cl 和 Br 原子的分子离子（或者碎片离子）的质谱会给出像图 4.8 中显示的模式（所有的峰之间都相隔两个质量单位）。显然，任何元素组合的同位素峰的模式都可以容易地通过计算得到，它们也为含有多种天然同位素元素的离子组成提供了一个有用的测试方法。除了 S 和 Si，在表 4.4 中的其他大部分元素都只含有一种天然同位素。

191

4.5.2　EI 谱

电子轰击过程会给予一个分子离子太多的能量，导致其发生碎裂化。因为质谱可以用于微量样品的检测，因此常在法医学和药学研究领域中，被选为农药残留、药物及其代谢物中痕量物质的分析方法，对于让作弊的运动员就范也很重要。在碎裂过程中，一般优先断裂较弱的化学键，得到能量最低的碎片离子和释放出中性分子，因此碎裂的方式同样也可以用于结构鉴定。

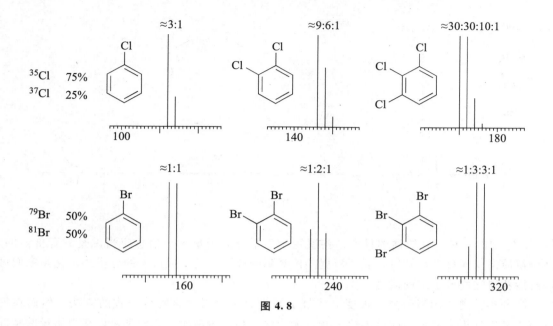

图 4.8

由 EI 源得到的分子离子含有未成对电子(它是一个自由基正离子,$M^{\bullet+}$)。在离子化室中得到的分子离子可通过失去一个自由基得到 A^+,或者失去中性分子得到另一个自由基正离子 $C^{\bullet+}$。随后,这些带电荷的碎片(正离子或者自由基正离子)可通过类似的方式继续分解。

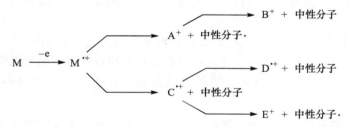

值得注意的是,一旦有不含未成对电子的离子生成,其任何进一步的碎裂化只会失去一个中性分子,而不是失去一个自由基。化学键断裂以及在离子化室中的碎裂化程度取决于分子的化学结构;稳定的 $M^{\bullet+}$ 离子能在质谱上得到很强的分子离子峰。相反,不稳定的 $M^{\bullet+}$ 离子会导致谱上缺少分子离子峰。

化合物通过碎裂化产生的碎片离子**图样**可以用来定性,特别是对于已知化合物,它们具有已经存在的质谱图,并且可以用于对照。一个典型的例子是图 4.9 所示的正壬烷 **1** 的质谱图。强度最大的峰称为**基峰**,定义其强度为 100%。在这个例子中基峰是 m/z 43。**分子离子峰 $M^{\bullet+}$** 是 m/z 128,其相对于基峰的强度为 8%。其他主要的碎片离子还有 m/z 99(5%)、85(28%)、71(22%)、57(68%)、41(42%)、29(37%)以及 27(31%)。

如果我们不知道这个分子是什么,$M^{\bullet+}$ 的 m/z 128 可以由 $C_{10}H_8$、C_9H_{20}、C_9H_6N、C_9H_4O、$C_8H_{10}N$ 以及一些其他更少碳原子的组合来产生。这些分子式的精确分子量分别是 128.0625、128.1564、128.0500、128.0262 以及 128.1439。高分辨质谱能够区别出这些(或者其他)细微的质量差异。例如得到的 $M^{\bullet+}$ 数据为 128.1568,那么可以确定该样品肯定是壬

192

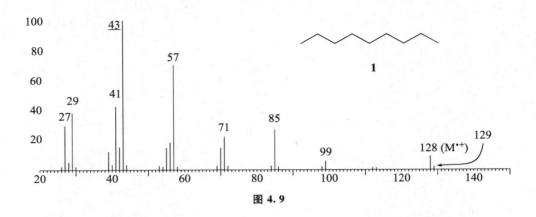

图 4.9

烷 C_9H_{20} 中的一种。在质谱的日常结构鉴定中，精确分子量这一信息应当说是最有价值的。高分辨质谱仪连接到计算机，后者根据其检测到的离子自动生成可能的分子式，化学家们可以直接获得这些分子式的信息。

　　高分辨质谱（HRMS）很大程度上代替了燃烧分析获得化合物分子式的方法，然而在彻底淘汰燃烧分析之前还是应该谨慎一些。无论化合物是否纯净，我们都可以获得质量的精确数值，但是我们也很容易直接通过某一个具有特定质荷比的峰的存在来证明化合物的分子式，有时实际上只是样品中部分含有该化合物。燃烧分析则有另外一个问题，当化合物不纯净或者分析过程中出现失误时，我们会得到错误的结果。分析的结果只能提供一个可能的实验分子式，同时对于许多有机物结构中常见的元素，燃烧分析也不能鉴定它们是否存在或测定它们的含量。

　　尽管在 EI 质谱中有一些可靠的碎裂方式，但不是所有的方式适用于简单分析。同时利用质谱确定结构也不是精确的科学。下面，我们将根据化合物含有的官能团（烷烃除外），分别对一些有机分子的谱图进行分析。值得注意的是，我们不可能期望归属质谱中的每一个峰。

193

　　脂肪族碳氢化合物：让我们从已经在图 4.9 中显示的正壬烷 **1** 的质谱图开始分析。从分子离子 $M^{+\bullet}$ 的许多 C—C 键中失去一个电子，我们很容易刻画一根削弱的化学键。然后，提供足够的振动能量，类似 **2** 中显示的化学键发生断裂，生成离子 **3** 和自由基 **4**。

2	**3**	**4**
	$C_5H_{11}^+$ m/z 71	自由基，不带电荷，不被检测

　　分子式为 $C_5H_{11}^+$ 的离子 **3** 得到 m/z 71 的峰。分子式为 $C_4H_9\cdot$ 的自由基 **4** 没有电荷，不发生偏转，因此不会出现在谱中。通过这个方式可以产生许多具有 C_nH_{2n+1} 分子式的正离子，得到一系列 m/z 99、85、71、57 和 43 的离子峰。在这些系列中，一些低质量的离子可能不仅是直接生成的，而且可能是通过一个高质量的离子失去一分子乙烯 **6** 得到的。

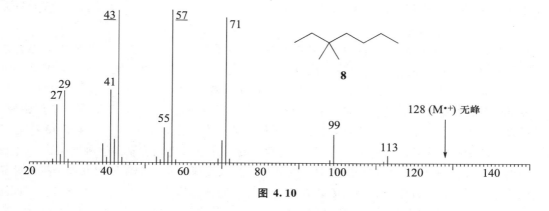

3

$C_5H_{11}^+$ *m/z* 71

5

$C_3H_7^+$ *m/z* 43

6

中性分子, 不被检测

表示这些离子来源的一个有用的表达结构特征的方法如 **7** 所示，波浪线表示键的断裂，数字以及它们朝向的位置表示产生的正离子的 *m/z* 值。注意到任何 C—H 键的断裂都是不利的，因为氢原子和未溶剂化的质子能量非常高。

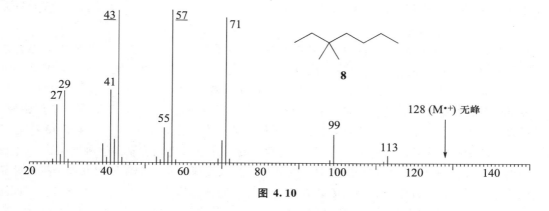

7

具有通式 $C_nH_{2n-1}^+$ 的正离子形成第二个系列的碎片离子。例如 *m/z* 27、41、55 的离子，在质量上比相应的乙基(29)、丙基(43)、丁基(57)正离子少 2。它们是由 $C_nH_{2n+1}^+$ 离子系列失去一分子饱和碳氢化合物或者 H_2（这种情况比较少）所得到。这也说明一般的情况是，一旦一个分子失去未成对电子，之后发生碎裂时会失去一个中性小分子而不是一个自由基。

$$C_4H_9^+ \longrightarrow C_3H_5^+ + CH_4$$

下面让我们看一下正壬烷的一个异构体，3,3-二甲基庚烷 **8**。图 4.10 给出了它的质谱图，其中许多碎片离子和图 4.9 中正壬烷的碎片离子很相似，但是两张质谱图有一些细微的差别。还有一个明显的差别是，图 4.10 中没有出现 *m/z* 128 的分子离子峰。

194

8

128 (M·⁺) 无峰

图 4.10

分子离子峰的缺失是因为现在有一些能量上更有利的碎裂途径，因此最初的离子不能存在足够长的时间以离开离子化室。第一个细微的差别在于，通过 **8** 和 **9** 两种碎裂方式产生的 *m/z* 99、71 的峰，它们的相对强度增加。这些离子携带更高比例的离子流，因为它们是三级碳正离子，被取代的烷基所稳定，能量比正壬烷碎裂产生的一级碳正离子更低。第二个细微的差异在于，通过 **10** 失去不稳定的甲基自由基的碎裂方式是更明显的，因为三级正离子 **11** 的生成能够补偿高能量的甲基自由基的伴随生成。第三个细微的差异是，*m/z* 57 的峰的强度也增加了。如 **9** 中所示的碎裂方式，电荷保留在相对不稳定的正丁基正离子上，能够通过生成稳定的三级戊基自由基来补偿能量。

通过图 4.9 和 4.10 的差别我们发现，**优先的碎裂方式使得裂解产物具有最低的能量**（实际也是理论上的要求）。本章最后的表 4.5 和 4.6 列出了常见自由基和离子的生成焓，有助于判断优先碎裂的位点。

判断分子离子：在 EI 谱中，分子离子峰的缺失是常见的（图 4.10），因此判断最大分子量的峰是否为分子离子峰是一个关键问题。在图 4.10 中，m/z 113 不可能对应分子离子峰，**因为它是奇数**。在这个分子中只含有 C 原子和 H 原子，所有中性的碳氢化合物的分子量都是偶数。如果一个分子含有一个或一个以上 O、Si 或 S 原子，分子离子的分子量仍然都是偶数。如果用相同数目的卤素代替分子中的 H 原子，由于卤素所有主要同位素的质量数都是奇数，因此上面的结论也同样成立。但是如果分子内有一个 N 原子，分子离子的分子量就是奇数，如三乙基胺 $C_6H_{15}N$ 的分子量为 101。更普遍的，如果一个中性分子含有奇数个 N 原子，分子离子的分子量为奇数；如果含有偶数个 N 原子，则分子离子的分子量为偶数。总而言之，一个分子只含有一种或多种的 C、H、O、Si、S 和卤素等元素，分子量为偶数；含有奇数个 N 原子的分子，分子量为奇数。

另外一个判断分子离子峰的有用标准是，如果最大分子量的峰有一些失去 3～14 个质量单位的峰，那么这个峰很有可能不是分子离子峰。失去 H_3 到 H_{11}、C、CH 或 CH_2 得到碎片离子的过程一般不发生。如果这些离子存在，一般来说是由比图上显示的最大分子量的峰质量更大的离子碎裂得到。在图 4.10 中，m/z 113 和 m/z 99 分子量相差 14，不是由于失去 CH_2 基团引起的。这也说明了 m/z 113 的离子并不是分子离子。

通过官能团控制的碎裂过程：我们现在来看芳环化合物和一些官能团是如何影响碎裂方式的。在这些分子中，能量最高的分子轨道一般是杂原子上的非键原子轨道或者 π 键分子轨道，需要考虑通过失去这些轨道上的一个电子形成分子离子 $M^{•+}$。

相邻芳环发生的断裂：这通常是有利的断裂方式。当芳环是苯基时，我们称为**苄型断裂**。苯环可以通过单电子和空轨道的离域，稳定与之相连的自由基或者正离子。正离子 **13** 称为苄基正离子。离域的稳定效应使得 **12** 中的苄基化学键的断裂方式更加容易，这种断裂由一开始从苯环的 π 键失去一个电子的过程所引起。断裂苄位的取代基 R 是一个常见的方式。甚至对于一个氢原子，因为没有其他更容易的断裂方式，尽管它的能量很高，也可以从甲苯 **14** 上断裂下来。在图 4.11 中可以看到甲苯的质谱图，其中苄基正离子 **13** 产生一个 m/z 91 的基峰。

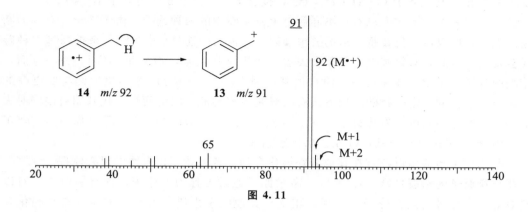

图 4.11

由于失去一个氢原子相对来说不利，因此分子离子峰的强度比通常而言更大，很容易看到(M+1)和(M+2)的离子。苄基正离子 **13** 是 m/z 91 离子开始产生时的一个可能结构，但是也有证据表明在它进一步碎裂化之前，苄基正离子可以重排成一个芳香鎓正离子 **15**。这种重排是可能的，因为 **13** 内能必须很高(**15** 也是如此)，以使其发生碎裂。一些 **15** 进一步碎裂会失去一分子乙炔，可能生成环戊二烯正离子 **16**。没有简单的机理途径，符合高能量需求的 **15** 的任何碎裂，不管苄基正离子通过什么方法产生，都会发生上述重排。 196

13 m/z 91　　**15**　　**16** m/z 65

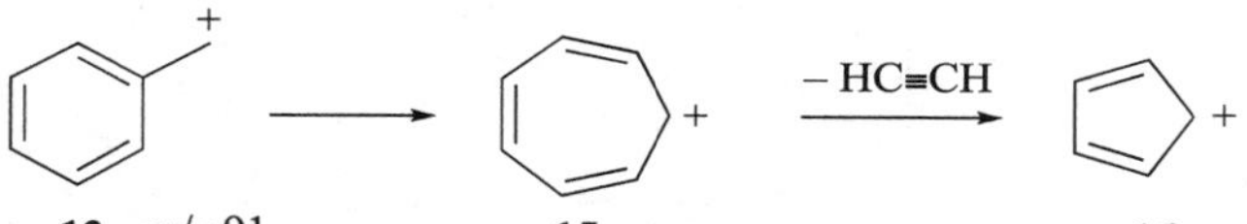

苄基与烷基相连的结构更容易发生断裂，这可以从乙苯 **17** 的质谱图(图 4.12)中看出，相比于甲苯的质谱图(图 4.11)，乙苯的分子离子峰的强度变小。另外，苯基正离子 **18** 的正电荷不能通过离域而被稳定，因此碎片离子 m/z 77 的含量很低。

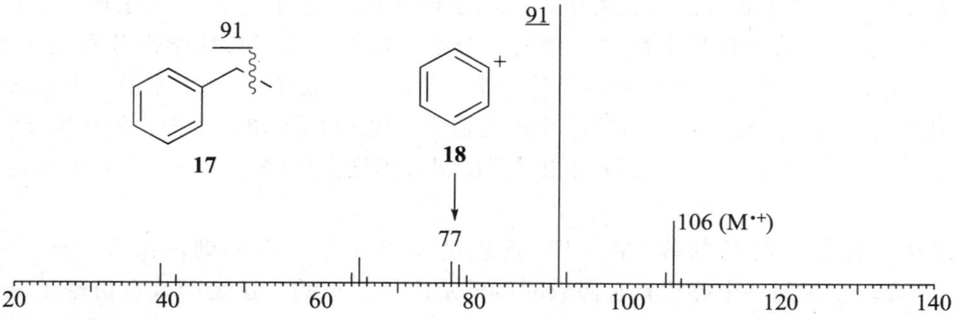

图 4.12

正离子重排在化学中十分常见，在质谱仪中也如此，如果可以容易地失去一个稳定的分子，重排反应也可以在违背热力学条件下发生。因此，叔丁基苯从分子离子 $M^{\bullet+}$ 可以失去一个甲基自由基，接着失去一分子乙烯。有可能一开始生成的异丙苯正离子 $PhCMe_2^+$ 重排 197

成了 1-苯基正丙基正离子 $PhCH_2CH_2CH_2^+$，接着失去一分子乙烯得到苄基正离子。

在二取代苯中，形式上总有在不同侧链上发生断裂的两种选择，由于能量上有利的断裂总是优先的，可以通过比较每一边的链单独碎裂化需要的能量（表 4.8），来推断哪一种碎裂方式会发生。因此，对氰基叔丁基苯会失去一个甲基自由基，而不是 HCN。另一方面，对溴苯胺的分子离子专一地失去一个溴自由基，因为断裂 C—NH₂ 这一化学键需要更高的能量。邻位二取代的苯衍生物的碎裂方式有时候是不规则的，因为**两个**取代基团可以同时失去一部分。因此邻硝基甲苯发生碎裂，可以通过失去一个 OH 自由基，得到苯并异噁唑正离子，其中 H 原子来自于甲基，O 原子来自于硝基。

这些苯衍生物的质谱特点在其他芳香族化合物或者芳杂环化合物中也有体现。

基于杂原子的断裂：O、S、N 以及卤素原子通常被称为杂原子，含有一对或一对以上的孤对电子。如果它们在分子中出现，相比于其他电子来说，孤对电子较少参与到化学键中，而且通常填充在分子的最高占有轨道中。因此，相比于填充在 σ 或者 π 轨道中的电子，这些孤对电子中的一个电子更容易失去。一开始生成的自由基正离子定域在杂原子上，因此碎裂化很容易通过 β 键的断裂进行。我们可以通过图 4.13 中 2-丁醇 **19** 的质谱图来看这一过程是如何发生的。

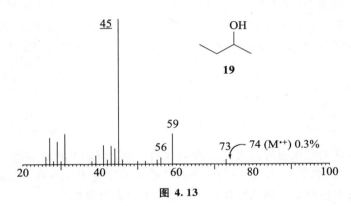

图 4.13

一开始形成的离子是自由基正离子，单电子定域在 O 原子的一个轨道上。这个单电子将会和 O 原子 β 位的三根化学键之一中的一个电子配对。这三根化学键分别是 C—H 键、C2—C1 以及 C2—C3 键。这些键中的另外一个电子将会定域在一个 H 原子、甲基自由基或者乙基自由基上面。因此带有电荷的碎片相应是质子化的丁醇 **20**、质子化的丙醛 **21** 和质子化的乙醛 **22**，m/z 73、59、45 的峰的相对强度很大程度上反映了它们失去自由基的相对稳定性。

醇类化合物较为特征的峰（M−18）是通过失去一分子水得到，在这个例子中对应 m/z 56 的峰。注意到一个碎片具有偶数的质量是比较少见的，这是少数自由基正离子失去一分子稳定分子的情况，发生的原因是水的热力学稳定性。三级醇基本上从不出现分子离子峰，而是显示出一个强度很大的（M−18）离子峰，然而一级醇则更倾向于经过第一次碎裂失去一分子 H₂ 得到醛。

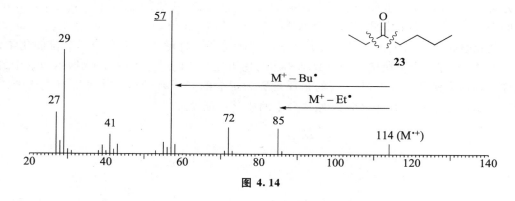

简单的酮类化合物经历相同的碎裂方式，从 O 的一对孤对电子中失去一个电子，再发生氧原子的 β 断裂失去一个自由基。因此在图 4.14 所示的 3-庚酮 **23** 的质谱图中，失去的是丁基自由基和乙基自由基。

图 4.14

从命名法的角度来看容易发生混淆，因为发生断裂的是羰基和命名酮时称为 α 碳原子之间的化学键。因此这种形式的断裂称为 α 断裂，亦即使 3-庚酮 **23** 和 2-丁醇 **19** 所断裂的化学键相对于 O 的位置是一样的。

199

　　m/z 29 的峰是由离子 **25** 失去一分子 CO 所得到的乙基正离子。离子 **24** 也会以相似的方式失去一分子 CO，使得 m/z 57 峰的强度突然增大，因为丁基正离子和丙酰基正离子具有相同的整数分子量。高分辨的仪器会显示，m/z 57 的离子实际上由两个距离很近的峰组成。m/z 41 是一个烯丙基正离子，通过碳氢化合物典型的断裂方式得到，这在壬烷的质谱中可以看到。

　　在 m/z 72 处也有一个强度较大的峰，这同样也是一个少数通过从分子离子 $M^{\bullet +}$ 失去一个分子所得到的**偶数**分子量的碎片。它对应于烯醇 **27** 的一个自由基正离子，通过 McLafferty 重排 **26** 得到，这一过程中 γ-H 原子从 C 原子转移到 O 原子上，并失去一分子丙烯 **28**。显然，这也称为 β 断裂。

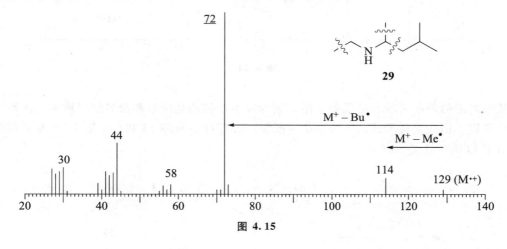

　　这种重排十分有用，因为它能够判断羰基是否含有 γ 氢原子。峰的 m/z 值和碎片质量的损失可以帮助判断连在酮两边的取代基。α 断裂和 McLafferty 重排都让我们想起酮类化合物光解的 Norrish Ⅰ 和 Ⅱ 碎裂。类似的碎裂方式也可以在其他羰基化合物中发生，在本章最后的表 4.11 中列举了常见羰基化合物所得到离子的 m/z 值。

　　胺类化合物更容易失去一对孤对电子中的一个电子，伴随着断裂杂原子 β 位的化学键。胺化合物 **29** 含有三个上述位置的与烷基相连的化学键，它们产生了图 4.15 所示质谱中最明显的峰。在这个例子中 m/z 129 处的是质量数为奇数的分子离子峰，并且所有主要的碎片质量数是偶数，这是具有奇数个 N 原子分子的质谱特征模式。

图 4.15

200　　　**30** 和 **32** 两种碎裂方式会失去甲基自由基，碎裂方式 **34** 会失去一个异丁基自由基。最后一种是主要的断裂方式，因为更大的自由基比甲基自由基更稳定。正离子 **31** 和 **35** 都可以失去一分子烯烃，形成 m/z 30 和 44 的碎片。与通常一样，失去三个 β 氢原子的中任何一个，都不如失去一个烷基自由基更有利，因此谱上并没有出现强度很大的 (M－1) 的峰。

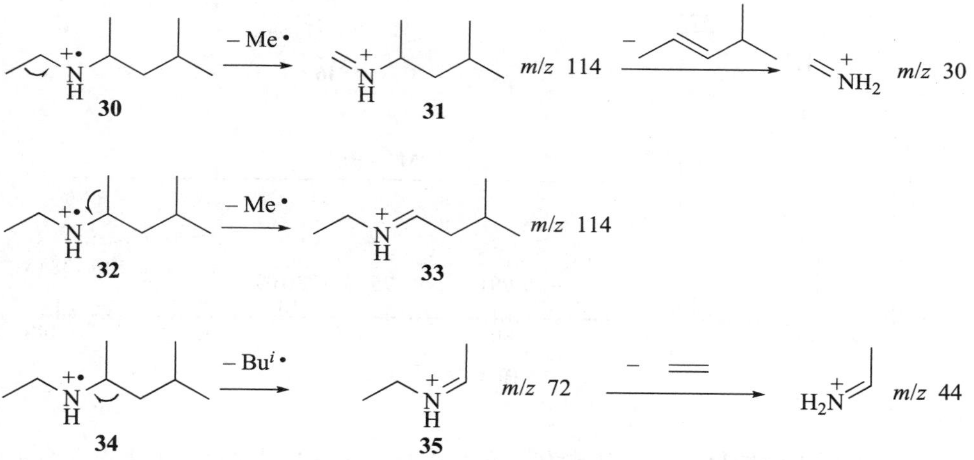

尽管卤素原子含有孤对电子，但是它们会发生另一种形式的碎裂，这主要是因为卤鎓正离子没有亚胺正离子或者氧鎓正离子稳定。然而卤素可以形成稳定的自由基。只要不生成乙烯正离子或者苯基正离子（这种情况会在一个三角中心产生不利的正电荷），分子很有可能会失去一个卤原子。因此在图 4.16 的正丁基溴 36 的质谱图中，失去一个溴原子是主要的碎裂方式。一些次要的碎裂方式将溴保留在带电荷的碎片中，这些碎裂方式很容易辨认，因为它们产生了强度相同的、质量数相差 2 的两个峰。其中 m/z 79 和 81 是溴离子 38 本身产生的，而 m/z 93 和 95 则是 β 碎裂 39 的结果。γ 键的断裂产生了离子 40，具有 m/z 107 和 109。m/z 41(CH_2＝$CHCH_2^+$) 由 m/z 57 失去一分子甲烷得到，乙基正离子(m/z 29) 由丁基正离子 37 失去一分子乙烯得到，而 m/z 27(CH_2＝CH^+) 则是通过乙基正离子失去一分子 H_2 得到。

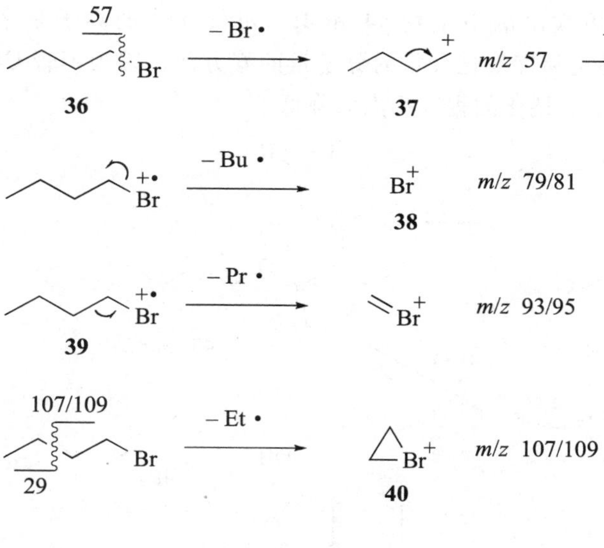

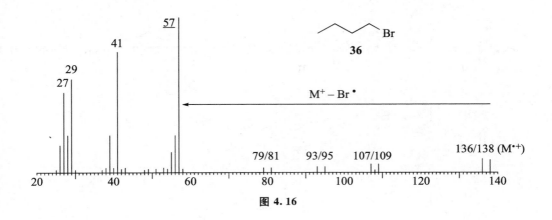

图 4.16

因此，我们可以归纳得出：质量数为偶数的分子，主要碎裂途径是失去一个自由基，得到具有奇数质量数的带电荷碎片；相反地，质量数为奇数的分子，主要得到偶数质量数的碎片。对照之前提及的，EI 质谱并不能完全判断所有峰的来源。本章最后的表 4.9、4.14 和 4.15 有助于判断一些常见的碎片，包括一些常见官能团的特征碎片（表 4.9）、由离子碎裂下来的碎片（表 4.14）和一些带有电荷的碎片（表 4.15）。

4.5.3　CI 谱

图 4.17(a)是常见增塑剂邻苯二甲酸二辛酯 **41** 的 EI 谱，并不包含分子离子峰 M$^{•+}$。然而，图 4.17(b)和(c)中的 CI 谱在 m/z 391 处有强度较大的 MH$^+$ 的峰。使用甲烷所得到的谱显示出一些碎裂过程，然而使用异丁烷作为 CI 源的气体，会转移很少部分的能量给分析物，因此导致非常少的碎裂。

在图 4.17(b)的 CI 谱中的碎裂可以归属于质子化的分子离子 **42** 发生 McLafferty 重排，得到离子 **43**，同时生成邻苯二甲酸酐的衍生物 **44** 和 **45**，m/z 113 的离子是辛基正离子 C$_8$H$_{17}^+$。重要的是 CI 谱是一个确定易挥发化合物的分子量的好方法，因为不管 CI 源的气体是什么，相比于 EI 源，分子离子碎裂化的程度都大大降低了。

42　m/z 391

43　m/z 279

$-H_2O$

44　m/z 261

45　m/z 149

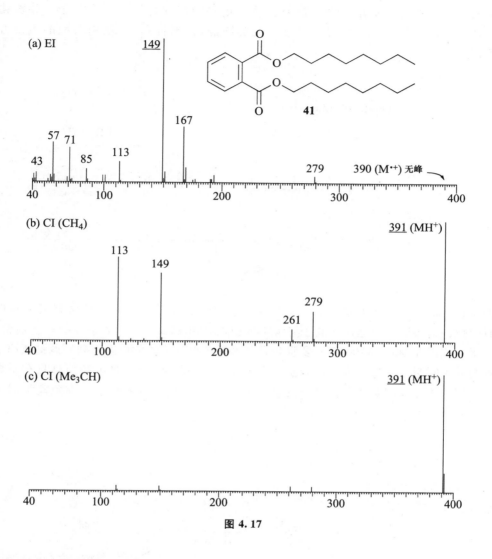

图 4.17

4.5.4 FIB(LSMIS)谱

203

FIB 可以给出正离子或者负离子的质谱，尽管后者通常用于分析那些形成异常稳定负离子的化合物（例如含有硫酸根的分子）。分子量通常可以通过正离子谱图中观测到的大量 MH⁺ 离子得到，或是由负离子谱图的 (M—H⁺)⁻ 得到。FIB 谱图通常包含很多有结构特征的碎片离子，但是对于由基质得到的大分子质谱，MH⁺ 通常是含量最高的离子，这样就使得由这个方法确定分子量变得容易。在 FIB 谱中观测到 (M+Na)⁺ 或 (M+K)⁺ 的盐的离子也是常见的，这些是源自于痕量的对应阳离子盐的存在。因此，可以通过向基质中加入钠盐或者钾盐来产生这些离子，进而通过 MH⁺ 和 MNa⁺ 之间的质量数差 22 来帮助确定分子离子。

FIB 谱可用于分析分子量高达 4000 D 的那些相对不易挥发的分子。图 4.18 给出了溴化膦 **46** 的 FIB 谱图，图中膦正离子 m/z 349 直接挥发出来，并且没有质子化。分子离子的

204　　丰度最高，并且因为它不是一个自由基，唯一重要的碎片是失去一个分子。碳氢化合物和其他高疏水性的分子，比如官能团较少的类固醇（低碱性），在使用典型的轰击方法时效果不好。

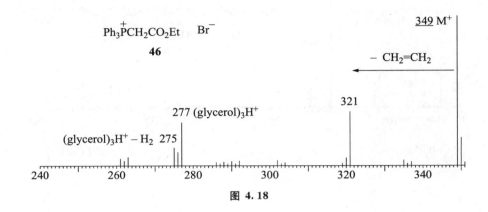

Ph$_3$$\overset{+}{P}CH_2CO_2$Et　　Br$^-$

46

349 M$^+$

$-$ CH$_2$=CH$_2$

321

277 (glycerol)$_3$H$^+$

(glycerol)$_3$H$^+$ $-$ H$_2$　275

240　　　260　　　280　　　300　　　320　　　340

图 4.18

　　FIB 谱中偶尔能够出现带有多个电荷的离子（例如 MH$_2^{2+}$），尤其是含有两个碱性残基（例如精氨酸）的多肽，但是这些离子通常丰度很低。由 FIB 产生的离子碎裂程度通常不大，但是分子量范围在 300～3000 D 的多肽会通过碎裂给出有价值的信息序列。肽键氮原子任意一边都会发生断裂，并且其他位点的断裂程度较小。碎片 **47** 已经带电荷而且只在正离子谱中可见。碎片 **48**、**49** 和 **50** 在正离子谱中以质子化（H$^+$）的形式被记录，在负离子谱中则会失去一个质子。

a

47

b

49

a

48

b

50

　　将每个残基碎片 **47～50** 分段识别，再由氨基酸组成多肽。Leu 和 Ile 是异构体，需要通过氨基酸分析来区别，但是 Lys 和 Gln 有相同的信号峰，可以通过对前者的乙酰化来区别。在图 4.19 中通过负离子谱说明了一个多肽毒素的序列，它的部分序列是 X-Ile-Asp-Asp-Glu-Gln。与正离子谱和分子量结合起来看，可以得出它的全部序列是 PhCO-Ala-Phe-Val-Ile-Asp-Asp-Glu-Gln。因为 FIB 质谱包含每一个必要片段的小峰，那么通常情况下对谱图进行可靠的质量校正就不会有问题。

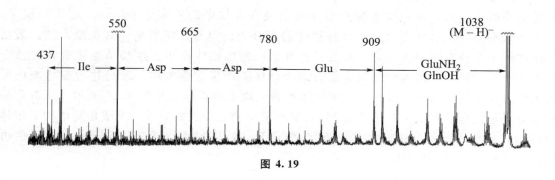

图 4.19

正如图 4.19 所示，如同通常情况下的谱图，利用氨基酸的分子量差别可以将需要的一系列碎片离子的分子成功地分离。用于肽键排序的蛋白质氨基酸的分子量在本章末尾的表 4.13 中给出。通过一系列峰首尾一致的连接，蛋白质的序列可以被确定下来。通过对纯的多肽的氨基酸进行分析来确定哪一个氨基酸是存在的，也可以支持这一结果。那些不能解释的多余的峰则被删去。

为帮助鉴定带有多个官能团的极性分子的结构，还可以辅助进行微克级别的可靠反应。根据给定的官能团特征进行判断，最好不需要试管到试管的转移，以及称量反应前后分子量的差别。分子量的增加可以使用 FIB 谱进行确定，来表明这些官能团的数量。表 4.2 列举了一些具有高收率的可靠有用的反应。

表 4.2　一些常见官能团的选择性微量反应

官能团	试剂	产物	官能团的分子量变化
RNH_2	Ac_2O/H_2O （30 min）[a]	RNHAc	+42
ROH	$Ac_2O/pyridine$ （过夜）	ROAc	+42
RCO_2H	0.5% HCl/MeOH （过夜）	RCOOMe	+14
$RCONH_2$	$PhI(OCOCF_3)_3$	RNH_2	−28

[a] 反应混合物用 NH_4HCO_3 缓冲溶液调 $pH \approx 8.5$。

4.5.5　MALDI 谱

由基质辅助激光解吸产生并由飞行时间分析的离子（MALDI-TOF 联合应用）可以给出高达 100 000～200 000 D 的生物活性分子的近似分子量。但是对于这些大分子的质量的精确分析可能不超过 10～100 D。同样，向分子中加入一个质子产生气相离子是不能检出的。因此，分析的物种通常被看做"M$^+$"，即使事实上它更有可能形成"MH$^+$"。更高信噪比的谱图可以经过多次激光射击而加速获得。使用这项技术可以实现超高的灵敏度，检出限可以低至 10^{-15} 或更低。

通过分析一个单克隆抗体的分子量可以展示这一方法的威力（图 4.20）。抗体是一个中等大小的蛋白质，由免疫系统产生并与出现在人体中的外来分子结合。通常情况下，一个外来物质（抗原）会导致产生这种抗体的混合物。但是，如果是一套免疫系统内激活细胞中的一个特定细胞被克隆，那么只会有单一的纯抗体产生。这些**单克隆抗体**在诊断药剂中是很重要的，因为它们和抗原的结合会伴随产生变色响应。通过这种变色响应可以大大方便疾病的诊断。因此单克隆抗体的表征就十分重要。如图 4.20 所示，所有明显的高分子量的离子要么是分子离子 M^+，要么就是和它相关的离子，抑或是简单的二聚体（$2M^+$），或是带有多个电荷的离子（M^{2+} 和 M^{3+}，或 $2M^{3+}$ 和 $3M^{2+}$）。分子量的准确度可以达到（149 190 ± 69）D。

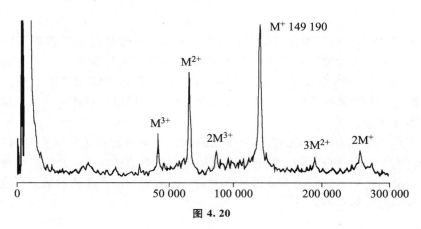

图 4.20

4.5.6　ESI 谱

206

ESI 代表性的功能是从生物大分子中产生多电荷离子。因为一个离子在质谱中的位置是由 m/z 的比例确定的，所以高电荷会减少质量为 m 的离子出现在谱图中时的 m/z 值。这一性质在将带有多个电荷的离子转化为低 m/z 值时具有重要的意义（图 4.20）。它使得一个生物大分子的 ESI 谱可以使用四级杆分析器测量，即使这些仪器之前只适用于确定那些分子量最大为 4000 的分子。如图 4.21(a) 所示的蜂毒多肽 **51**（mellitin，蜜蜂尾针毒素的组分之一，可破坏细胞膜的稳定性从而造成细胞的"爆裂"）的 ESI 谱即说明了这一点。因此，分子量 2846 D 的分子的离子特性也可以甚至出现在 m/z 为 400～600 的区域。与之类似，分子量为 5064 D 的人类甲状旁腺激素 **52**（由 44 个氨基酸组成）也可以方便地使用四级杆分析器检测[图 4.21(b)]。对于结构 **51** 和 **52**，用氨基酸的单字母密码来表征（见表 4.13），表格中的分子量 M_r 包括所有同位素的平均值。

207

价态的分布宽度通常约为其最高价态的一半（图 4.21）。最高价态常与氨基酸侧链所带的相对碱性的官能团数目相关：赖氨酸的—$(CH_2)_4NH_2$ 侧链（$pK_a \approx 8$）、精氨酸的—$(CH_2)_3NHC(=NH)NH_2$ 侧链（$pK_a \approx 12$），以及组氨酸的咪唑侧链（$pK_a \approx 6.5$）。这些侧链与多肽或蛋白质的 N 端一起，相对来说较容易被质子化而形成相应的正离子。这样，mellitin 共有 5 个 Lys、Arg 和 His 残基，而人类甲状旁腺激素（1～44）有 9 个，再加上质子化的 N 端所提供的一个电荷，二者的最高价态分别为 6 和 10。与实验观察到的 6 价和 9 价符合较好。

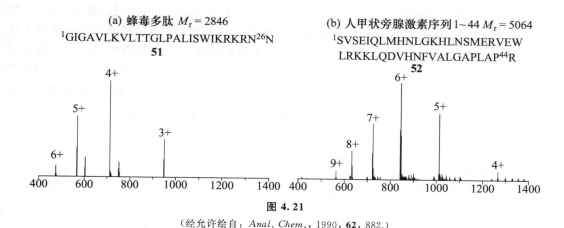

图 4.21

（经允许绘自：*Anal. Chem.*，1990，**62**，882.）

由于蛋白质分子中碱性残基的数目与分子量大致成比例，故这一方法在研究更大的分子时效果也很好。分子量达 80 000 D 的蛋白质分子带有 40～80 的电荷的情况也可以见到，所以使用四级杆分析器也可以测得在这个范围的离子的 m/z 值。如图 4.21 所示，分子量的信息包含在一些主要的峰中，那么使用这些数据通过计算可以得出分子量，而且这样得到的分子量较为精确可靠。表 4.3 给出的一些例子正是使用这种办法算出的分子量，而且这里计算出的分子量是基于所有存在同位素的权重平均值（见章末表 4.4）。

表 4.3 用 ESI-MS 确定蛋白质的分子量

化合物	M_r（测量值）	M_r（计算值）	M_r 误差/（%）
牛胰岛素	5733.4	5733.6	−0.01
泛素	8562.6	8564.8	−0.02
硫氧还蛋白（*E. Coli*）	11672.9	11673.4	−0.00
牛核糖核酸酶 A	13681.3	13682.2	−0.01
牛α-乳清蛋白	14173.3	14175.0	−0.01
鸡蛋溶菌酶	14304.6	14306.2	−0.01

这个方法也具有显著的灵敏度。用这一方法，我们只需要 20 fmol（20×10^{-15} mol）的样品，即可测定一个蛋白质的分子量。就是说，对于一个分子量为 10 000 D 的蛋白质，只需消耗 200 pg 的样品（小于 1 μg 的千分之一！）。

大多数采取 ESI-TOF-MS 联用的质谱仪均可以用于自动化的高分辨测量。这些台式设备可以提供＜5 ppm 的质量精度，因此对确定分子量在一个很小范围的分子式很有用。

4.5.7 ESI-FT-ICR 和 ESI-FT-Orbitrap 谱

当 ESI 源和 FT-ICR 联用时，可获得比 ESI-四级杆质谱更高的分辨率。但是 FT-ICR 需要更多的维护，并且需要在低压下操作来保证高效。

图 4.22 是蛋白质细胞色素 c 的谱图，它给出了电荷的期望分布。假如任一价态的峰以

高分辨率展开，那么这个峰可以解析多种^{13}C 同位素的组合（图 4.22 中的小图给出了 m/z 略大于 773 的片段的组峰）。对于一个含有几百个碳原子的这样尺寸的蛋白质（分子量略大于 12 000 D），物种当中含有 0～8 个^{13}C 原子的同位素峰是很多的。因为带有单个电荷的碳同位素峰必须以 1.0034 D 被分离（表 4.4），在 m/z 范围出现在单一单元的这些同位素峰的数量限制了离子的电荷数。对于一个平均分子量为 12 358.34 D 的分子，在 m/z 为 773 的尺度时峰的分离度仅仅在 0.0625 D 内，这更强化了 ESI-FT-ICR 的分辨能力。

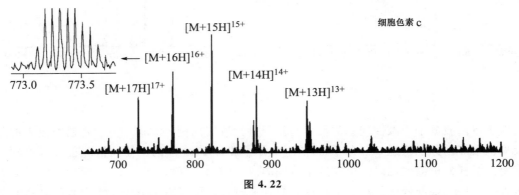

图 4.22

（经允许绘自：*Proc. Natl. Acad. Sci. USA*，1992，**89**，286.）

4.6　与质谱连接的分离系统

4.6.1　气相色谱-质谱联用(GC/MS)和液相色谱-质谱联用(LC/MS)

气相色谱(GC)和高效液相色谱(HPLC)可以很好地分离和检测有机混合物中的成分。因为质谱灵敏度高，且扫描速度快，所以它是用来分析从色谱上淋洗下来的小量化合物的很好的技术。联合这两种技术可以很好地鉴定天然或合成的有机混合物组分，以及快速鉴定有机反应产物。气相或液相色谱分离得到的每个组分都有可能得到质谱，即使这个组分可能只有几纳克，且洗出时间仅几秒。

在 GC/MS 或者 LC/MS 技术刚刚出现时，通常需要除去载气（通常是氦气）或溶剂，特别是对于离子化室工作气压特别低的质谱仪。现在，除了 EI-GC-MS 仍需要除去载气或溶剂外，现代技术已经可以不通过除去它们而获得低压。此外，CI 源现在可在大气压力下工作（APCI 源），这使得气相色谱和液相色谱均可与质谱串联，这样就可以执行如反应混合物的直接分析等任务。或许最重要的是，液相色谱和质谱进行串联使用时，液相色谱的流出物可以直接在 ESI 质谱中使用。质谱是通过监测色谱总离子流来作为色谱的检测器的。

在液质联用仪(LC-ESI-MS)中，若流出液的溶质中带有易形成离子的官能团（如—NH_2 或—COOH），特别是当流出液中含有促进离子生成的挥发性缓冲液(NH_4OAc 或 HCOOH)时，细雾中的小液滴就可能带有一定程度的正电荷或负电荷。溶剂分子被泵快速抽走，留在气相中的 MH^+ 或($M—H$)$^-$ 离子在电场的作用下被引出腔室，注入质谱分析仪而被记录下来。运用这一方法可以可靠地获得氨基酸、多肽、核苷酸及分子量近 2000 D 的抗生素的质谱图。

气质联用仪(GC/MS)和液质联用仪(LC/MS)的可靠性使得如今大部分的质谱仪已经将分离部分和质量分析部分整合到了一起。在常规的有机反应的粗产物分析和复杂生物样品的分析中，实验室常用的配有时间飞行质谱仪的台式气相和液相色谱仪已经能够提供足够准确的质量数。虽然这些仪器不能提供最高的质量分辨率，但是它们测量"单一同位素质量"(即每个原子都是丰度最高的同位素时的同位素峰质量)的质量数已可精确到 5 mD。因此，单一同位素质量可以通过计算其丰度最高的同位素的原子量获得。进一步就是确认分析物中被检测到的同位素分布模式和理论分布模式的吻合程度。

由于从气质联用和液质联用中采集到的数据量很大，因此通常将它们与计算机控制的数据系统进行在线连接(4.8 节)。从电脑中输出气相色谱或者高效液相色谱的谱图曲线，其中不同的峰用字母和数字标记，可以通过这些标记调用对应的质谱图。例如，通过胰岛素酶消化水解一种蛋白——蛋氨酰人类生长激素，得到许多多肽；该酶切断蛋白中每个碱性氨基酸：赖氨酸或精氨酸的碳端。这些多肽均包含两个碱性位点，即碳端的赖氨酸或精氨酸，和多肽的氮端氨基。图 4.23 是得到的高效液相色谱图(HPLC)，图 4.24(a)和(b)是其中分别标记为 T11 和 T12 的两个峰的 ESI 谱图。质谱相对简单，仅包含 MH⁺ 和 MH₂²⁺ 离子的分子量信息，它们给出了生长激素序列中毗邻的多肽 DLEEGIQTLMGR 和 LEDGSPR 的分子量。

210

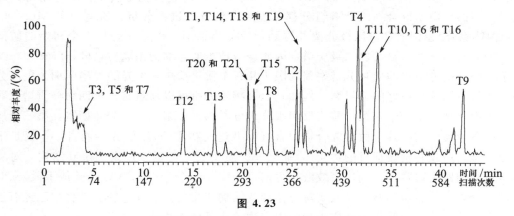

图 4.23

(经允许绘自：*Anal. Chem.*，1991，**63**，1193.)

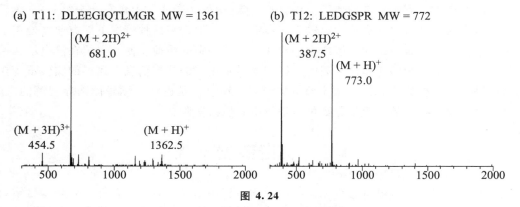

(a) T11: DLEEGIQTLMGR MW = 1361　　　(b) T12: LEDGSPR MW = 772

图 4.24

(经允许绘自：*Anal. Chem.*，1991，**63**，1193.)

4.6.2 质谱-质谱联用(MS/MS)

同时包含电场和磁场(图 4.5)的质谱仪既可以对从混合组分中得到的各种分子离子进行分离，也可以给出这些分子离子的结构信息。然而，与图 4.5 所示的顺序相反，这项技术要求磁场区先于电场区。

为了阐述这个原理，我们假设一个含有 M_1、M_2 和 M_3 三种组分的混合物被"软"的离子源(例如 CI、FIB、ESI，可以得到丰富的分子离子)离子化。如果磁场被设置成只能让 M_2H^+ 离子通过，那么只有这些离子进入到磁场和电场之间的碰撞室。具有中等压力(10^{-3} ~10^{-2} N m^{-2})的惰性气体被引入到该碰撞室内，当 M_2H^+ 和惰性气体的原子进行擦碰时，一小部分的平动能转变成 M_2H^+ 的振动内能，产生 M_2H^+ 碎片离子。这些碎片的平动能按照碎片的质量比进行分配。因此，假如一个碎片离子含有 M_2H^+ 的 $x\%$ 的质量，就意味着 $(100-x)\%$ 的质量以一个中性粒子的形式而失去，而碎片离子仅保留 M_2H^+ 的 $x\%$ 的平动能。由于静电场分析器更容易使平动能低的分子进行偏转，所以它将 M_2H^+ 分解得到的碎片离子按照能量进行分离，也就是按照质量进行分离。

因此，假如扇形电场电势从一个能够使得 M_2H^+ 通过收集器的缝隙的初始值 E_0 开始递减扫描，那么那些碰撞产生的裂解产物将按照分子量递减的顺序被收集器检测到。这就给出了 M_2H^+ 的碰撞诱导的质谱图(CID-MS)，这些质谱图和通过其他方法获得能量而得到的质谱图是类似的。由于混合物的所有组分都可以用这种方法进行分析，所有组分 M_1、M_2 和 M_3(异构体除外)原则上都可以被分离并得到相应的质谱图。由于这是从一个初始的质谱中选择一个分子离子然后再给出二级质谱，因此这个技术通常称为串联质谱(MS/MS)。

单独的静电分析仪的质量分辨率仅局限于几百个质量单位，但是通过串联两个更高分辨率的质谱仪可以获得更好的分辨率。例如，混合物的分析可以通过将三个四级杆质谱仪顺次连接起来而实现。第一个四级杆质谱仪用来分离分子离子，第二个作为碰撞室，第三个用来分离碰撞诱导裂解的碎片。假如混合物中含有未见过的物质(对于研究者而言，不仅是未知的，而且是之前没有被表征过的物质)，那么一级质谱通常不足以用来确定其结构。对于这些物质的结构鉴定通常需要利用高效液相色谱(HPLC)或者气液色谱(以及其他手段)来对其组分进行分离，然后利用核磁共振谱等方法确认结构。相反，假如电脑文件夹中已经有了碰撞诱导质谱图，那么串联质谱就成为确定混合物组成灵敏而快速的技术。

轨道阱(Orbitrap)来进行串联质谱实验是功能强大的。在 Orbitrap 分析仪中，除了被选择的感兴趣的离子，剩下所有的离子都可以被去除(例如一个样品中含有几个组分)。然后将该离子进行碰撞诱导裂解得到碎片，以用于鉴定结构。但是在这种情况下，方便之处在于我们可以锁定任何一个碰撞诱导裂解产生的碎片，选择一定的质荷比使其保留在静电场轨道阱中，然后再进行下一步的碰撞诱导裂解，以期望得到更多的结构信息。这样的实验不管在什么仪器上进行，都被称为 n 级质谱实验$[(MS)^n]$，其中 n 是进行连续碰撞诱导裂解的次数。很明显，对于混合物中的每个组分都可以进行串联质谱实验。

4.7 质谱数据系统

现代的质谱仪是通过电脑进行控制的。键盘不仅用来控制数据的存储、处理和检索，也可以被用来控制气相色谱或者液相色谱。因此，气相色谱中的流速和温度梯度、液相色谱中的溶剂比例、自动取样、进样以及扫描都可以从一个地方进行控制。

质谱仪输出随着扫描的进行而连续变化的电势,它代表峰强。这些模拟信号以精确的时间间隔采集,转化为数字信号,以便于电脑处理。比选定的振幅小或者到达时间小于选定的时间宽度范围的数字信号可不采集,分别是为了去除随机噪声和窄的电脉冲。通过已知质量数的峰的到达时间对系统进行校准,将峰的重心的到达时间转化为相应的质量数。图 4.25 总结了数字谱图在存储于硬盘前经历的一些操作过程。电脑内部的扫描报告允许操作者通过实时的气相色谱或者液相色谱扫描的数据来监控谱图,随时监测谱图并且进一步优化实验。

电脑还可以用来处理和解释数据。例如,它可以扣掉柱流失和其他已知的杂质引起的峰。处理后的谱图可以与存储在电脑上的数据库自动对比每个峰的质量数和相对丰度。对于数据库中记载的化合物的鉴定,比对指纹图是一个强有力的方法,并且在分析工作中经常用到。

212

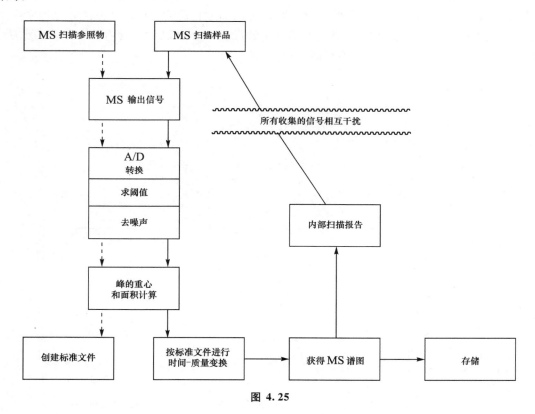

图 4.25

4.8 特定离子的监测和定量质谱(SIM 和 MIM)

通常在质量分析器之后用来检测离子的是电子倍增器。其操作原理是利用被检测离子来产生电子,然后放大信号。这个设备相当灵敏,在最好的工作状态下,仅 20 个离子就可以测量出其信号。然而,在信噪比(S/N)方面,扇形磁场及四级杆质谱仪的扫描效率仍不高,因为仅有不到 1% 的离子被仪器记录下来。在灵敏度非常重要的情况下(例如,血液中痕量药物的分析），可以通过检测丰度最高的离子或者被检测的物质的多个特征离子来提高信噪比。前者被称为单离子检测（SIM），后者为多离子检测（MIM）。在扇形磁场质谱仪中，可设定磁场电流以反复扫描单离子信号（SIM），或在几个选定的信号直接扫描（MIM）。后者通过一个多通道记录器的不同通道分别记录每个离子的信号。

213

氯丙嗪 **53** 是人类使用的第一个抗精神病药。为了评估其代谢物所产生的生理作用，必须获得该药物的新陈代谢图。测定新陈代谢图的过程便是一个 MIM 实际应用的例子。从病人的血液中提取样品，将其转化成对应的三氟乙酸盐以提高其挥发性，再利用 GC/MS（图4.26）测定。氯丙嗪及其侧链衍生物 **54** 和 **55** 的质谱含有大量的质荷比为 246、248（**54**）以及232、234（**55**）的离子。处理后的血液提取物注入 GC，对其流出物持续监测上述离子中质荷比为 246、234 和 232 的三种离子。对于流出较慢的两个洗脱物，三个离子的丰度是同时增加和减少的，强烈表明这些洗脱物是氯丙嗪的衍生物，它们只在被切断的侧链上有所不同。通过检测疑似的分子离子以及真实的保留时间，可以确定它们的结构。实际上，这两个衍生物是去甲氯丙嗪三氟乙酸盐和双去甲氯丙嗪三氟乙酸盐。在肝脏中，含有 N-甲基基团的药物进行去 N-甲基化是一个很普遍的代谢过程。

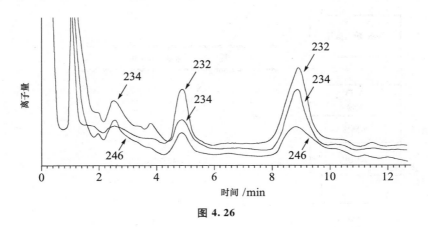

图 4.26

53　　　　　**54**　　　　　**55**

m/z 246 和 248　　　　m/z 232 和 234

MIM 是一项非常特殊和灵敏的技术，在适宜条件下可检测出皮克级（pg，10^{-12} g）的化合物。GC/MS 和数据系统的组合是进行农药、药物残留、药物代谢、调味品及香料分析的一种极为有力的手段。为了实现定量测定，常需要利用一个合适的内标（例如，同位素标记的类似物）。例如，质谱可以有效地分离由农药甲基对硫磷和其氘代的类似物产生的离子。假如在未知量甲基对硫磷的样品中加入已知量的氘代的类似物，通过相对信号强度就可以对农药的含量进行定量的估计。

214

4.9　未知物谱图的解析

当面对实际的实验问题时，常需要判断一个化合物是否是纯品。就晶状化合物而言，可以从熔程的长度和熔点的恒定性判定纯度。更普遍地，可以通过薄层色谱（TLC）、GC 及 LC 来判断纯度。经过薄层色谱板、色谱柱或加过润滑脂的仪器处理的样品，其谱图中可能出现典型的杂质峰（表 4.12）。因为在 EI 谱中，脂肪族化合物的分子离子丰度通常较低，故在这些情况下有必要另做一张使用 CI、FAB 或 ESI 等"软"电离技术的谱图（其中总离子流的大部分具有特征的分子量）。为了确认混合物经过色谱分离得到的峰，GC/MS 或 HPLC/MS 加上随后的已知物 EI 质谱的计算机谱库检索，可以提供一种有效的方法。

在澄清一个未知化合物的结构时，必须确定其分子离子。确保假设的分子离子是在质量允差范围内与质量更小的离子相分离（表 4.13 和 4.2 节）。注意质荷比的值是奇数还是偶数，然后寻找特征的同位素模式。一旦可以确认某分子离子，$M^{\bullet+}$、MH^+ 或 $(M-H^+)^-$，判断通过高分辨的测量手段确定其分子式是否可行。值得注意的是，对于分子量较小的化合物，该技术可以给出明确的分子式。但是随着分子量的增加，与测量值一致的各种不同元素的组合方式也更多。

确定分子量和分子式后，要运用一切谱图（UV、IR 及 NMR 谱等）及化学知识来确定部分或整个分子的结构。到这一步后，再重新回到质谱上检验一下观察到的碎裂方式与提出的结构是否一致，或者用它限定可能的范围。在检验这种一致性时，切记单键断裂要与能量最有利的路径相关联（4.5 节）。

考虑到种类繁多的有机化合物可生成同样种类繁多的离子，根据 m/z 值来判断结构单元没有太大的意义，甚至对分子量小于 200 的分子亦是如此。因此辨别从 $M^{\bullet+}$ 掉下来的中性碎片而不是碎片离子本身会更加有优势。表 4.14 列出了一些常见的容易从分子离子上掉落的碎片。不过，对官能团较少或是已知的小分子来说，对照表 4.15 中所给出的一些多种碎片数据对于检验观测到的质荷比可能会有帮助。在做这些时，记住质谱的真正威力在于分子量和分子式的确定，在于其灵敏度和通过谱图的比对来确定结构的可能性（就已分离化合物而言）。

对于新分子的结构鉴定，NMR 通常比质谱更为有效，而质谱常常仅起验证作用。另一方面，对于由已知质量单元构筑的多糖、多肽和蛋白质（表 4.13）等生物大分子的结构鉴定，质谱是一个主要的方法。此外，当样品量根本不足以进行 NMR 检测时，质谱也是帮助鉴定结构的重要方法，在这些情况下进行微小的衍生化（表 4.2）会更加有效。此时，以昆虫的信息素的结构确定为例，（只有结构不是很复杂时才有用的）分子量和碎裂方式可能就是唯一所能获得的信息。

215

4.10　网　　络

网络在不断发展，它的链接和协议也在不断变化。下面的信息必然是不全面的并且终将失效，但是可指导你找到所需信息。有些网站需要特定的操作系统和有限的浏览器，许多需要付费，有些需要你注册或下载相关的程序才能使用。

- 网络上的一些谱图数据库，代表性的几个是麻省理工学院、滑铁卢大学和德克萨斯大学的网站。它们是为内部使用而设计的，但总能提供有用的信息。

http：//libraries. mit. edu/guides/subjects/chemistry/spectra _ resources. html

http：//lib. uwaterloo. ca/discipline/chem/spectra _ data. html

http：//www. lib. utexas. edu/chem/info/spectra. html

• 对于质谱数据，网上有众多的资源。其中几个（CDS，Bio-Rad，ACD，Sigma-Aldrich，ChemGate)包含有主要的甚至是全部的谱图方法，已在红外谱图一章提到了。

• 一些 IR、NMR 和质谱的数据库网站：

http：//www. lohninger. com/spectroscopy/dball. html

• 日本有机化合物的谱图数据库（SDBS）：

http：//www. aist. go. jp/RIODB/SDBS/cgi-bin/cre _ index. cgi

可以免费得到红外、拉曼、氢谱、碳谱和质谱数据。

• Wiley-VCH 的网站可以得到一些谱图数据：

http：//www3. interscience. wiley. com/cgi-bin/mrwhome/109609148/HOME

• 对于 ChemGate，其收集了 700 000 张 IR、NMR 和 MS 谱图：

http：//chemgate. emolecules. com

• Sadtler 网站：

http：//www. bio-rad. com

• 接着是 KnowItAll 有 198 000 质谱图：

http：//www. acdlabs. com/products/spec _ lab/exp _ spectra/ms/

这个网址是 ACD 的，在入门级配置下，ACD/MS 管理器可以处理质谱、串联质谱（MS/MS，MS/MS/MS, MS^n)和质谱结合分离技术（LC/MS, LC/MS/MS, LC/DAD, CE/MS, GC/MC）。

216

4.11 参 考 文 献

主题进展

J. H. Beynon, R. A. Saunders and A. E. Williams, *The Mass Spectra of Organic Molecules*, Elsevier, London, 1968.

K. Biemann, *Mass Spectrometry*, McGraw-Hill, New York, 1962.

H. Budzikiewicz, C. Djerassi and D. H. Williams, *Structure Elucidation of Natural Products by Mass Spectrometry*, Vols. I and II, Holden-Day, San Francisco, 1964.

H. Budzikiewicz, C. Djerassi and D. H. Williams, *Mass Spectra of Organic Compounds*, Holden-Day, San Francisco, 1967.

J. R. Chapman, *Computers in Mass Spectrometry*, Academic Press, 1978.

I. Howe, D. H. Williams and R. D. Bowen, *Mass Spectrometry—Principles and Applications*, McGraw-Hill, New York, 1981.

W. H. McFadden, *Techniques of Combined GC/MS*, Wiley, New York, 1973.

B. J. Millard, *Quantitative Mass Spectrometry*, Heyden, London, 1978.

M. E. Rose and R. A. W. Johnstone, *Mass Spectrometry for Chemists and Biochemists*, Cambridge University Press, Cambridge, 1982.

G. R. Waller and O. C. Dermer (Eds), *Biochemical Applications of Mass Spectrometry*, Wiley-Interscience，New York，1980.

近年的教科书

F. W. McLafferty and F. Turecek，*Interpretation of Mass Spectra*，University Science Books，Sausalito，4th Ed.，1993.

M. C. McMaster，*GC/MS*，*A Practical User's Guide*，Wiley，New York，1998.

C. Herbert and R. Johnstone，*Mass Spectrometry Basics*，CRC Press，Boca Raton，2002.

E. de Hoffmann and V. Stroobant，*Mass Spectrometry*，Wiley，Chichester，2nd Ed.，2002.

J. H. Gross，*Mass Spectrometry*，Springer，Heidelberg，2003.

R. M. Smith，*Understanding Mass Spectra*，Wiley，New York，2nd Ed.，2004.

N. Nibbering（Ed.），*The Encyclopedia of Mass Spectrometry*，*Vol.* 4：*Fundamentals of and Applications to Organic（and Organometallic）Compounds*，Elsevier，2004. This is the most relevant volume of a 10-volume set to structure determination in everyday organic chemistry. The other volumes cover more specialised aspects of the technique.

色谱和质谱

R. E. Ardrey，*Liquid Chromatography-Mass Spectrometry*，*An Introduction*，Wiley，New York，2003.

M. C. McMaster，*LC/MS*，*A Practical User's Guide*，Wiley，New York，2005.

W. M. A. Niessen，*Liquid Chromatography-Mass Spectrometry*，CRC Press，Boca Raton，3rd Ed.，2006.

数据

F. W. McLafferty and D. B. Stauffer，*Wiley/NBS Registry of Mass Spectral Data*，7 Vols.，Wiley，New York，1989.

F. W. McLafferty and D. B. Stauffer，*Important Peak Index of the Registry of Mass Spectral Data*，3 Vols.，Wiley，New York，1991.

The Eight Peak Index of Mass Spectra，3 Vols.，4th Ed.，RSC，Cambridge，1991.

T. J. Bruno and P. D. N. Svoronos，*CRC Handbook of Fundamental Spectroscopic Correlation Charts*，CRC Press，Boca Raton，2006.

4.12 数 据 表

表 4.4 常见同位素的原子量和大致天然丰度

同位素	原子量	天然丰度/(%)	同位素	原子量	天然丰度/(%)
^{1}H	1.007 825	99.985	^{29}Si	28.976 491	4.7
^{2}H	2.014 102	0.015	^{30}Si	29.973 761	3.1
^{12}C	12.000 000	98.9	^{31}P	30.973 763	100
^{13}C	13.003 354	1.1	^{32}S	31.972 074	95.0
^{14}N	14.003 074	99.64	^{33}S	32.971 461	0.76
^{15}N	15.000 108	0.36	^{34}S	33.967 865	4.2
^{16}O	15.994 915	99.8	^{35}Cl	34.968 855	75.8
^{17}O	16.999 133	0.04	^{37}Cl	36.965 896	24.2
^{18}O	17.999 160	0.2	^{79}Br	78.918 348	50.5
^{19}F	18.998 405	100	^{81}Br	80.916 344	49.5
^{28}Si	27.976 927	92.2	^{127}I	126.904 352	100

表 4.5 一些离子的 $\Delta H_f (kJ\ mol^{-1})$

离子	ΔH_f	离子	ΔH_f
H^+	1530	$Me_2C^+ — CH = CH_2$	770
Me^+	1090	Ph^+	1140
Et^+	920	$PhCH_2^+$	890
$n\text{-}Bu^+$	840	$EtC^+ = O$	600
$EtCH^+ Me$	770	$PhC^+ = O$	730
Me_3C^+	690	$MeCH = OH^+$	600
$CH_2 = CH^+$	1110	$MeO^+ = CH_2$	640
$CH_2 = CH — CH_2^+$	950	$MeCH = NH_2^+$	650

注：① 形成小的离子如 H^+ 和 CH_3^+ 是不利的；② 乙烯基和苯基阳离子有高的 ΔH_f；③ 形成烷基阳离子的容易程度为：三级＞二级＞一级；④ 在溶液中稳定的离子，在气相中也是稳定的，如离域阳离子、酰基阳离子、氧鎓离子和亚胺阳离子。

218

表 4.6 一些自由基的 $\Delta H_f (kJ\ mol^{-1})$

自由基	ΔH_f	自由基	ΔH_f
$H\cdot$	218	$PhCH_2\cdot$	188
$Me\cdot$	142	$MeC\cdot = O$	-23
$Et\cdot$	108	$HO\cdot$	39
$n\text{-}Pr\cdot$	87	$MeO\cdot$	-4
$Me_2CH\cdot$	74	$H_2N\cdot$	172
$CH_2 = CH\cdot$	250	$Cl\cdot$	122
$CH_2 = CH — CH_2\cdot$	170	$Br\cdot$	112
$Ph\cdot$	300	$I\cdot$	107

注意：烯基自由基的相对不稳定性和随着取代基增多自由基稳定性的增加。

表 4.7 与分子结构相关的分子离子丰度

强	中	弱或者缺少
芳香族碳氢化合物	共轭烯烃	长链脂肪化合物
ArF	Ar- ⟨ -Br 和 Ar- ⟨ -I	支链烷烃
ArCl	ArCO- ⟨ -R	三级脂肪烃
ArCN	ArCH₂- ⟨ -R	三级脂肪溴化物
ArNH₂	ArCH₂- ⟨ -Cl	三级脂肪碘化物

表 4.8　EI 谱中一些 C_6H_5X 化合物的碎裂（难易顺序排列）

X	从 $M^{\bullet+}$ 失去中性碎片	X	从 $M^{\bullet+}$ 失去中性碎片
COMe	Me	OH	CO
CMe_3	Me	Me	H
$CHMe_2$	Me	Br	Br
CO_2Me	OMe	NO_2	NO_2 和 NO
NMe_2	H	NH_2	HCN
CHO	H	Cl	Cl
Et	Me	CN	HCN
OMe	CH_2O 和 Me	F	C_2H_2 和 HF
I	I	H	C_2H_2

表 4.9　与常见官能团相关的初级单键裂解过程（大致难易顺序排列）[†]

219

官能团	碎裂
胺	$R^1\text{CH}_2\text{CH}_2\overset{+\bullet}{N}(R^2)\text{—R}$ $\xrightarrow{-R^\bullet}$ $R^1\text{CH}_2\text{CH}_2\overset{+}{N}(R^2)=$ $\xrightarrow{-R^1\text{烯}}$ $R^2NH=$
乙缩醛	$R^1R^2\text{C}\overset{+\bullet}{(O\text{—})}$ 环 $\xrightarrow{-R^{2\bullet}}$ $R^1\text{C}\overset{+}{(O)}$ 环 　因为形成稳定的碳正离子而特别有利于此反应
碘化物	$R\text{—}\overset{+\bullet}{I}$ $\xrightarrow{-I^\bullet}$ R^+
醚 （X＝O） 硫醚（X＝S）	$R^1\text{CH}_2\text{CH}_2\overset{+\bullet}{X}(R^2)\text{—R}$ $\xrightarrow{-R^\bullet}$ $R^1\text{CH}_2\text{CH}_2\overset{+}{X}=R^2$ $\xrightarrow{-R^1\text{烯}}$ $HX\overset{+}{=}R^2$
酮	$R^1\text{—C}(\overset{+\bullet}{=O})\text{—}R^2$ $\xrightarrow{-R^{2\bullet}}$ $R^1\text{—}\equiv\overset{+}{O}$ $\xrightarrow{-C=O}$ R^{1+}
醇 （X＝O） 硫醇（X＝S）	$HX\text{—C}(\overset{+\bullet}{})(R^1)\text{—R}$ $\xrightarrow{-R^\bullet}$ $HX\text{—}=R^1$
溴化物	$R\text{—}\overset{+\bullet}{Br}$ $\xrightarrow{-Br^\bullet}$ R^+
酯	$R^1\text{—C}(\overset{+\bullet}{=O})\text{—}OR^2$ $\xrightarrow{-R^{1\bullet}}$ $R^2O\text{—}\equiv\overset{+}{O}$ 　和　 $R^1\text{—C}(\overset{+\bullet}{=O})\text{—}OR^2$ $\xrightarrow{-OR^{2\bullet}}$ $R^1\text{—}\equiv\overset{+}{O}$

[†] 在多官能团的脂肪族化合物中，与表中较上端的官能团相关的断裂比表中较下端的官能团相关的断裂要更有利。

表 4.10 有用的离子系列

官能团	简单离子类型	离子系列(m/z)
胺	$CH_2=NH^+$ m/z 30	30, 44, 58, 72, 86, 100…
醚和醇	$CH_2=OH^+$ m/z 31	31, 45, 59, 73, 87, 101…
酮	$MeC\equiv O^+$ m/z 43	43, 57, 71, 85, 99, 113…
脂肪烃	$C_2H_5^+$ m/z 29	29, 43, 57, 71, 85, 99, 113…

220

表 4.11 在羰基化合物的质谱中观察到的 McLafferty 重排离子的 m/z 值

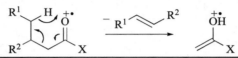

化合物	X	m/z
醛	H	44
酮（甲基）	Me	58
酮（乙基）	Et	72
酸	OH	60
酯（甲基）	OMe	74
酯（乙基）	OEt	88
酰胺	NH_2	59

表 4.12 常见的杂质峰

m/z	解释
149, 167, 279	增塑剂（邻苯二甲酸的衍生物）
129, 185, 259, 329	增塑剂（三正丁基乙酰柠檬酸酯）
133, 207, 281, 355, 429	硅脂
99, 155, 211	增塑剂（磷酸三丁酯）

表 4.13 氨基酸残基—NHC(R)CO—的近似质量数（氨基酸单字母码在三字母码后面的括号内给出）

Gly(G)	57	Ser(S)	87	Gln(Q)	128	His(H)	137
Ala(A)	71	Thr(T)	101	Phe(F)	147	Pro(P)	97
Val(V)	99	Asp(D)	115	Tyr(Y)	163	Met(M)	131
Leu(L)	113	Asn(N)	114	Trp(W)	186	Arg(R)	156
Ile(I)	113	Glu(E)	129	Lys(K)	128	Cys(C)	103

根据 C=12.0，H=1.0，N=14.0，O=16.0 计算。当第一个氨基酸从肽的羧基端失去生成类型 **49** 的离子时，从 $(M-H)^-$ 或者 MH^+ 失去的质量数比表中给出的数值大一个单位。

表 4.14 分子离子常见的丢失碎片

离子	常见伴随质量丢失的基团	可能的理由
M—1	H	
M—2	H_2	
M—14		同系物？
M—15	CH_3	
M—16	O	$ArNO_2$。$R_3N—O$，R_2SO
M—16	NH_2	$ArSO_2NH_2$，—$CONH_2$
M—17	OH	
M—17	NH_3	
M—18	H_2O	醇，醛，酮等
M—19	F	氟化物
M—20	HF	氟化物
M—26	C_2H_2	芳香烃
M—27	HCN	芳香腈，含氮杂环
M—28	CO	醌
M—28	C_2H_4	芳基乙基醚，乙酯，正丙基酮
M—29	CHO	
M—29	C_2H_5	乙基酮，n-Pr—Ar
M—30	C_2H_6	
M—30	CH_2O	芳香甲醚
M—30	NO	Ar—NO_2
M—31	OCH_3	甲酯
M—32	CH_3OH	甲酯
M—32	S	
M—33	$H_2O + CH_3$	
M—33	SH	硫醇
M—34	H_2S	硫醇
M—41	C_3H_5	丙酯
M—42	CH_2CO	甲基酮，芳香乙酸酯，$ArNHCOCH_3$
M—42	C_3H_6	正或异丁酮，芳香丙醚，n-Bu—Ar
M—43	C_3H_7	丙基酮，n-Pr—Ar
M—43	CH_3CO	甲基酮

续表

离子	常见伴随质量丢失的基团	可能的理由
M—44	CO_2	酯（骨架重排，酸酐）
M—44	C_3H_8	
M—45	CO_2H	羧酸
M—45	OC_2H_5	乙酯
M—46	C_2H_5OH	乙酯
M—46	NO_2	$Ar—NO_2$
M—48	SO	芳香亚砜
M—55	C_4H_7	丁酯
M—56	C_4H_8	n-或 i-C_5H_{11}—Ar，n-或 i-Bu—OAr，戊酮
M—57	C_4H_9	丁酮
M—57	C_2H_5CO	乙基酮
M—58	C_4H_{10}	
M—60	CH_3CO_2H	乙酸酯

表 4.15　常见的碎片离子的质量数和可能的组成

m/z	一般与质量数相联系的基团	可能的推断
15	CH_3^+	
18	H_2O^+	
26	$C_2H_2^+$	
27	$C_2H_3^+$	
28	$C_2H_3^+$，CO^+，$C_2H_4^+$，N_2^+	
29	CHO^+，$C_2H_5^+$	
30	$CH_2=NH_2^+$	某些一级胺
31	$CH_2=OH^+$	某些一级醇
36/38 (3∶1)	HCl^+	
39	$C_3H_3^+$	
40	Argon[a]，$C_3H_4^+$	
41	$C_3H_5^+$	
42	$C_2H_2O^+$，$C_3H_6^+$	
43	CH_3CO^+	$CH_3CO—X$
44	$C_2H_6N^+$	某些脂肪胺

222

续表

m/z	一般与质量数相联系的基团	可能的推断
44	$O{=}C{=}NH_2^+$	一级酰胺
44	CO_2^+，$C_3H_8^+$	
44	$CH_2{=}CH(OH)^+$	某些醛
45	$CH_2{=}O^+CH_3$，$CH_3CH{=}OH^+$	某些醚和醇
47	$CH_2{=}SH^+$	脂肪硫醇
49/51（3∶1）	CH_2Cl^+	
50	$C_4H_2^+$	芳香化合物
51	$C_4H_3^+$	$C_6H_5{-}X$
55	$C_4H_7^+$	
56	$C_4H_8^+$	
57	$C_4H_9^+$	$C_4H_9{-}X$
57	$C_2H_5CO^+$	乙基酮，丙酸酯
58	$CH_2{=}C(OH)CH_3^+$	某些甲基酮，某些二烷基酮
58	$C_3H_8N^+$	某些脂肪胺
59	$CO_2CH_3^+$	甲酯
59	$CH_2{=}C(OH)NH_2^+$	某些一级酰胺
59	$C_2H_5CH{=}OH^+$	$C_2H_5CH(OH){-}X$
59	$CH_2{=}O^+{-}C_2H_5$ 及其异构体	某些醚
60	$CH_2{=}C(OH)OH^+$	某些羧酸
61	$CH_3CO(OH_2)^+$	$CH_3CO_2C_nH_{2n+1}(n{>}1)$
61	$CH_2CH_2SH^+$	脂肪硫醇
66	$H_2S_2^+$	二烷基二硫化物
68	$CH_2CH_2CH_2CN^+$	
69	CF_3^+，$C_5H_9^+$	
70	$C_5H_{10}^+$	
71	$C_5H_{11}^+$	$C_5H_{11}{-}X$
71	$C_3H_7CO^+$	丙基酮，丁酸酯
72	$CH_2{=}C(OH)C_2H_5^+$	某些乙基烷基酮
72	$C_3H_7CH{=}NH_2^+$ 及其异构体	某些胺
73	$C_4H_9O^+$	
73	$CO_2C_2H_5^+$	乙酯

223

m/z	一般与质量数相联系的基团	可能的推断
73	$(CH_3)_3Si^+$	$(CH_3)_3Si—X$
74	$CH_2{=}C(OH)OCH_3^+$	某些甲酯
75	$C_2H_5CO(OH_2)^+$	$C_2H_5CO_2C_nH_{2n+1}\,(n>1)$
75	$(CH_3)_2Si{=}OH^+$	$(CH_3)_3SiO—X$
76	$C_6H_4^+$	$C_6H_5—X,\ X—C_6H_4—Y$
77	$C_6H_5^+$	
78	$C_6H_6^+$	
79	$C_6H_7^+$	
79/81 (1∶1)	Br^+	
80/82 (1∶1)	HBr^+	
80	$C_5H_6N^+$	（N-取代吡咯及 2-取代吡咯结构）
81	$C_5H_5O^+$	（呋喃 2-取代结构）
83/85/87 (9∶6∶1)	$HCCl_3^+$	$CHCl_3$
85	$C_6H_{13}^+$	$C_6H_{13}—X$
85	$C_4H_9CO^+$	$C_4H_9CO—X$
85	（二氢吡喃氧鎓离子结构）	（四氢吡喃 2-取代结构）
85	（丁烯内酯鎓离子结构）	（X-取代丁内酯结构）
86	$CH_2{=}C(OH)C_3H_7^+$	某些丙基烷基酮
86	$C_4H_9CH{=}NH_2$ 及其异构体	某些胺
87	$CH_2{=}CHC({=}OH^+)OCH_3$	$X—CH_2CH_2CO_2CH_3$
91	$C_7H_7^+$	$C_6H_5CH_2—X$
92	$C_7H_8^+$	$C_6H_5CH_2—$烷基
92	$C_6H_6N^+$	（吡啶 3-取代结构）

m/z	一般与质量数相联系的基团	可能的推断
91/93 (3:1)		n-正烷基氯化物(≥己基)
93/95 (1:1)	CH_2Br^+	
94	$C_6H_6O^+$	C_6H_5O-烷基(烷基>CH_3)
94		
95		
95	$C_6H_7O^+$	
97	$C_5H_5S^+$	
99		
99		
105	$C_6H_5CO^+$	$C_6H_5CO—X$
105	$C_8H_9^+$	$CH_3C_6H_4CH_2—X$
106	$C_7H_8N^+$	
107	$C_7H_7O^+$	

225

续表

m/z	一般与质量数相联系的基团	可能的推断
107/109（1：1）	$C_2H_4Br^+$	
111		
121	$C_8H_9O^+$	
122	$C_6H_5CO_2H^+$	苯甲酸烷基酯
123	$C_6H_5CO_2H_2^+$	苯甲酸烷基酯
127	I^+	
128	HI^+	
135/137（1：1）		正烷基溴化物（≥己基）
130	$C_9H_8N^+$	
141	CH_2I^+	
147	$(CH_3)_2Si=O^+—Si(CH_3)_3$	
149		邻苯二甲酸二烷基酯
160	$C_{10}H_{10}NO^+$	
190	$C_{11}H_{12}NO_2^+$	

ᵃ 空气中的氩气双峰是质量峰计数时的有益参照。

第 5 章 结构鉴定练习

5.1 概 述

对于结构鉴定，没有一种使用四种波谱分析来解决每一个问题的固定模式。每个化合物的鉴定都有它的独特特点，由于得到的信息来源不同，结构鉴定如何开始有很大的区别。在极端情况下，一个反应的产物往往是可以通过原料来预见的；此时，光谱分析研究的目的主要是为了检验分离得到的化合物是否具有预期的结构。但另一方面，对于未知的研究内容，例如植物中的提取物，只可以得到很少的关于结构的信息。对于前者，我们要警惕所作的假设，即预测的结构和波谱对应；对于后者的情况，我们只能借鉴已知结构的天然产物的知识来判断，但由于天然产物惊人的多样性，而通常只能起到有限的作用。在以下的讨论中，我们主要鉴定一些信息缺失的具有代表性的例子。在现实中这样的情况不多见，因为在研究中涉及的化合物很少会出现仅能提供这样少的相关信息；但是这些例子可以展示出来，我们如何从一种光谱图中来找出用来确定该化合物结构的必要信息。至于安排收集用来推测结构的光谱信息的推测顺序或过程，并非唯一的方法，甚至不是最快的方法。我们希望，在此总结的是如何尽快地将各种线索联系起来的方法。

在结构测定中，非常希望能通过质谱得到未知物的分子量，并且理想的情况是由高分辨的测量手段获得其分子式。如果没有高分辨的测量手段，燃烧分析亦可提供相同的信息，但是需要注意一些问题：基于燃烧分析推论容易出现错误，无论是来自随机实验误差（需要做至少两次结果一致的测定），或因为杂质的存在，虽然 HPLC（高效液相色谱）的应用已经降低了后者的问题。除了分子是由标准砌块组成的化合物外（例如肽类），质谱碎片并不十分重要——其所能提供的信息仅在某些特例中起决定作用，通常需要再进一步分析。在结构鉴定中最有力的方法是^{13}C 和^{1}H NMR，UV 和 IR 是其次重要的。有时 UV 可给出有关共轭程度的关键信息，而 IR 在测定官能团以及含有羰基的环的大小时亦有决定性作用。但除此之外，这些方法则退居次席。

一旦质谱分析提供了化合物的分子式，接下来应当计算分子的不饱和度或"双键等价数"（DBE）。此过程可以通过检查分子式来完成。如果这个分子只含有 C、H、N 和 O 元素，则它的 DBE 值可以通过下式计算：

$$C_a H_b N_c O_d \qquad DBE = \frac{(2a+2)-(b-c)}{2} \qquad (5.1)$$

式中，$(2a+2)$为含 a 个碳原子的饱和碳氢化合物中的氢原子数。相对于饱和分子，每个环或双键将使分子少 2 个氢原子（环己烷是 C_6H_{12}，1-己烯也是 C_6H_{12}）。因此，从$(2a+2)$中减去分子中实际含有的氢原子数 b 再除以 2，就得到分子中双键和环的总数。我们可以记住，苯的不饱和度为 4，即含三个"双键"、一个六元环。二价原子的存在对缺氢指数没有影响，而一价和三价原子则不然。把一价原子（F、Cl、Br 等）算做氢原子加入 b。若有三价原子存在（N、三价 P 等），每增加一个三价原子就从 b 中减去 1。于是，分子式 $C_5H_{11}N$ 具有一个双键等价数（常写为：$\sqcap$）；它可能是 N,N-二甲基烯胺丙醛（$Me_2NCH=CHMe$），含有一个双键；或者是环戊胺，含有一个环。其他的许多结构也是可能的，但有一点我们可以确定：如果有一种光谱证实分子中有双键存在（C＝C，C＝O 或 C＝N），则没有环的结构；反之，若双键不存在，则必定含一个环。

接下来合理的过程是参照[13]C 和[1]H NMR 谱推断结构，并且快速地看一下 IR 谱，来确定有无特征的官能团峰。因此，在 5.2 和 5.3 节，我们给出了一些单独用[13]C 和[1]H NMR 谱就足够推断和解析的例子。在 5.4 节中，我们进一步列举了需要通过四种光谱技术联合应用来推断结构的稍微复杂的六个分子。

5.2　应用[13]C NMR 谱的简单实例

^{13}C NMR 谱可以提供丰富的结构信息，因此常常在推导出分子式后被用来鉴定结构。它可以给出分子中不同化学位置的碳原子数目，通过化学位移来确定 sp、sp^2 和 sp^3 杂化的碳原子数目。也可以给出伯、仲、叔和全取代的碳原子数目，以及分子对称元素的信息，即两个或者多个碳原子处在相同的化学环境。进一步地，一些官能团，例如羰基，在碳谱上具有特征的信号。由于质子去耦碳谱非常简单，其所含信息常以数字形式给出，即简单的一列化学位移，每个化学位移后标以（s）、（d）、（t）或（q），分别表示由于 C—H 耦合产生的单峰、双重峰、三重峰和四重峰，传达出偏共振去耦中季、叔、仲、伯碳的多重性。伯、仲、叔、全取代碳原子数目亦可由偏共振去耦及 APT 或者 DEPT 谱（3.15 节）解得。远程的碳氢耦合 $^2J_{CH}$ 和 $^3J_{CH}$（3.5 节），在此阶段很少使用；如果使用的话，一般用二维 HMQC 或者 HMBC 谱（3.21 节）来分析，而不是用一维[13]C 谱。

在分析碳谱信号显示出的信息时，首先拟合出一个近似的图谱是有帮助的，然后可将其分成三个区来分别考虑，从谱图左边低场开始讨论：

（1）220～160 ppm：在这一区域内可检测到各种类型的羰基碳。作为参照点，醛和酮的羰基碳的化学位移出现在 190～220 ppm 范围内（表 3.13）。醛可以很容易和酮区分，因为前者在偏共振去耦谱中表现为双峰。由于给电子基团提供给羰基碳的电子对其有屏蔽作用，可以预料羧酸、酯、酰胺等化合物将在较低的 ppm 值处产生共振——实际观察的范围在 160～190 ppm（表 3.13）。

（2）160～100 ppm：此区域为各种 sp^2 杂化的碳原子（羰基碳除外）的共振区。

（3）100～0 ppm：这一区域为各种 sp^3 杂化的碳原子的共振区。值得注意的是，尽管负电性取代基使 sp^3 碳原子的化学位移向这一区域的高数值方向移动，即使在糖中与两个氧原子同时相连的异头碳（半缩醛碳）也仅仅去屏蔽到大约 100 ppm 处。通过计算羰基碳和 sp^2 碳数可以估算未知物中双键的数目。然而，在以此估算未知物中可能存在的环数之前，切记氰基碳（—C≡N）的化学位移在 120～105 ppm 之间，而炔基碳（—C≡C—）的化学位移在 90～65 ppm。这些信号如果存在的话，都需要考虑进去。

实例 1
两个有机物 **1**、**2**，分子式均为 C_5H_{10}，经过气相色谱分离，其[13]C 谱数据如下：
1：δ 132（s），118（d），26（q），17（q），13（q）。**2**：δ147（s），108（t），31（t），22（q），13（q）。

试判断烯烃的结构。

两个碳氢化合物均含有一个不饱和度，可知其分子内含有一个双键（在 100~160 ppm 范围内均有两个峰）。它们都没有等价的碳原子，由各峰的多重性可指示出分子中所需的 10 个氢原子；化合物 **1** 中含有三个甲基及一个 sp^2 杂化的 CH；而 **2** 中有两个甲基、一个 sp^3 的 CH_2 和一个 sp^2 的 CH_2。因此可得 **1**、**2** 结构如下：

1   **2**

实例 2

某化合物 **3** 在 EI 谱中检测到一个 m/z 94 的分子离子峰。这一数值与化合物在有重水存在时引入质谱仪所得的结果相同。通过高分辨率的测量得到其分子式为 $C_5H_6N_2$，其 ¹³C NMR 谱数据如下：δ 119（s），22（t），16（t）。试判断其结构。

该化合物有四个不饱和度。由于该化合物在重水交换下分子量保持不变，则六个氢原子必须是与碳原子相连。δ 16 和 22 处的三重峰表明其碳原子各带有两个质子，共有六个氢原子，其中一种信号必对应两个碳原子。而碳原子的总数为 5，则 δ 119 处的峰亦对应两个碳原子。

若 δ 119 所对应的两个碳原子为 sp^2 碳原子，则只能分别提供一个不饱和度，这显然不够。同时，炔键 sp 碳原子（δ 90~65）亦可排除，而由 δ 119 峰可推出分子内存有两个氰基（表 3.9），它的确可以提供四个不饱和度。从而可推出 δ 16 及 δ 22 处的峰为三个非环结构的 sp^3 碳原子，则碳谱数据所要求的对称性亦可满足。该化合物 **3** 结构为

230

NC⎯⎯⎯⎯⎯CN

3

5.3 应用 ¹H NMR 谱的简单实例

简单的氢谱亦可以数据形式给出，就如以上各例中 ¹³C 谱一样。单峰、双峰、三重峰和四重峰分别用（s）、（d）、（t）或（q）表示，五重峰（quintet）、六重峰（sextet）以及更多的峰直接拼写出来以避免歧义，无法解决或无法解释的多重峰用（m）表示，宽峰以（br）表示。一般分析氢谱也是从左到右，从低场到高场。若已知未知物分子式，官能团的性质也常可以推知，甚至整个结构都可以导出。

实例 3~5

三个异构体，分子式为 $C_4H_8O_3$，每个化合物均有一个不饱和度，其 ¹H NMR 谱数据如下所示，试推断每个化合物的结构。

实例 3：δ 12.1（1H，s），4.15（2H，s），3.6（2H，q，$J = 7$ Hz），1.3（3H，t，$J = 7$ Hz）。

¹H NMR 谱中 δ 3.6 的四重峰表示存在一个 OCH_2CH_3 基团，因为它的位置对应一个 OCH_2 基团（表 3.19），并且其多重度告诉我们邻位有一个甲基。OCH_2CH_3 信号也对应着 δ 1.3 处的三重峰。更多的细节是，低场信号的化学位移——刚好小于，而不是刚好大于 4 ppm——解释为醚（OC_2H_5 基），而不是酯基（$RCOOC_2H_5$ 基）（表 3.19）。化学位移在 δ 12.1

的更低场质子证明有羧酸的存在(表 3.27),这样就解决一个不饱和度的问题。现在只剩下一个 CH_2 基团,它没有被耦合裂分,并且 δ 4.15 的化学位移表明它连接在负电性元素上,所以可能的结构为:$CH_3CH_2OCH_2COOH$。

实例 4:δ 4.15 (1H,1:5:10:10:5:1 六重峰,$J = 7$ Hz),2.35 (2H,d,$J = 7$ Hz),1.2 (3H,d,$J = 7$ Hz),核磁谱是在 D_2O 中测量。

由于谱图中只观察到了 8 个质子中的 6 个,故余下的 2 个可能连接在氧上,从而在重水交换中被 D 交换成 OD 基团。从各个信号的积分面积及峰的多重性来判断,分子中应有一个 CH_3CHCH_2 结构单元,它的上面一定接有 CH_2O_3。与从实验中观察到的 D 取代现象及其水溶性可推知 CH_2O_3 应为 —OH 和 —CO_2H。因此有两种结构是满足的:$CH_3CH(OH)CH_2CO_2H$ 或者 $CH_3CH(CO_2H)CH_2OH$。我们知道一个与羟基相连的次甲基,其质子的化学位移应为 δ 3.9 ± 0.2(表 3.19)。该谱图中次甲基质子 δ 4.15 与预期的化学位移 δ 3.9 ± 0.2(表 3.19)吻合,所以结构为 $CH_3CH(OH)CH_2CO_2H$。要注意的是,这一结构中次甲基质子对羧基来说也是一个 β 氢,使得其位置偏向低场。

实例 5:δ 4.05 (2H,s),3.8 (3H,s),3.5 (3H,s)。

两个三质子的单峰应为两个甲氧基。或许其中之一是甲酯的一部分(δ 3.8),另一个则是甲醚的一部分(δ 3.5)。这个方案不仅考虑到了结构中有三个氧原子,而且当这两个官能团连接在同一个 CH_2 上时也满足了分子式的要求。δ 4.05 处的两个质子未耦合的信号也需要这样连接,并且由于它和羰基以及氧原子相邻,位移处于低场。因此该谱图数据与结构 $CH_3OCH_2CO_2CH_3$ 一致。

5.4 联合应用多种光谱方法的简单实例

在以下各例中,我们常结合 UV 和 IR 来帮助确定结构。我们这样做也许过分强调了这些光谱分析法相对于 ^{13}C 和 ^1H NMR 的作用,但好处是说明了 UV 和 IR 如何应用在更广泛的综合分析中。读者在看下面例题的分析前,可先试着自己解一下未知物的结构,然后再阅读我们的分析。

实例 6

实例 6 的谱图见图示。由质谱及燃烧分析得到化合物的分子式为 C_4H_8O,因此可计算其不饱和度为 1。其 UV 谱中显示 λ_{max} 为 295 nm,但是在对这一数据作任何分析前,应首先按照公式(1.2)计算出 ε 以确定吸收强度,公式(1.2)可被改写为

$$\varepsilon = \frac{吸收强度 \times 分子量 \times 100}{化合物量(mg/100~mL) \times 路径长度(cm)} \tag{5.2}$$

在本例中,

$$\varepsilon = \frac{0.28 \times 72 \times 100}{106 \times 1} = 19$$

因此吸收是很弱的,且为典型的饱和醛、酮的 n→π* 吸收(1.15 节)。但我们不宜过早下此结论,因为这一吸收很可能是某种其他光谱检测不到的痕量强吸收的杂质产生的。所幸的是,在本例中,羰基的存在很快被 IR 谱中 1715 cm^{-1} 处的强吸收峰所证实;而且这明显是一个酮羰基而非醛羰基,因为后者在略高一些的频率处有一羰基吸收带(表 2.7):在 2900~2700

cm^{-1}间还有吸收（表 2.1），且在^{1}H NMR 上 δ 9～10 处有峰。此酮羰基的确定，既解决了不饱和度为 1 的问题，亦为唯一的氧原子找到了归宿。分子中应没有其他官能团的存在，剩下要做的只是确定碳骨架。

实例6的谱图   C, 66.7%; H, 11.1%

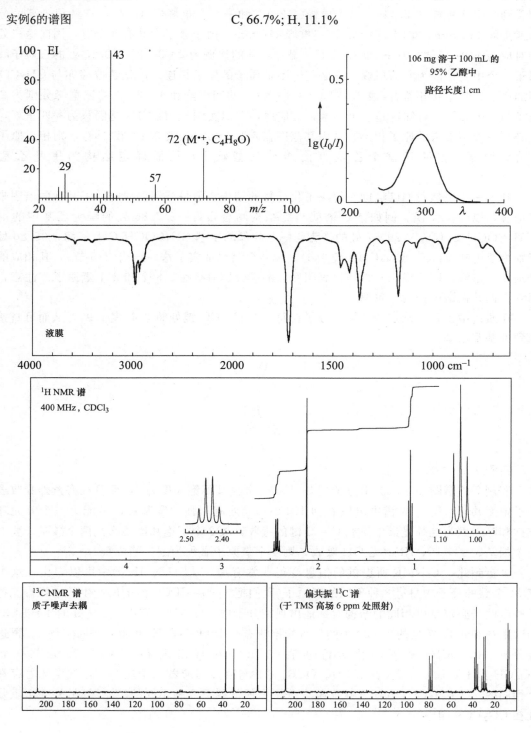

这时我们可以利用核磁共振或质谱。^{13}C 谱表明化合物中的 4 个碳原子均不等价；其一很明显为羰基碳（δ 208.8），因为它的峰很弱且处于低场（表 3.13）。尽管在这个简单例子中，我们已得到了确定结构的全部信息，但通常情况下，我们还要研究一下 ^{1}H NMR，在这里我们看到一个四重峰（δ 2.44）、一个单峰（δ 2.13）和一个三重峰（δ 1.04），三者积分高度分别为四重峰 114 mm，单峰 174 mm，三重峰 175 mm。由于分子中共有 8 个氢，因而这三处分别对应 1.97 H、3.01 H 和 3.02 H，显然实际的比例为 2∶3∶3。δ 2.13 处的三质子峰应属于一个甲基；因为它为单峰，它必与一不带质子的原子相连。该化学位移亦与 CH_3CO 基团的质子化学位移相符合（表 3.19）。1∶3∶3∶1 的四重峰和 1∶2∶1 的三重峰分别为 2 个质子与 3 个质子，可知这是一个乙基，对应地，类似实例 3。因 CH_2 基团只为一四重峰，则其必与一个不带氢的原子相连，又因其范围在 δ 1.4～2.5（表 3.19 第二列），则相连原子必定为碳原子。很明显这个乙基直接连在羰基碳上，从而确定结构为甲基乙基酮 $CH_3COCH_2CH_3$。

到这一步虽然我们已经彻底解决了化合物的结构，但最好还要研究一下其他的谱图来加以证实，以确保无误。例如，^{13}C 谱就与此结构吻合很好：δ 7.86 处的峰为乙基中的甲基（$CH_3COCH_2\mathbf{CH_3}$），δ 29.37 处的峰为与酮基相邻的甲基 $\mathbf{CH_3}COCH_2CH_3$，而 δ 36.80 处的峰则为亚甲基 $CH_3CO\mathbf{CH_2}CH_3$（表 3.6）。偏共振谱也证实了这一结构（3.5 节），其相应的峰分别为四重峰、四重峰、三重峰，表明对应的碳分别有 3 个、3 个和 2 个氢原子。注意，羰基碳在偏共振谱中仍为一单峰。

在质谱中也得到确定的结果：分子在每一个 C—CO 键处断裂 **4**（表 4.9），从而可直接检测到甲基及乙基。

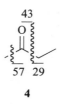

4

实例 7

实例 7 的谱图如图示。由分子式 $C_{11}H_{20}O_4$ 可得其不饱和度为 2，而且没有紫外吸收表明分子中无共轭双键。IR 谱中可以看到 1740 cm^{-1} 处有一强的羰基峰，可能为一个五元环酮或饱和酯。因为红外光谱中没有 C=C 键的吸收，故 2 个不饱和度要么是两个羰基，要么是一个羰基、一个环。IR 谱无 OH 吸收，则 4 个氧原子必须为酮、酯或醚。

分析到此，^{13}C NMR 所提供的信息变得非常有用。从 ^{13}C NMR 谱中可以看出，这个共有 11 个碳的分子中只有 8 种不同的碳原子（我们把 3 个由 $CDCl_3$ 溶剂所产生的小峰排除掉）。某些碳原子必定是以相同的结构对称地出现在分子中。^{1}H NMR 谱中 δ 4.2 处的 1∶3∶3∶1 的四重峰和 δ 1.27 处的 1∶2∶1 的三重峰推测有一个 OCH_2CH_3 基团，如同实例 3。再进一步分析，由 OCH_2 基团的化学位移值（δ 4.2）可推出该 OCH_2CH_3 其实为一个酯 $CO_2CH_2CH_3$，而不是醚（表 3.19）。OCH_2 的信号强度对应着 4 个氢原子，便意味着存在两个相同的 $CO_2CH_2CH_3$ 基团，从而整个分子中便只剩下 8 种不同的碳原子（另外 3 个重复出现在 CO_2Et 基团中）。

233

235

实例7的谱图　　　　　　　　　　　　C, 61.0%; H, 9.4%

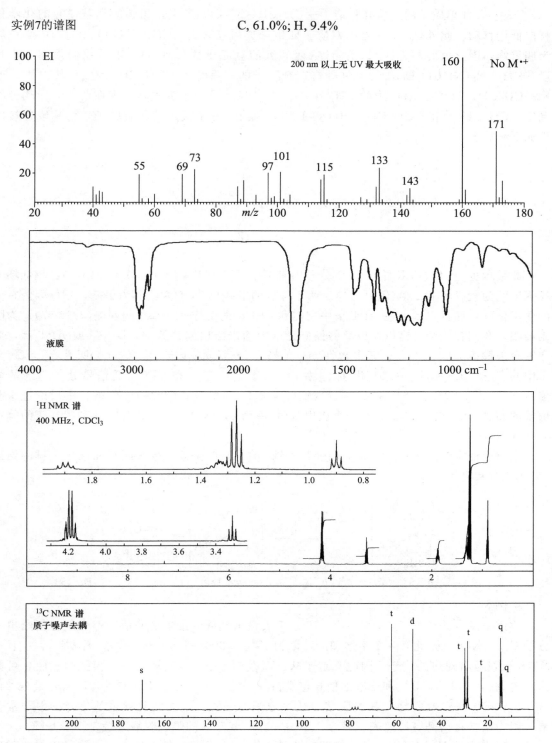

下面来看一下 $\delta 3.3$ 处的三重峰：积分高度显示其对应一个氢原子，而且我们应注意这个峰出现在低场。由于分子中已没有其他的官能团（两个不饱和度及所有氧原子均已归属在

CO₂Et 中），此单质子的三重峰只能由—CH₂CH(CO₂Et)₂产生，相邻的酯基使它的化学位移向低场移动。此外，δ 1.9 处的双质子四重峰亦可能来自—CH₂CH(CO₂Et)₂，由于该峰为四重峰，因此也要与 CH₂ 基团相连（使邻近的氢原子数目到 3）。于是我们得到一个片段—CH₂CH₂CH(CO₂Et)₂。δ 0.9 处有三个质子的三重峰由—CH₂CH₃ 产生；其中的 CH₂ 和—CH₂CH₂CH(CO₂Et)₂ 中的 CH₂ 在 δ 1.33 处显示出一个多重峰。现在两个片段均已经确定，CH₃CH₂—和—CH₂CH₂CH(CO₂Et)₂，组成了分子式中的所有原子，将片段连接即得如下结构 **5**：

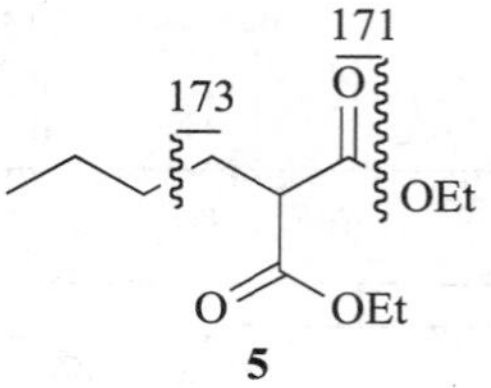

5

此结构也与¹³C NMR 相符。① 分子中有两个不同的甲基（δ 13.81 和 14.10），较低场的峰强度约为较高场的 2 倍（因其对应于两个等价的甲基）。我们判断其为甲基，不仅因为它们的化学位移，而且也因为在 APT 谱中它们和 CDCl₃ 的信号处于基线的两侧（3.15 节）。为限制篇幅，我们在这个光谱以及以后的任何光谱中均未给出偏共振谱，DEPT 或 APT 谱，而在完全去耦谱上以字母标记其多重性（s—单峰，d—双峰，t—三重峰，q—四重峰）。② 分子中共有三个 C—CH₂—C 基团（标注为 t，APT 谱中它们和 CDCl₃ 的信号处于基线的同侧），分别在 δ 29.5、28.5 和 22.4。我们曾在 3.29 节的公式（3.16）应用举例中讨论过这些信号的归属。③ 在 δ 52.0 处有一个次甲基（标注为 d，双峰）。④ CH₂O 碳和羰基碳的峰在 δ 61.1 和 169.3。

质谱也证实了此结构，不常见的偶数基峰（m/z 160）是 **6** 发生 β-断裂和 γ-氢重排的结果（见 4.5 节和表 4.11）。

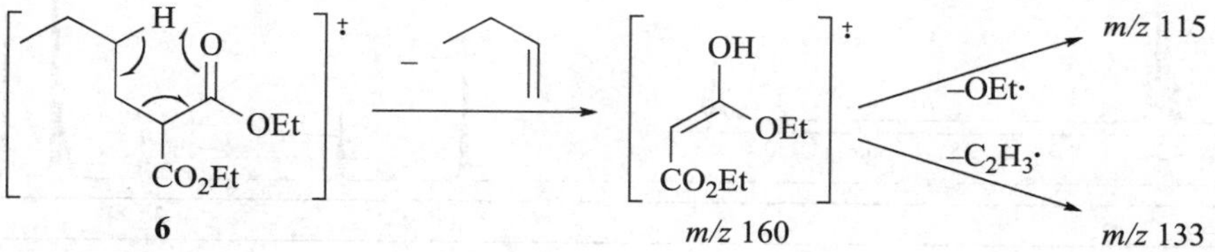

236   实例 8

质谱中没有分子离子峰，在 m/z 55 以下大量出现低分子量的峰值。但燃烧分析给出一分子 C₅H₁₁NO₄，因此有一个不饱和度。因为 IR 在 1900～1600 cm⁻¹ 之间无吸收，并且¹³C NMR 低场没有对应的信号，因此不是羰基。而在 1545 cm⁻¹ 处却有一个很强的吸收，可能为一硝基（表 2.11），UV 和质谱的信息也支持这一结论。首先在 UV 谱中 275 nm 处（ε 24）有一个弱的 n→π* 吸收峰，其次质谱中缺少分子离子峰，这在脂肪族硝基化合物中非常普遍，因为硝基自由基容易离去。另外，IR 中 3350 cm⁻¹ 处的强吸收峰无疑是一羟基峰。

分析¹³C NMR 谱可知，分子中仅有 4 种不同的碳原子；有 2 个碳原子处于相同的磁环境，最有可能是 2 个相同的基团对称分布于分子中。¹H NMR 给出另一重要的信息，从各峰的积分高度判断分子中的 11 个氢原子分布如下：δ 3.9 和 4.2 各 2 个 H，δ 2.95 处的多重峰

实例8的谱图 C, 40.2%; N, 9.5%; H, 7.3%

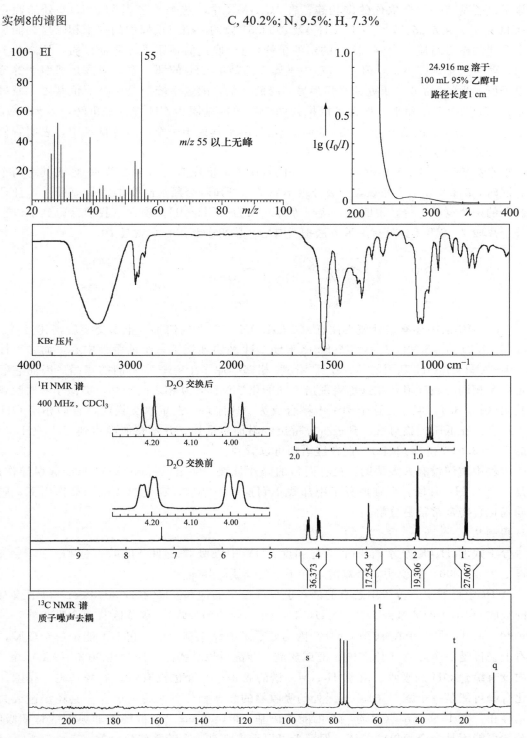

（实为未能清晰辨认的三重峰）2 个 H，δ 1.92 处的四重峰 2 个 H，δ 0.92 处的三重峰 3 个 H。最后两个峰（双质子四重峰和三质子三重峰）必为一乙基，且四重峰的化学位移和耦合裂

分显示该乙基与一完全取代的碳相连。在 ^{13}C NMR 中，这个 C-乙基与 δ 7.66 处的四重峰（—CH_2CH_3）和 δ 25.77（—CH_2CH_3）及 δ 63.51 处的两个三重峰中的一个相呼应。而那个完全取代的碳必对应于 δ 94.23 处的弱的单峰（完全取代的碳原子峰通常很弱，见 3.3 节）。因此，两个三重峰（δ 65.31 和 25.77）中不属于乙基中 CH_2 的那一个，应该是那两个等价的碳原子所产生的。δ 63.51 处的峰强为另一峰的 2 倍，故这个峰应是两个等价基团，而另一个 δ 25.77 则由乙基而来。现在可以推知两个等价的基团为 CH_2 基（三重峰，因为在 APT 谱中它们和 $CDCl_3$ 的信号处于基线的同侧），且由于其处于一个相对的低场中，表明它们也许与一杂原子相连（表 3.6）。

重水振摇后，^1H NMR 谱中 δ 2.95 处的双质子多重峰消失（3.4.2 节），证明其为两个羟基。同时，δ 3.9 和 4.2 处双峰的裂分也不见了，可知两个羟基连接在 CH_2 基团上，且 CH_2 基团上的两个氢不等价。很明显，两个等价基团为—CH_2OH。现在，我们已得到了以下几个分子片段 **7**、**8** 和 **9**。只有一种方法把所有的片段组合起来，那就是 **10**。

$$—NO_2 \qquad \underset{Z\ Y}{\overset{X}{\diagup\!\!\!\diagdown}} \qquad (\diagup\!\!\!\!\diagdown OH)_2 \qquad \underset{HO\diagup\qquad\diagdown OH}{\overset{NO_2}{\diagup\!\!\!\!\diagdown}}$$

7   **8**   **9**   **10**

^1H NMR 谱中还有一处值得注意：—CH_2OH 氢复杂的信号。重水交换后，其为 AB 四重峰（δ_A 4.21，δ_B 3.98，J_{AB} = 12 Hz）。CH_2OH 基团连接于一个前手性中心，而非手性中心。但—CH_AH_BOH 基团的 A、B 氢"看到"相邻碳原子上有三个不同的基团。因而它们不一定具有相同的磁环境，在这里表现出不同的化学位移，互相之间耦合，类似于非对映亚甲基基团（图 3.32），但是在这个例子中耦合成为 AB 体系。在重水交换前，它们亦与 OH 中质子耦合，在低阶扫描可观察到极少分辨出的附加多重性。并不总能观察到 CH—OH 氢之间的耦合（3.6 节和 3.11 节），但在这里却可以看到。

本例中质谱没有太大帮助：没有明显的碎片且唯一突出的峰 m/z 55 只能起误导作用。这是一个 $C_4H_7^+$ 片段，但在原分子中却找不到这样的结构。在受热或电子束作用下，脂肪族硝基化合物常常很易分解。

实例 9

分子式 $C_8H_8O_2$ 显示有 5 个不饱和度，UV 中强吸收表明高度的不饱和。λ_{max} = 316 nm，ε = 22 000，则说明 5 个双键中有 4 个可能彼此共轭。

从 IR 中可看出，分子中若有的话，也只是极少的饱和 CH（靠近 3000 cm^{-1} 以下仅有很弱的吸收）和不多的芳基或不饱和 CH（3100 cm^{-1} 处的弱吸收）。羰基区有两个吸收峰，一个在 1695 cm^{-1}，另一个在 1675 cm^{-1}。因为分子式中没有氮原子，它不可能是一个酰胺，所以看上去像是一个 α,β-不饱和酮、醛或羧酸。羧酸可以被排除，因为在 3000～2500 cm^{-1} 区域内没有缔合 OH 的吸收。由于 ^1H NMR 谱的 δ 9～10 处也没有峰，故醛基也可排除。所以化合物可能是一个酮。1615 cm^{-1} 处的吸收峰的强度和位置表明一定有一共轭双键或共轭芳基存在，在 1555 cm^{-1}（太弱，不可能为硝基）和 1480 cm^{-1} 处的峰并非典型的特征吸收，暗示这可能不是一个简单的苯环，但至少可以看出它是一个芳香族化合物。

^{13}C NMR 谱给出 8 个峰——除一甲基峰（δ 27.83 处的四重峰）外，其余的在不饱和区内（δ > 100），且在 δ 197.36 处有一羰基碳。在 ^1H NMR 谱中，δ 2.31 处尖锐的单峰表明此

实例9的谱图　　　　　　　　　C, 70.7%; H, 5.9%

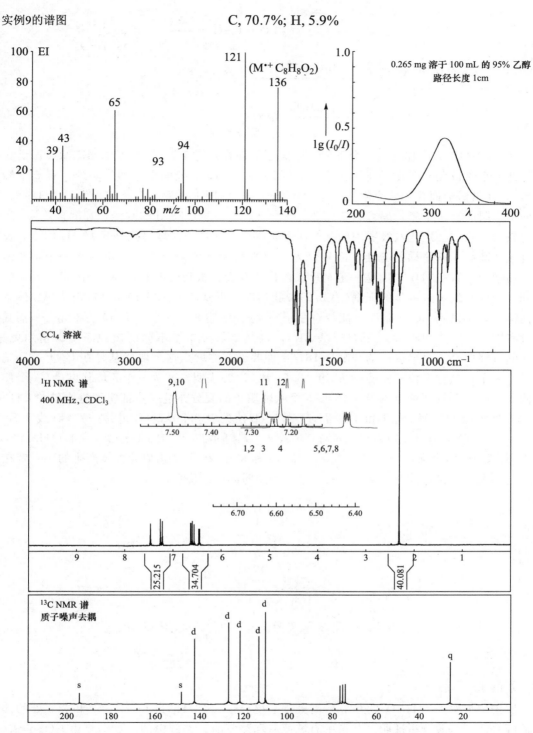

甲基归属于一个甲基酮。在质谱中 M－15（m/z 121）处的基峰也印证了这一点。此外，m/z 为 94、93、43 的峰暗示了 **11→12→13**、**11→14** 和 **11→15** 的转化，这些与甲基酮的存在都一致。

$$[C_6H_5O]-C\equiv O^+ \quad \xrightarrow{-CO} \quad [C_6H_5O]^+$$

$$\xrightarrow{-CH_3^{\cdot}} \quad \mathbf{12} \quad m/z\ 121 \qquad \mathbf{13} \quad m/z\ 93$$

$$[C_6H_5O]-COCH_3^{\ddagger} \quad \xrightarrow{-H_2C=C=O} \quad [C_6H_6O]^{\ddagger}$$

$$\mathbf{11} \qquad\qquad\qquad\qquad \mathbf{14} \quad m/z\ 94$$

$$\xrightarrow{-[C_6H_5O]^{\cdot}} \quad COCH_3^+$$

$$\mathbf{15} \quad m/z\ 43$$

240　　从 ^{1}H NMR 谱中亦可看出余下的 5 个氢原子均在双键上，且由 ^{13}C NMR 偏共振谱亦可得知此 5 个氢彼此分布在不同的碳原子上（因为除 δ 27.83 处的甲基四重峰外，有 5 个峰为双峰）。在氢谱上面叠加两个附图，其中较下面一行附图上可看到 8 条线，编号为 1～8；较上面那个附图有 4 个峰，编号为 9～12。线 11 和 12 是 δ 7.28 处的双峰，其耦合常数 16 Hz 相对较大，它们必定与八线图中的某个质子相耦合。在这个区域寻找分开 16 Hz 的线，发现只有线 3 和线 4 有这样的分离。因其仅为一双峰而无其他耦合，故一定存在一个 AB 体系 **17**，而耦合常数 16 Hz 说明这一定是反式取代的双键。很巧合的是，IR 谱中 970 cm^{-1} 的吸收峰亦为此提供了进一步的证据（表 2.2）。我们现在得到 2 个片段 **16** 和 **17**（由于 AB 体系无其他耦合，所以其 X、Y 基团不能带有质子）。分子中还剩下一个 C_4H_3O 的单元——而其中既没有羰基（^{13}C NMR），也没有羟基（IR），且 3 个氢分布于不同的碳原子上。稍加思索，唯一的可能就是一个单取代的呋喃环 **18**，下面要确定的就是这个取代基是在 C_α 上，还是在 C_β 上。3 个氢的化学位移归属（δ 6.49、6.67 和 7.50）表明，此为一个 α 取代呋喃（一个质子在低场，两个在较高场，见表 3.24）。3 个呋喃质子的裂分亦进一步证实了这个结论：H_α 为 δ 7.50 处清晰的双峰（线 9 和 10，$J_{\alpha\beta} = 1.5$ Hz，见表 3.30），$H_{\beta'}$ 也是一双峰（线 1 和 2，$J_{\beta\beta'} = 3.5$ Hz），而 H_β 则为双二重峰（线 5，6，7，8；$J_{\beta\beta'} = 3.5$ Hz，$J_{\alpha\beta} = 1.5$ Hz）。

　　IR 谱中的两个羰基峰可能是由 s-trans **19** 和 s-cis **20** 两个构象异构体产生的。二者在室温下互换速度很快，故在 NMR 中只能给出一个时间平均图形。

16　　　　　　　**17**　　　　　　　**18**

19　　　　　　　　　　　　**20**

实例 10

　　质谱中观察到 MH$^+$（CI）为 324（高分辨下得分子式 $C_{15}H_{22}N_3O_5$）、307 和 206 处的碎片离子（EI）。氨基酸分析证明，分子中有苏氨酸和酪氨酸。本例中的二维谱是由 COSY 谱（对角线的右下方）和 TOCSY 谱（对角线的左上方）建立起来的。对角线取自 COSY 谱。此 COSY 是用双量子过滤器（DQF COSY）记录的，以便除去（或极大削弱）最终谱图中的甲基及其他各单峰。在二维谱上方给出了普通的一维谱（δ 1.9 ppm 处单峰的图示峰高截短为实际峰高的 75%）。样品的氢谱是在 d_3-甲醇（CD_3OH）中记录的，其中加入 5% 的水来增加样品的溶解度，ROH 质子的信号通过该共振信号的预饱和而完全除去。

实例10的谱图

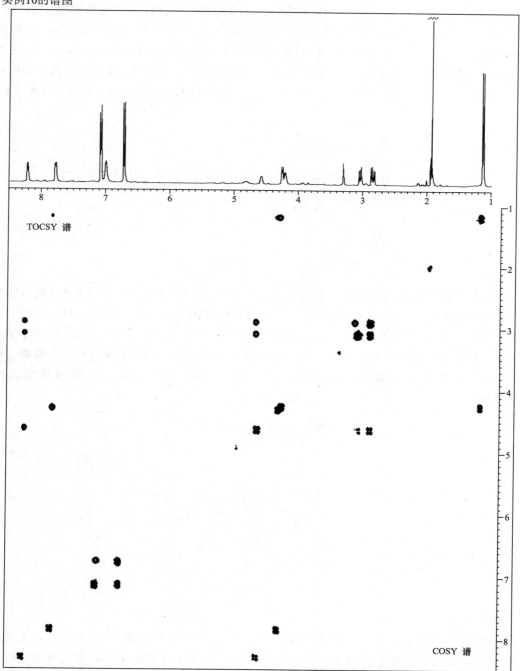

242

　　由于肽链中的苏氨酸和酪氨酸的链内分子量分别为 101 和 163（表 4.13），从而还剩下 59 的分子量未被涉及（C_2H_5NO）。苏氨酸和酪氨酸的自旋系可由 ^1H NMR 谱中辨认出来。对酪氨酸 **21** 来说，CH_2 质子（不等价，与不对称中心相邻）的化学位移在 δ 2.82 和 3.04，均与 δ 4.58 处的 α-CH 相耦合，而这个 α-CH 又进一步与 δ 8.21 处的 NH 耦合。酪氨酸芳环上邻位耦合的质子（8 Hz）化学位移分别在 δ 6.70 和 7.09。而对苏氨酸 **22** 来说，其 β-甲基的共振在 δ 1.13，且与 δ 4.20 处的 CH(OH) 耦合。后者与 δ 4.25 处的苏氨酸 α-CH 仅能勉强分辨开。δ 4.20 和 4.25 处的两个信号之间的耦合太靠近对角线，以致二维谱上无法观察到。δ 4.25 处的 α-CH 与 δ 7.78 处的苏氨酸的 NH 相耦合。请注意，TOCSY 谱是如何直接揭示酪氨酸 CH_2 质子与 δ 8.21 的 NH 相关，而苏氨酸 CH_3 质子与 δ 7.78 的 NH 相关的。

21　　　　　　　　**22**

　　余下的未被归属的各峰对应一个或多个质子的有：δ 6.98（约 2 H）、δ 4.80（没有完全经预饱和除去的 ROH 质子）、δ 3.3（CD_3OH 中微量的 CHD_2OH）及 δ 1.91（3H）。最后一个峰恰对应于一个 N-乙酰基的甲基（CH_3CON 在 δ 2.0 $\pm$ 0.2，表 3.19）。因为在质谱中，碎片离子出现在 206 及 307 处，这个结果与双肽的 N 端乙酰化，并形成如 **23** 所示的离子相一致，这说明序列为 N-乙酰基-Tyr-Thr-。剩下的质量为—NH_2，而 δ 6.98 处的峰则属于 NH_2 基团。

23

243　　**实例 11**

　　实例 11 向我们展示了 HMBC 谱（远程 ^{1}H-^{13}C COSY）的巨大威力（3.21 节），尤其是在质子-质子相关的信息非常少的情况下，这可能是由于高度的多取代或不饱和键造成的，或二者兼而有之。

　　从高分辨质谱测得分子式为 $C_7H_6N_2O$，因此不饱和度为 6。从 IR 中明显观察到一个氰

实例11的谱图

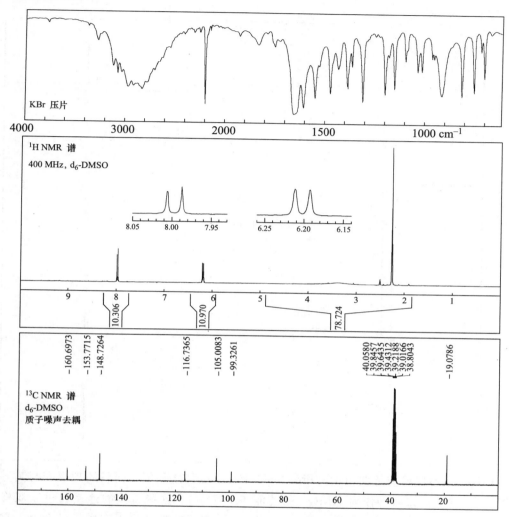

基（2225 cm⁻¹），且第一眼看上去似乎还能发现一个羧酸（2500～3300 cm⁻¹，宽峰）。但依据分子式，羧酸的可能性被排除。1660 cm⁻¹处的强吸收表明酰氨基的存在（表 2.7）。¹³C 谱的测试是以 d_6-DMSO 为溶剂，溶剂在 δ 39 处显示出多重峰。可以看到 7 种不同的碳，且从各峰强度来判断，其中的 3 个（δ 149、105、19）可能有质子与之直接相连。

　　¹H NMR 谱亦在 d_6-DMSO 中测得，溶剂在 δ 2.50 处显示出单峰。可以看到 sp² 区内的两个相邻耦合的质子及一个甲基（δ 2.3 ppm，可能与 sp² 碳相连）。由于相邻耦合常数为大约 8 Hz，故一个较合理的假设是它们以顺式构象接在一个六元环上。由分子式可知，现在只剩下一个质子未被确定，但以 δ 3.4 为中心的宽峰的积分高度表明其几乎对应于 4 个质子。因此，这一宽峰的很大一部分应来自 DMSO 中痕量的水（可能在加入样品前溶剂中有痕量的水或样品本身就带有水，例如结晶水等）。该宽峰的化学位移值亦与此解释相符，DMSO 中痕量的水的化学位移 δ 在 3.3（表 3.26）。故由此可以推断出，此剩下的氢能与水中的氢相互交换，且取代的速度相当快以致水峰明显变宽。这也可以解释 IR 谱中的宽的强

吸收带，并且我们认为可能存在酰氨基团，这个质子可能是酰胺中的氢 NH。

实例11的HMBC谱图

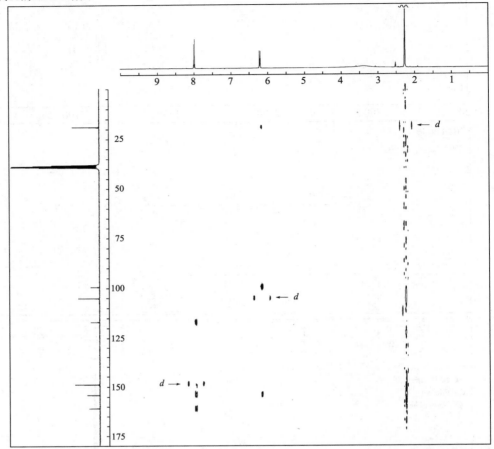

HMBC 谱不仅可按预期指示出相隔 2～3 个化学键的碳和氢，而且还把氢和与其直接相连的碳原子联系起来，即作为 HMQC 的功能（3.21 节）。这些直接的连接通过以双峰形式出现的交叉峰得到确认（在 HMBC 谱上标出双峰），双峰的裂分出现在质子坐标上，它对应于直接的 ^{13}C-^{1}H 耦合常数。因此，这些双峰表明，处于 δ 2.3、6.2 和 8.0 的质子分别与 δ 19、105 及 149 的碳直接相连。而单重交叉峰则指示 2 个或 3 个键相关。注意，由于光谱在甲基氢的化学位移处有很强的噪声，故这些相关不能用来推断甲基质子。这种噪声在强甲基峰的化学位移处是较常见的。

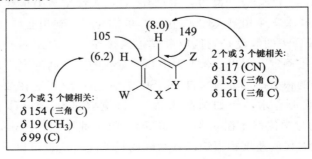

到此为止，我们推导出了以上方框中的结构。HMBC 谱图的一个交叉单峰表明，甲基碳原子(δ 19)与 δ 6.2 的质子必定彼此相距 2~3 个化学键。所以甲基必定为 W 或 X；而若六元环的假设正确的话，则只能为前者。此外，氰基碳的化学位移必定在 δ 125~110 范围内(表 3.9)，所以它它是 δ 117 处的峰。谱图中的一个交叉单峰表明，此氰基碳与 δ 8.0 的质子彼此相隔 2~3 个化学键(见 HMBC 谱)，因此它对应于 Z。根据分子式可知，X-Y 对应于一个二级酰胺(NH—CO)。只有 X＝NH、Y＝CO 才能满足本例中的化学位移。这样一来，烯胺型的极化作用导致了 δ 105 处碳原子的高场化学位移以及与前者相接的质子的 δ 6.2 位移。如果 CO 和 NH 基团在其他位置，这些信号将会移向低场。**24** 所示的 α-吡啶酮结构可以满足实验所得的全部光谱数据。

5.5　应用¹³C NMR 或者综合应用 IR 和 ¹³C NMR 的简单习题

【习题 1】

三种化合物分子式均为 C_4H_8O，其¹³C 谱及红外光谱特征峰如下：

化合物 **25**：IR：1730 cm⁻¹

　　　　　　¹³C NMR：δ 201.6，45.7，15.7，13.3

化合物 **26**：IR：3200（宽峰）cm⁻¹

　　　　　　¹³C NMR：δ 134.7，117.2，61.3，36.9

化合物 **27**：IR：除 CH 及指纹区外无其他峰

　　　　　　¹³C NMR：δ 67.9，25.8

给出每个化合物的结构，并说明这些结构与以下的事实是否相符：化合物 **25** 与 $NaBH_4$ 反应，生成化合物 **28** $C_4H_{10}O$，IR 3200（宽）cm⁻¹，¹³C NMR：δ 62.9，36.0，20.3，15.2；化合物 **26** 在钯催化下与氢气反应也得同样产物 **28**；而化合物 **27** 与两种试剂都不反应。

【习题 2】

从所给的光谱数据及反应式判断化合物 **29**、**30** 和 **31** 的结构。

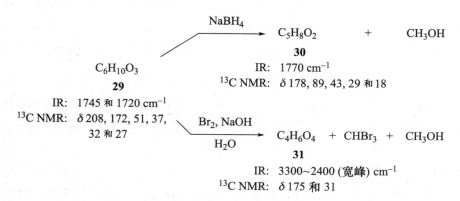

【习题 3】

二维^{13}C NMR 如下图所示，碳谱作为两个轴，是七甲基苯阳离子 **32** 在浓硫酸溶液中的二维^{13}C 交换谱的甲基区，在此条件下有快速的甲基迁移发生，试推断此甲基迁移是 1,2 或 1,3 或 1,4，还是随机的。在多脉冲实验中，若一个原子核在化学环境 a 中被激活，且在实验中迁移到化学环境 b（通过重排），则在与两个化学环境相关的化学位移间可观察到一交叉峰。指示这一作用的二维谱被称为"交换谱"。

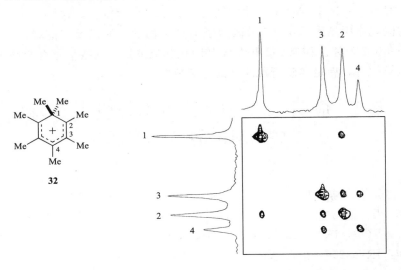

5.6　应用^{1}H NMR 的简单习题

【习题 4】

两个同分异构体 C_4H_8O 的^{1}H NMR 谱数据如下，谱图中 $J < 1.5$ Hz 的峰未被分开。

化合物 **33**：δ 3.8（2H，s），3.5（3H，s），1.8（3H，s）。

化合物 **34**：δ 4.95（1H，宽单峰），4.8（1H，宽单峰），4.0（2H，s），2.2（1H，s，重水交换后消失），1.7（3H，s）。

试推断其结构。

【习题 5】

羧酸 **35** 经碘环化后得到单一产物 **36**，其^{1}H NMR 谱数据如下，解释 **36** 的立体化学情况。

δ 3.64 (1H, ddd, J = 9.7, 3.4 和 2.9 Hz)
δ 3.55 (1H, dd, J = 11.2 和 2.9 Hz)
δ 3.41 (1H, dd, J = 11.2 和 3.4 Hz)

【习题 6】

化合物 **37** 和 **38** 由以下反应产生，试推断产物 **38** 的结构，包括立体化学和构象。

从化合物 **38** 的^{1}H 谱中可看到，除一可交换的质子外，还有 5 个芳香质子及以下各峰。用 δ 2.1 或 3.3 ppm 中任一信号频率照射时，δ 1.4 ppm 的峰略有增强。

247

248

$$\delta\,3.5\ (1H,\ d,\ J = 12\ Hz)$$
$$\delta\,3.3\ (1H,\ dd,\ J = 12\ 和\ 2\ Hz)$$
$$\delta\,2.6\ (1H,\ dqd,\ J = 12,\ 7\ 和\ 6\ Hz)$$
$$\delta\,2.1\ (1H,\ ddd,\ J = 13,\ 6\ 和\ 2\ Hz)$$
$$\delta\,1.8\ (1H,\ dd,\ J = 13\ 和\ 12\ Hz)$$
$$\delta\,1.4\ (3H,\ s)$$
$$\delta\,1.3\ (3H,\ d,\ J = 7\ Hz)$$

5.7　应用组合光谱方法的习题

【习题 7】

化合物 **39**～**41** 均具有分子式 C_4H_6，以如下各反应路线合成，试推断其结构。

39 　^{1}H NMR: 　$\delta\,5.35\ (2H,\ s)$ 和 $1.0\ (4H,\ s)$
　　　^{13}C NMR: 　3 个不同的信号

40 　^{1}H NMR: 　$\delta\,6.4\ (1H,\ t,\ J = 1\ Hz),\ 2.13\ (3H,\ s)$
　　　　　　　　和 $0.84\ (2H,\ d,\ J = 1\ Hz)$
　　　^{13}C NMR: 　4 个不同的信号

41 　^{1}H NMR: 　$\delta\,7.18\ (2H,\ d,\ J = 1\ Hz),\ 1.46\ (1H,\ qt,\ J = 5\ 和\ 1\ Hz)$
　　　　　　　　和 $0.97\ (3H,\ d,\ J = 5\ Hz)$
　　　^{13}C NMR: 　3 个不同的信号

化合物 **39** 与间氯过氧苯甲酸反应得产物 **42**，**42** 在碘化锂存在下重排得到 **43**。试给出 **42** 和 **43** 的结构。

39 $\xrightarrow{\ m\text{-}ClC_6H_4CO_3H\ }$ **42** (C_4H_6O)

化合物42 (C_4H_6O)——IR: 指纹区外无强吸收
^{1}H NMR：$\delta\,3.0\ (2H,\ s),\ 0.90\sim0.80\ (4H,\ A_2B_2\ 体系)$

42 $\xrightarrow{\ LiI\ }$ **43** (C_4H_6O)

化合物43 (C_4H_6O)——IR: $1770\ cm^{-1}$
^{1}H NMR：$\delta\,3.02\ (4H,\ t,\ J = 5\ Hz),\ 1.98\ (2H,\ q,\ J = 5\ Hz)$

【习题 8】

249

根据反应，判断下列反应产物 **44**～**46** 的结构。

化合物44: MS: $M^{\cdot+}$ 128 和 130
IR: 3500, 1600, 1500 cm^{-1}
^{1}H NMR: $\delta\,7.1\ (2H,\ d,\ J = 7\ Hz),\ 6.8\ (2H,\ d,\ J = 7\ Hz),\ 5.4\ (1H,\ br\ s)$

化合物45: MS: M^{+} 306
IR: 1600, 1500 cm^{-1}
^{1}H NMR: δ 8.05 (3H, s), 7.64 (6H, d, J = 6 Hz), 7.5~7.3 (9H, m)
^{13}C NMR: δ 142, 141, 129, 127, 126, 125 (142 和 141 的峰较弱)

化合物46: MS: M^{+} 110
IR: 1720 cm^{-1}
^{1}H NMR: δ 7.7 (1H, dt, J = 6, 3 Hz), 6.2 (6H, dt, J = 6, 2 Hz),
2.2 (1H, dd, J = 3, 2 Hz), 1.1 (6H, s)

【习题 9】

下面的化合物双溴甲基联苯偶酰 **47** 与氢氧化钠反应得到产物 **48** $C_{16}H_{12}O_3$，判断产物的结构。

IR: 1700 cm^{-1}
^{1}H NMR: δ 8.0~7.0 (8H, m), 5.5 (1H, d, J = 16 Hz),
5.3 (1H, d, J = 13 Hz), 5.2 (1H, d, J = 13 Hz) 和 4.9 (1H, d, J = 16 Hz)
^{13}C NMR: δ 189 (s), 12 个芳基碳 (8d 和 4s), 109 (s),
74 (t), 63 (t)

【习题 10】

从以下化学及光谱数据判断一种从科罗拉多土豆甲虫中析离出来的毒素 **49** $C_{11}H_{16}N_2O_5$ 的结构。

MS (FAB)：m/z 257；UV：λ_{max} (nm) 230 (ε 8000)；IR：3400~2500 (br)，1660，1590 cm^{-1}。

^{13}C NMR 数据表

δ/ppm	多重度	δ/ppm	多重度	δ/ppm	多重度
178.6	s	133.2	d	54.9	d
175.6	s	127.7	d	33.4	t
175.2	s	122.4	t	28.0	t
135.1	d	56.5	d		

^{1}H NMR 数据表

δ/ppm	强度	多重度	J/Hz
6.75	1H	dt	16.7 和 10.2
6.26	1H	t	10.2
5.43	1H	dd	10.2 和 9.6
5.38	1H	dd	16.7 和 1.8

δ/ppm	强度	多重度	J/Hz
5.29	1H	dd	10.2 和 1.8
5.06	1H	d	9.6
3.74	1H	t	6.0
2.45	2H	t	7.5
2.13	2H	m	

将此毒素以 $H_2/Pd/C$ 氢化，得一产物，其氨 CI 谱给出 m/z 261、132 和 130 的碎片离子。当把 CF_3CO_2H 加入此还原产物的重水溶液中时，其 ^1H NMR 中的一个三重峰的化学位移 δ 从 3.8（1H，$J = 6$ Hz）移至 4.2 ppm。同样是这个还原化合物，在与 2,4-二硝基氟苯反应后，经酸水解（6 mol/L HCl，373 K，12 h）得一个当量的下面结构的氨基酸 **50**。

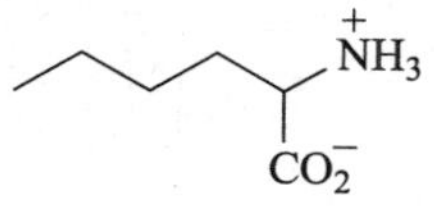

50

以下 23 个习题为从简单到较难的实例，均为实际工作中测得的谱图，获得这些光谱的实验条件在图中已标出。除特别标明的情况，其 NMR 在重水交换前后没有变化。如果需要进一步的练习，或者要参考实际的习题，可参见 *Journal of Antibiotics* 上面的更多例子（http：//www.antibiotics.or.jp/）。结构解析方法的演变——从其开始到现阶段——记述了不断变化的过程。最新一卷描述的联合方法，是目前最适合的一种。化合物结构的复杂性，证明了现有方法的力量，它们的多样性也将继续挑战合成化学家的头脑。

【习题 11】

习题11谱图　　　　　　　　　　C, 80.7%; H, 7.6%

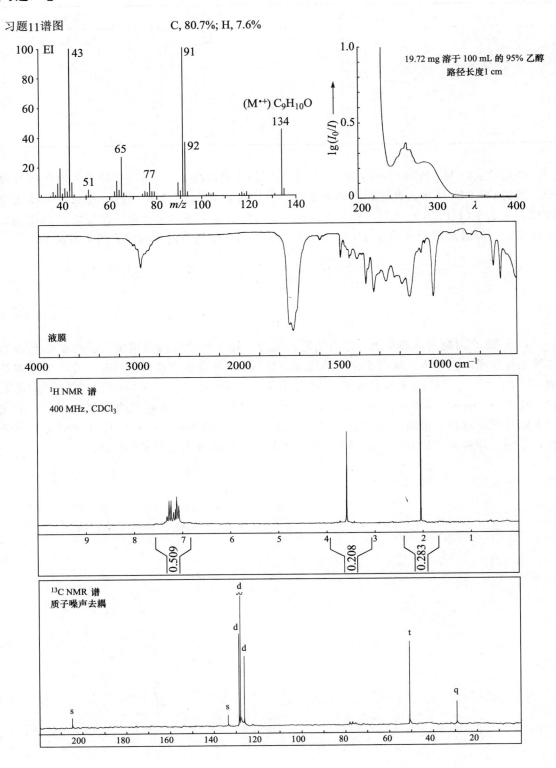

【习题 12】

习题12谱图　　　　　　　C, 49.4%; H, 9.8%; N, 19.1%

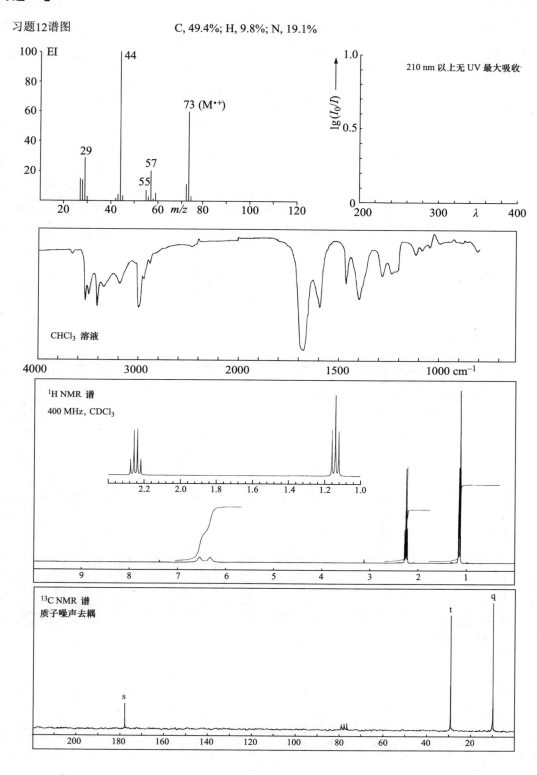

【习题 13】

习题13谱图 C, 80.0%; H, 4.8%

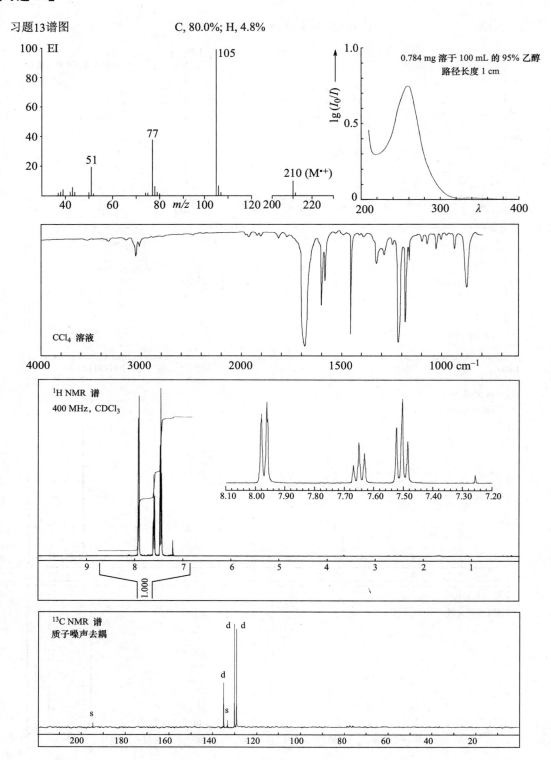

【习题 14】

习题14谱图　　　　C, 64.7%; H, 10.9%

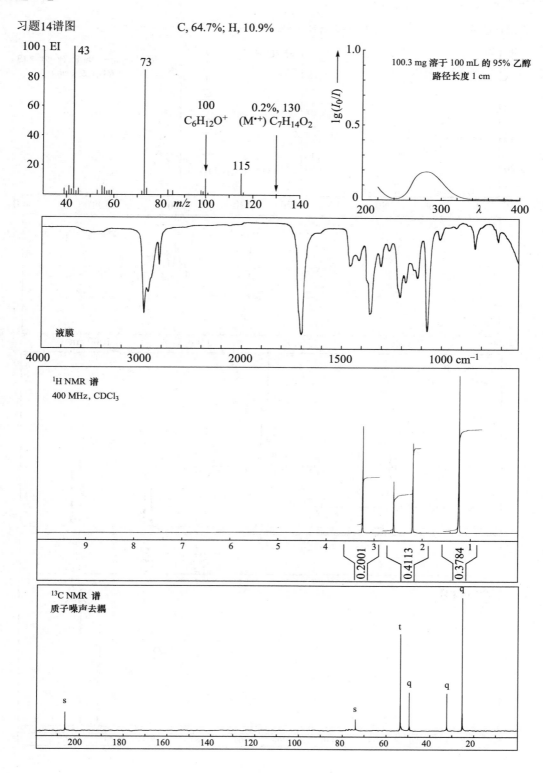

【习题 15】

习题15谱图　　　　　　　C, 58.2%; H, 8.5%

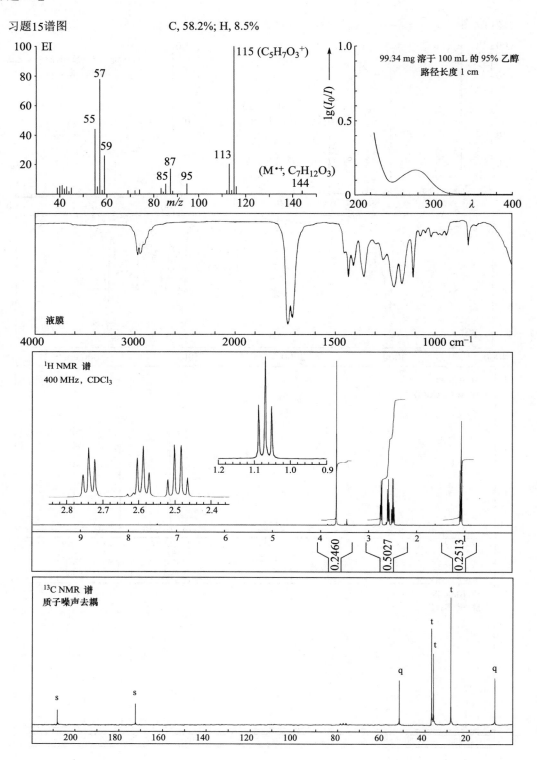

【习题 16】

习题16谱图   C, 36.5%; H, 10.0%

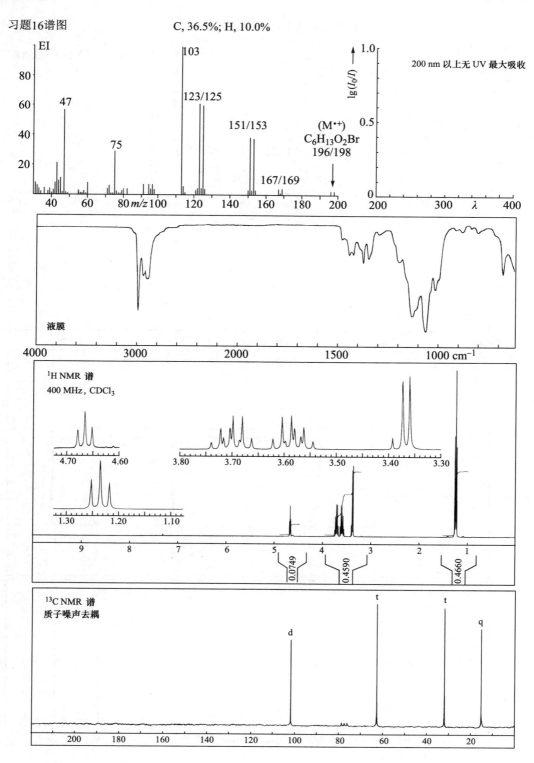

【习题 17】

习题17谱图　　　　C, 39.8%; H, 7.3%

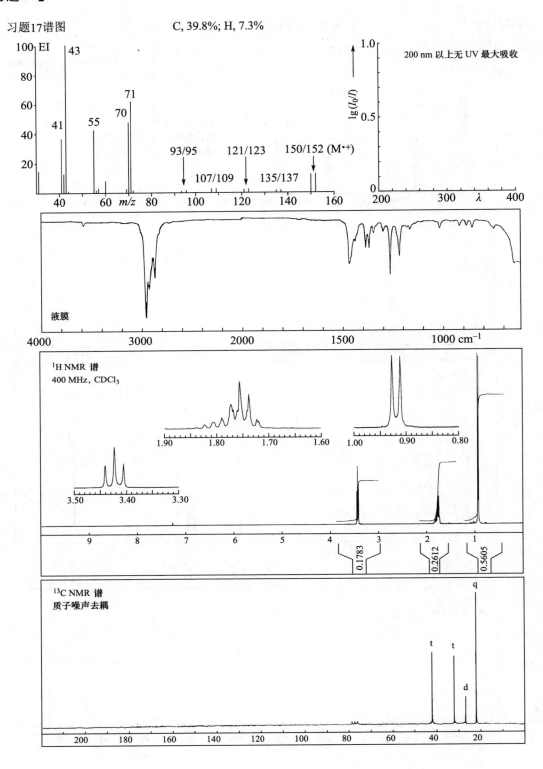

【习题 18】

习题18谱图

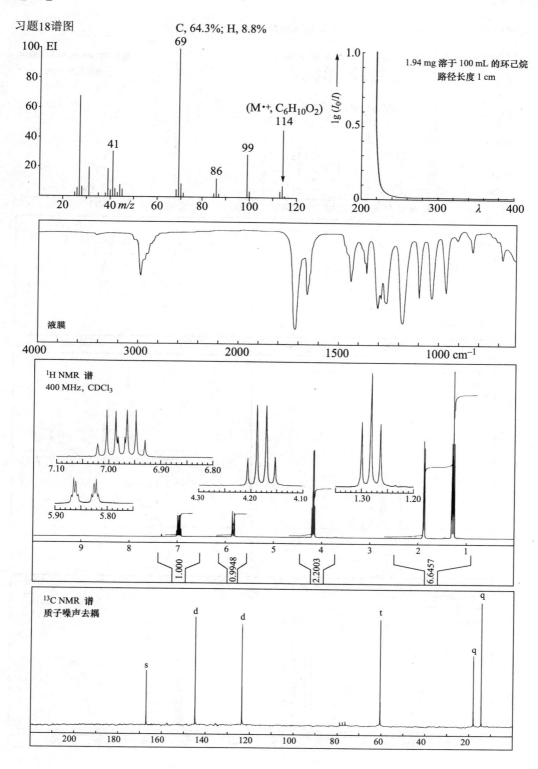

【习题 19】

习题19谱图　　　　　C, 55.1%; H, 4.6; N, 9.1%

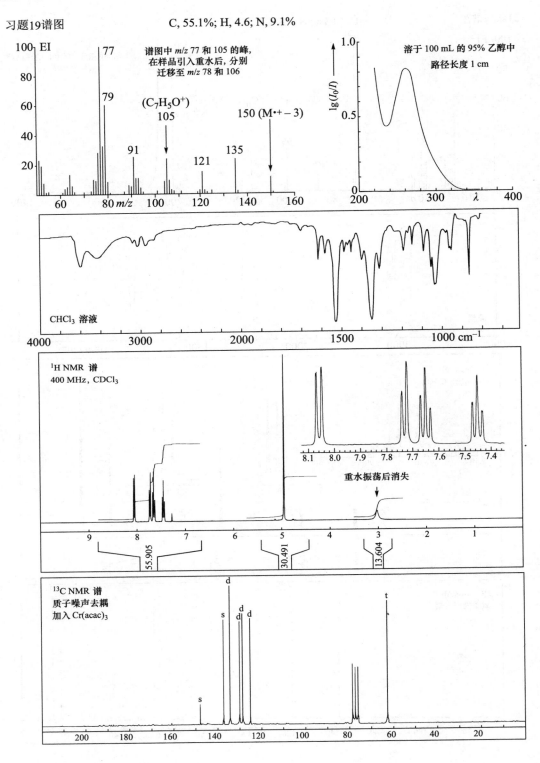

谱图中 *m/z* 77 和 105 的峰，
在样品引入重水后，分别
迁移至 *m/z* 78 和 106

(C₇H₅O⁺)
105

150 (M⁺• − 3)

溶于 100 mL 的 95% 乙醇中
路径长度 1 cm

CHCl₃ 溶液

¹H NMR 谱
400 MHz, CDCl₃

重水振荡后消失

¹³C NMR 谱
质子噪声去耦
加入 Cr(acac)₃

【习题 20】

习题20谱图　　　　C, 67.7%; H, 6.4; N, 8.0%

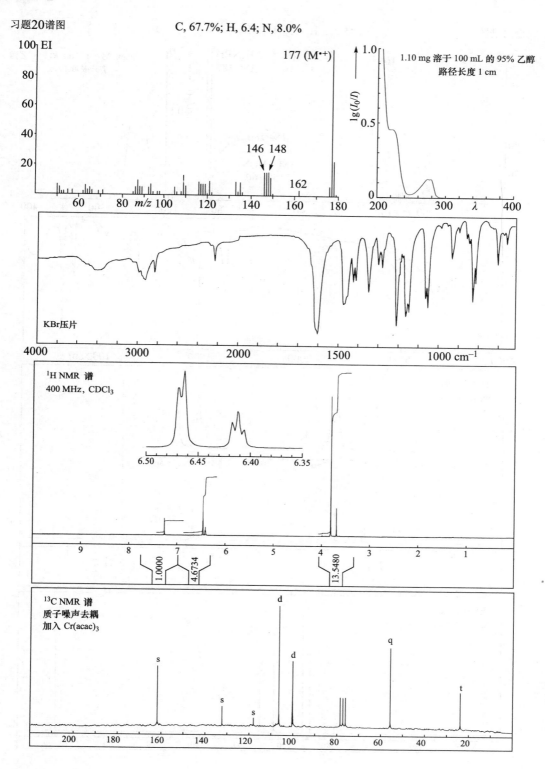

【习题 21】

习题21谱图 C, 45.2%; H, 4.2; N, 7.5%

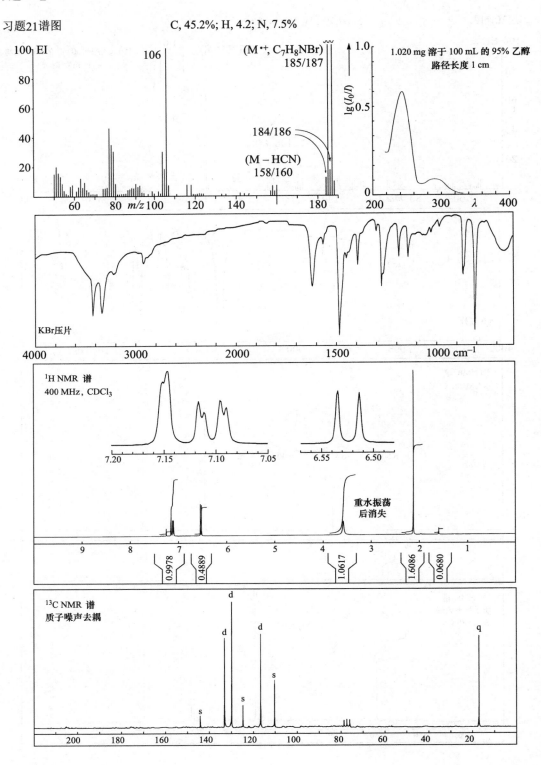

【习题 22】

习题22谱图　　　　　　C, 75.5%; H, 7.5; N, 8.1%

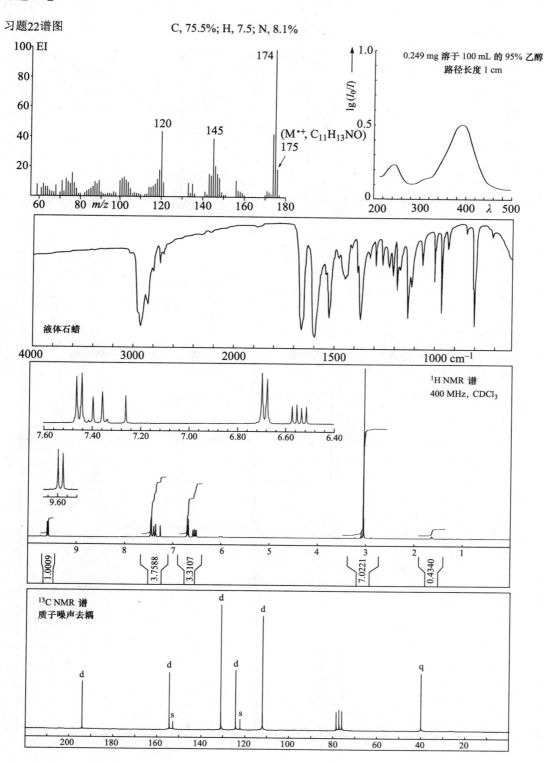

$(M^{\bullet+}, C_{11}H_{13}NO)$

0.249 mg 溶于 100 mL 的 95% 乙醇
路径长度 1 cm

液体石蜡

^1H NMR 谱
400 MHz, CDCl$_3$

^{13}C NMR 谱
质子噪声去耦

【习题 23】

习题23谱图   C, 63.7%; H, 6.5; N, 29.9%

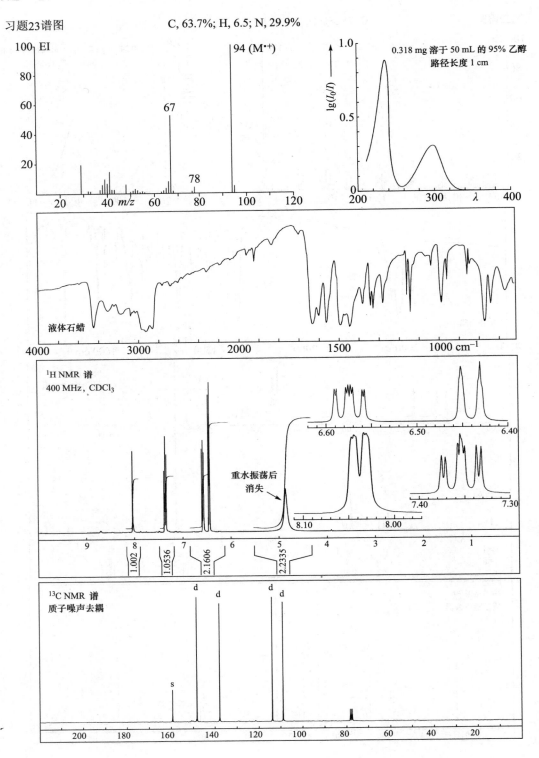

【习题 24】

习题24谱图　　　　　C, 51.1%; H, 2.8; N, 10.0%

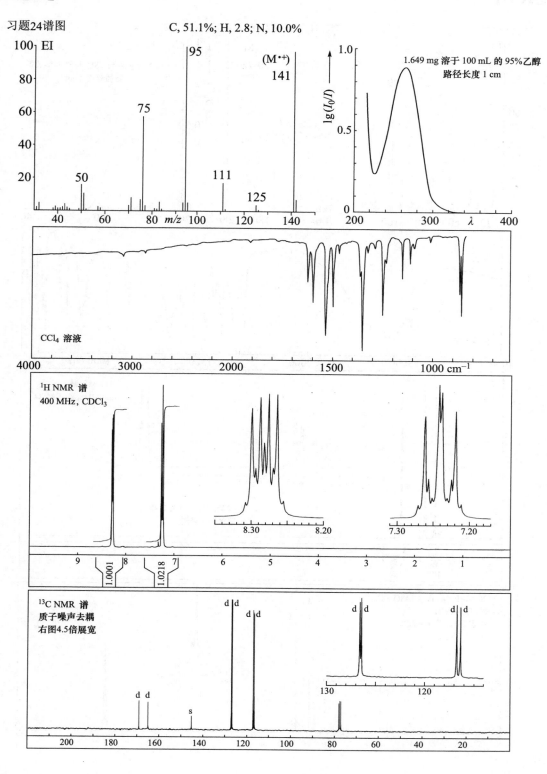

【习题 25】

习题25谱图　　　　　　　C, 41.7%; H, 2.0; N, 7.0%

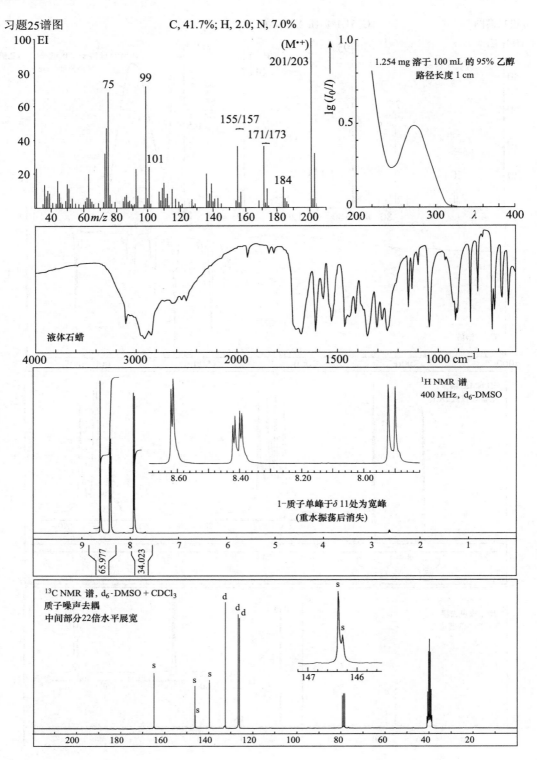

【习题 26】

习题26谱图   C, 68.7%; H, 6.3%

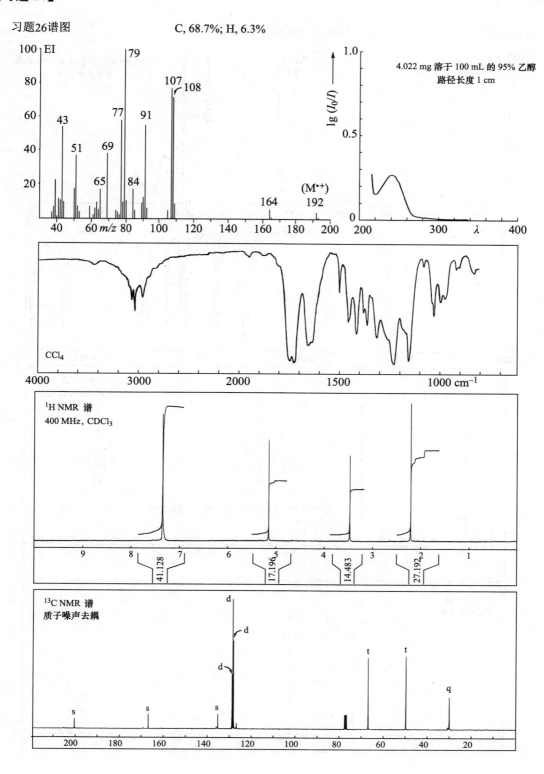

【习题 27】

习题27谱图　　　　　　　C, 67.2%; H, 4.6; N, 13.1%

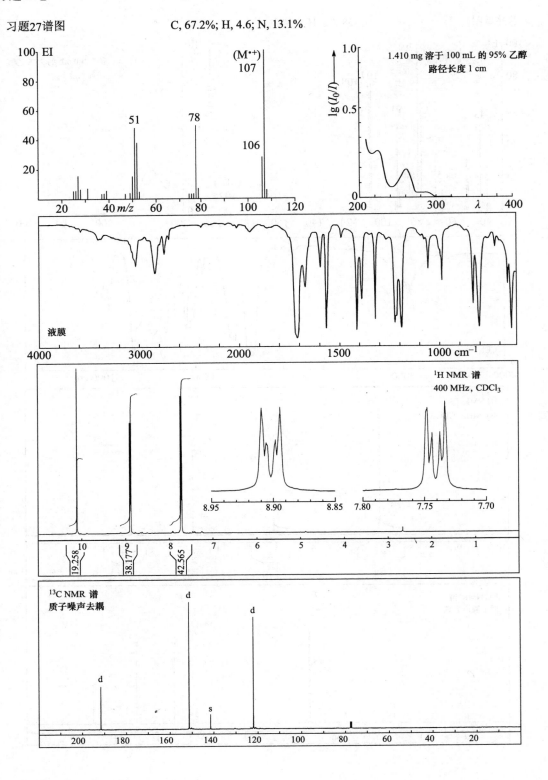

【习题 28】

习题28谱图 C, 68.1%; H, 7.2%

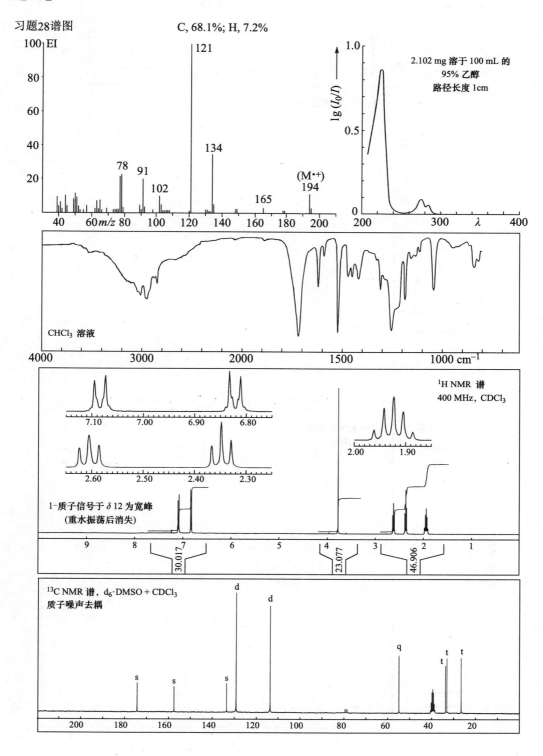

习题28谱图续

该峰被截短 ～～～

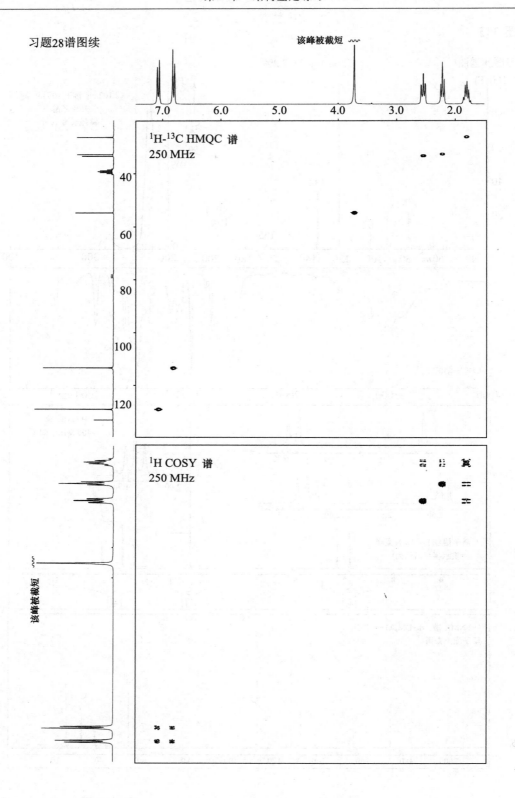

^{1}H-^{13}C HMQC 谱
250 MHz

^{1}H COSY 谱
250 MHz

该峰被截短 ～～～

【习题 29】

习题29谱图   C, 54.8%; H, 4.8; N, 9.3%

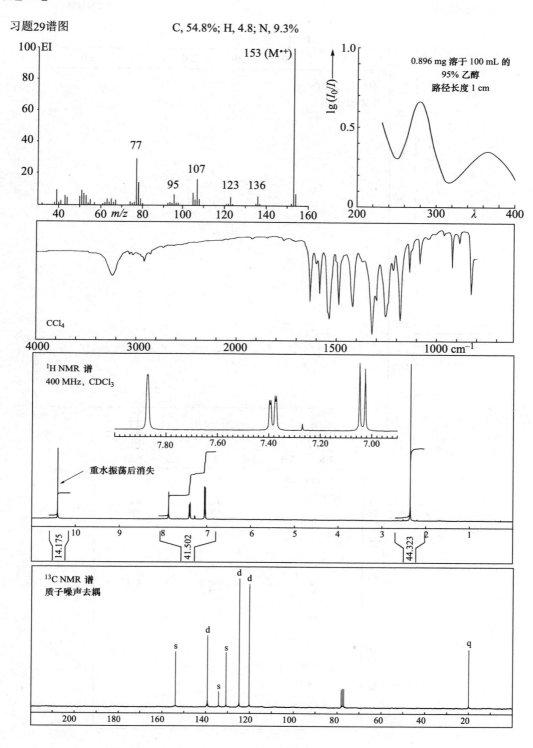

习题29谱图续

该峰被截短 ～～

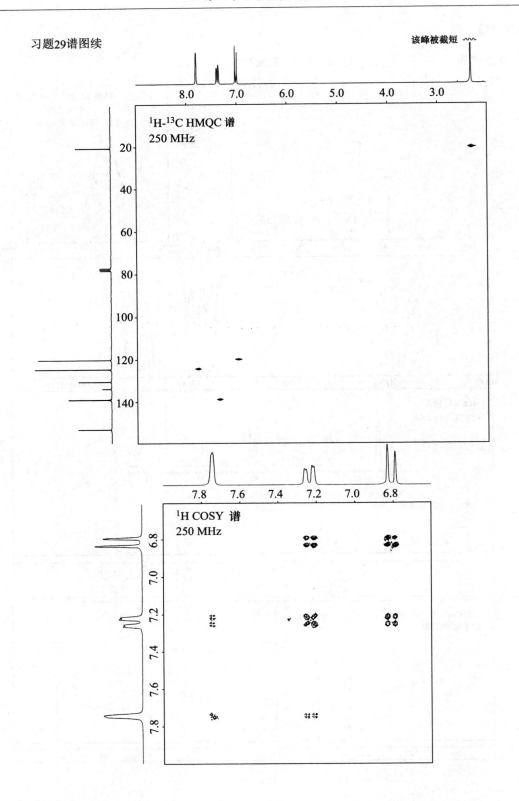

^{1}H-^{13}C HMQC 谱
250 MHz

^{1}H COSY 谱
250 MHz

【习题 30】

习题30谱图   C, 71.8%; H, 6.8%

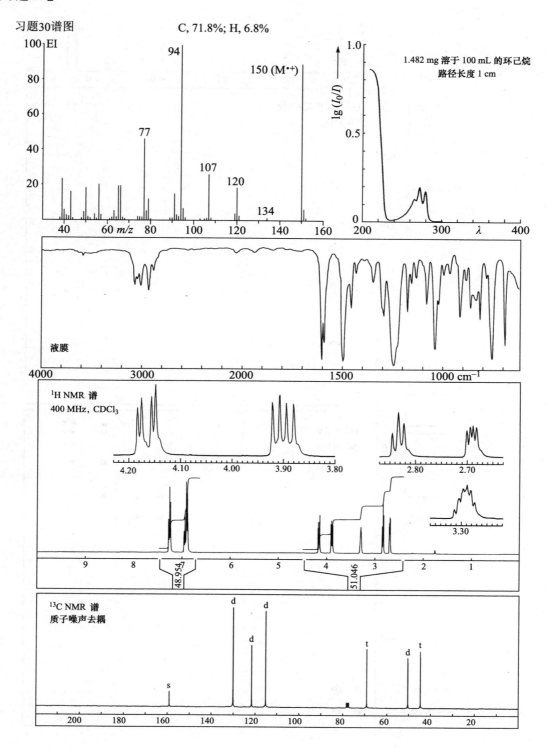

习题30谱图续

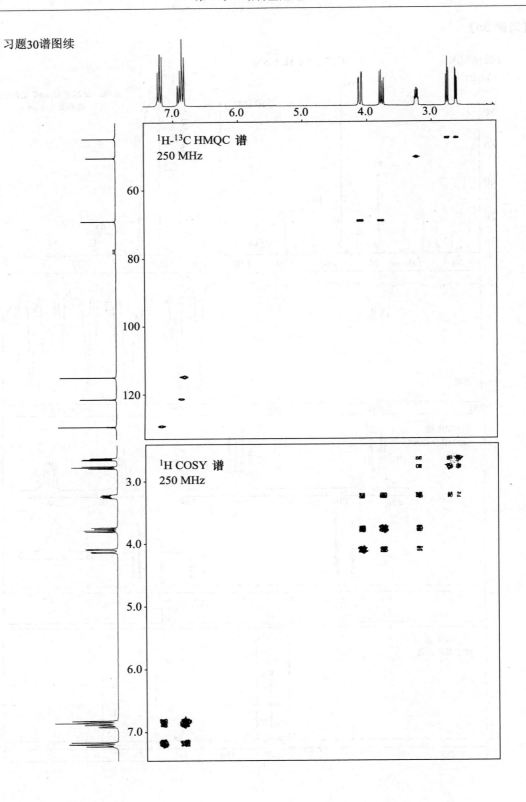

【习题 31】

高分辨质谱得到分子式 $C_6H_{11}NO$。UV 在 200 nm 以上没有最大吸收。IR（固态）在 1665、1680 cm^{-1} 处有强吸收峰。

习题31谱图

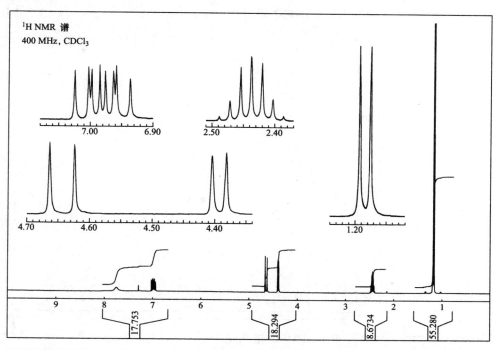

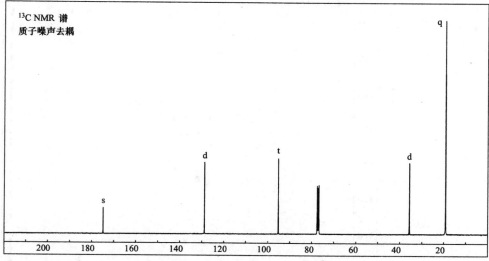

习题31谱图续

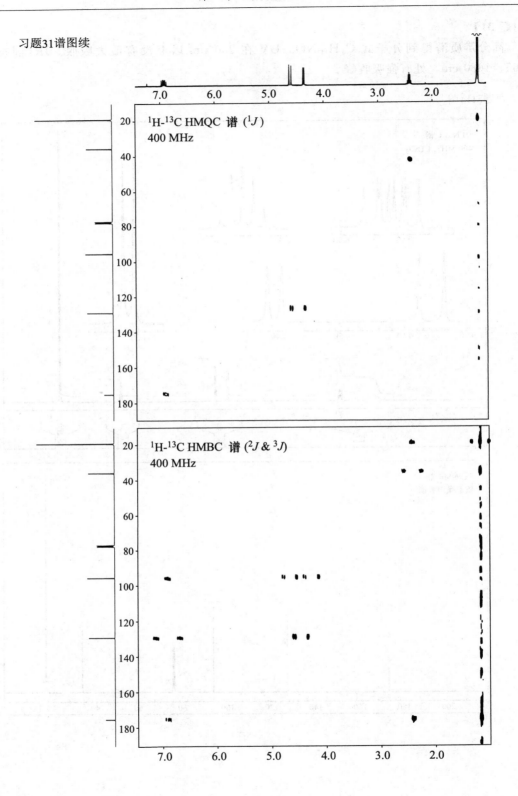

【习题 32】

高分辨质谱得到分子式 $C_{10}H_{15}NO_5$。UV 在 200 nm 以上没有最大吸收。IR（固态）在 1545、1638、1670、1715、1740 和 3330 cm^{-1} 处都有强吸收峰。

习题32谱图

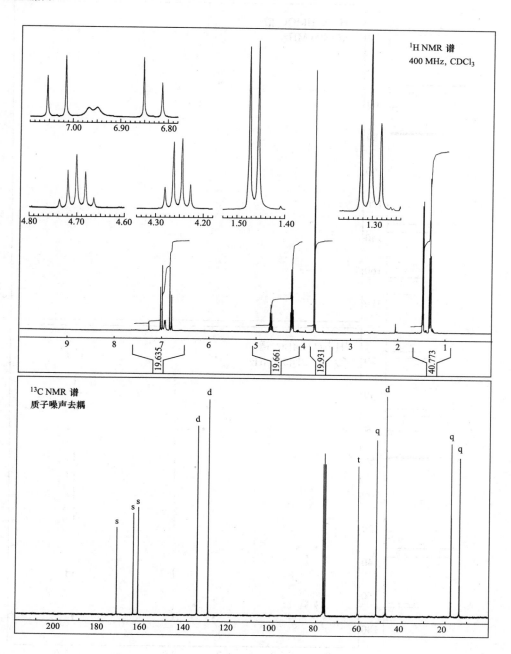

习题32谱图续

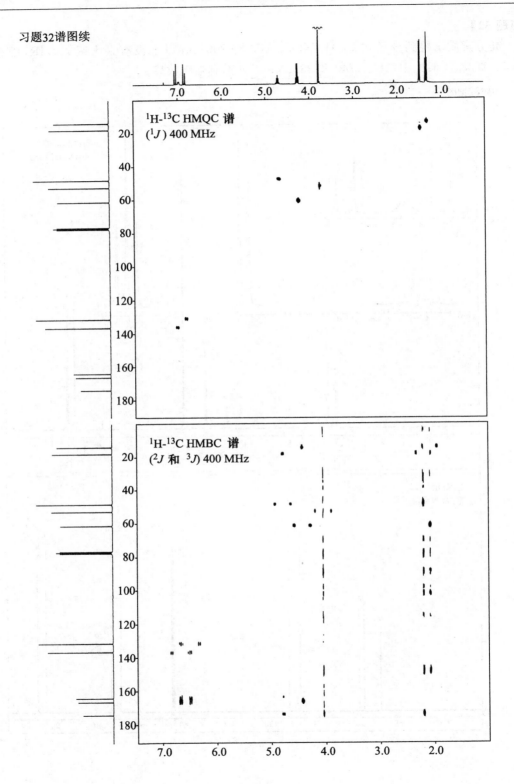

^{1}H-^{13}C HMQC 谱
(^{1}J) 400 MHz

^{1}H-^{13}C HMBC 谱
(^{2}J 和 ^{3}J) 400 MHz

【习题 33】

习题33谱图　　　　　　　　　C, 69.6%; H, 11.6%

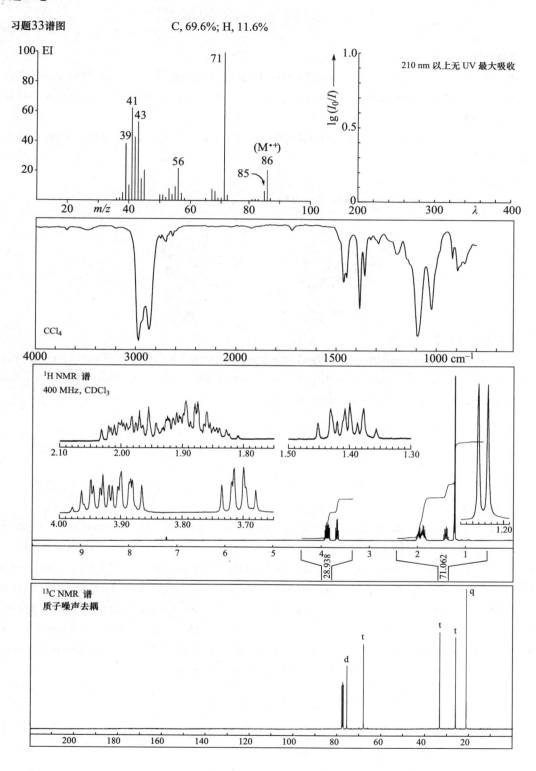

5.8　习题 1～33 的答案

【习题 1 和 2】

25：butanal；**26**：but-3-en-1-ol；**27**：tetrahydrofuran；**28**：butan-1-ol；**29**：methyl 4-oxopentanoate；**30**：5-methyldihydrofuran-2(3H)-one；**31**：butanedioic acid（succinic acid）.

【习题 3】

1，2-迁移。（虽然这一部分没有在 NMR 这一章讨论，但是已经很显然，如何应用二维谱图来解释。）

【习题 4～6】

33：2-methoxyprop-1-ene；**34**：2-methylprop-2-en-1-ol.

36　　　　**38**

【习题 7～10】

39：methylenecyclopropane；**40**：1-methylcycloprop-1-ene；**41**：3-methylcycloprop-1-ene；**42**：1-oxaspiro[2.2]pentane；**43**：cyclobutanone；**44**：4-chlorophenol；**45**：1，3，5-triphenylbenzene；**46**：5，5-dimethylcyclopent-2-enone.

48　　　　**49**

【习题 11～30】

11　1-phenylpropan-2-one；**12**　propanamide；**13**　1，2-diphenylethane-1，2-dione（benzil）；**14**　4-methoxy-4-methylpentan-2-one；**15**　methyl 4-oxohexanoate；**16**　2-bromo-1，1-diethoxyethane；**17**　1-bromo-3-methylbutane；**18**　(*E*)-ethyl but-2-enoate（ethyl crotonate）；**19**　(2-nitrophenyl)methanol；**20**　2-(3，5-dimethoxyphenyl)ethanenitrile；**21**　5-bromo-2-methylaniline；**22**　(*E*)-3-(4-(dimethylamino)phenyl)prop-2-enal；**23**　pyridin-2-amine；**24**　1-fluoro-4-nitrobenzene；**25**　2-chloro-5-nitrobenzoic acid；**26**　benzyl 3-oxobutanoate；**27**　pyridine-4-carbaldehyde；**28**　4-(4-methoxyphenyl)butanoic acid；**29**　4-methyl-2-nitrophenol；**30**　2-(phenoxymethyl)oxirane.

【习题 31】

【习题 32】

弯箭头表示由 HMBC 谱得到的二键和三键相关。

【习题 33】

2-methyltetrahydrofuran

化合物的英文名称，是来自于 ChemDraw 的 Convert-Structure-to-Name 选项。它们都比较简单，但是如果理解名称对应的结构有疑问的话，可以打开 ChemDraw 程序，直接把这些名称输入到 Convert-Name-to-Structure 选项，便可以得到对应的结构。

在互联网上提供的光谱的习题，可以参考：

http：// www. nd. edu/～smithgrp/structure/workbook. html

索 引[①]

---

① 索引标注页码为原著页码，即正文中边码所示页码。